U0347708

一
点
设
计

致叶卡捷琳娜与埃拉

给设计师的研究指南
方法与实践

[澳] 乔柯·穆拉托夫斯基 著

谢怡华 译

同济大学出版社
TONGJI UNIVERSITY PRESS

目录

作者简介

乔柯·穆拉托夫斯基（Gjoko Muratovski）在全球范围的多学科设计领域有着超过 20 年的工作经验。作为设计研究博士，其研究重点为品牌与企业传播战略。他也在多个设计领域受过专业训练，如平面设计、视觉传达、工业设计、建筑设计、室内设计和家具设计与制造等。他有着十分国际化的背景，先后在 11 个国家学习和工作。

多年来，穆拉托夫斯基博士与全球众多的企业、政府部门和非营利机构都有过合作，其中包括德勤、丰田、绿色和平、美国国家航空航天局约翰逊航天中心、联合国教科文组织世界文化遗产中心、世界卫生组织、澳大利亚联合国协会、南澳大利亚州地区总理和内阁部、新西兰奥克兰市议会、墨尔本国际设计周等。他还长期作为顾问受聘于多家设计公司和广告机构，为其提供从战略设计到品牌发展战略等方面的服务。

除了出色的行业履历，穆拉托夫斯基博士在学术界也经验丰富。从教学、开发课程，到研究、从事教育管理、担任学术带头人，他在各方面均有所成就。目前，他担任辛辛那提大学设计、建筑、艺术和规划学院（DAAP）设计方向主任，亦是哥本哈根商学院访问教授、同济大学设计创意学院客座教授、中国国家外国专家局高端外国专家。

　　我要感谢世哲(SAGE Publications)出版社的团队为本书所付出的努力。我尤其要感谢资深策划编辑米拉·斯蒂尔(Mila Steele)，是她启动了本书的出版，并且提供了诸多的指导与支持。此外，我还要向本书的校审人员和评阅专家们致以谢意，他们为本书在学术界、产业界和公众间的可读性及影响力做出了权衡。诸位的支持与反馈我都铭记在心。

推荐语

今天，设计师设计的是服务、流程和组织；仅有工艺技巧是不够的。我们需要基于证据来发现、定义并解决问题。我们需要表明我们的主张是有效的。我们需要设计研究，这是一种特殊的研究，其方法要适合设计应用性、建设性的本质。我们需要一本给设计师的研究参考书，既可用来教育学生，也可为专业人士提供参考——就是乔柯·穆拉托夫斯基这本为21世纪的设计师准备的杰作。

——唐·诺曼（Don Norman）

美国加利福尼亚大学圣迭戈分校设计实验室教授、主任，

苹果高级技术部门前副总裁

发人深思又引人入胜。乔柯·穆拉托夫斯基为我们勾画出了设计的未来。他提出，设计正从"解决问题"向"寻找问题"转变，而这正是如今这个高度连接、迅速变化的世界中，每一个公司都需要的，无论是创业公司还是跨国集团都是如此。穆拉托夫斯基为我们提供了这样的语境，而且更重要的是，他还告诉我们，设计正在崛起，正成为一种强大的竞争力。如果你想要了解设计在过去、当下和未来分别有着怎样的角色，就从阅读本书开始。如果你的企业想要成为一家"设计驱动"的公司，也请阅读本书。

——大卫·R. 巴特勒（David R. Butler）

可口可乐公司创新创业副总裁、全球设计前副总裁

今天，作为设计师，我们正在探索新的前景：我们可以超越年龄限制，充分发挥创意，也就是说，我们要利用好数码科技和信息。当代的设计师设计的是体验，而不仅仅是外观样貌。乔柯·穆拉托夫斯基的《给设计师的研究指南》给了读者自由翱翔的翅膀，让他们可以超越自身限制，做出真正原创性的作品。

——苏雷什·塞蒂（Suresh Sethi）

惠而浦南亚公司全球消费设计副总裁

《给设计师的研究指南》清楚地解释了，解决复杂问题的战略性方案需要高效的跨学科投入与产出，而这在一开始就需要人对问题域、生态系统、语境、利益相关者做出有的放矢、信实可靠的深入研究。本书让设计师一览全局，全面了解研究方法及其使用。本书也能让战略决策者们扩充自己解决问题的工具箱，在追求新颖原创的产出过程中更好地融入设计研究与实践。对于学生和资历尚浅的设计实践操作者来说，本书也是一份宝贵的资源。

——简·特雷德韦尔（Jane Treadwell）

世界银行集团治理体系实践经理，克林顿基金会气候倡议顾问

XVIII　　乔柯·穆拉托夫斯基所勾勒的纲要，所涵盖的不只是"怎样"最好地开展设计研究，更解释了"为何"这是成功所必需的一部分。尽管本书的目标读者是设计专业学生，我却认为穆拉托夫斯基的这本手册其实应该有着更广泛的读者群。战略师、商业领袖、政策制定者……只要他们想改善并提高自己的研究能力，取得更大的成就，就都应该来读一读本书。反正我自己肯定是要向同事分享这本书的。

——莫琳·瑟斯顿（Maureen Thurston）

德勤澳大利亚公司设计杠杆部企业战略主管、负责人

《给设计师的研究指南》一书为世界设计学术界做出了很大的贡献。书中讨论了开展系统化设计研究的方法。本书也让读者得以根据不同的设计问题来选择不同的设计研究方法，而不仅仅只是根据阶段来行事。从这点上来说，本书不仅对从事严肃设计研究的研究生和学者有用，而且也能造福那些处理大规模、复杂、跨学科设计问题的设计师。

——李健杓（Kun-Pyo Lee）

设计研究国际联合会（IASDR）主席，

韩国科学技术院（KAIST）工业设计系教授、主任，

LG 电子企业设计中心前执行副总裁、主任

设计的社会、文化、经济重要性从未像今天这么显著。所以很奇怪，设计研究社群花了很长时间都未能等来一部全面介绍设计研究方法的作品——这部作品应有很高的权威性，也得全面透彻，能让我们对设计的过程有更深入的洞悉。《给设计师的研究指南》填补了这一空白。无疑，对于想要在设计领域开展研究的人来说，本书将是他们的重要参考书。

——西摩·罗沃思-斯托克斯（Seymour Roworth-Stokes）

设计研究协会主席，英国考文垂大学艺术人文学院教授、院长

《给设计师的研究指南》在设计演化史的全景基础上探讨了设计研究。本书对设计师、设计教育工作者和设计研究人员来说都非常有用。而且本书还为读者打开了一扇窗，让他们看到，设计是可以改善世界的。我们正面对设计行动主义的新时代，因此我们要建立起一种全新的知识创作文化，需要将其提上日程。而乔柯·穆拉托夫斯基的这部著作为此迈出了坚实的一步。

——娄永琪

中国同济大学设计创意学院教授、院长，

国际艺术设计院校联盟（CUMULUS）副主席

灵活的生产技术和新商业模式使得企业几乎无所不能。而这也造成了意想不到的后果：消费者眼花缭乱，经理人无从着手。设计师为执行者们提供了新的方式，让他们可以重新理解并满足人们的需求和愿望。不过，设计的知识却不够正式，由此限制了设计的发展速度和发展规模。《给设计师的研究指南》为设计知识的架构建设做出了极大的贡献。本书定能助力企业为人们营造出更好的生活。

——帕特里克·惠特尼（Patrick Whitney）

美国伊利诺伊理工学院设计学院

世楷／罗伯特·C. 皮尤（Steelcase/Robert C. Pew）教授、院长

乔柯·穆拉托夫斯基的《给设计师的研究指南》提供了一种结构化的路径，让设计专业学生和研究新手可以开始着手进行设计研究。刚刚开始研究工作的设计师往往觉得很难找到合适的书，可以让他们从中寻求建议和指引。而本书打开了出路，让读者可以总览研究过程的全局，从找到研究问题，写作文献综述，一直到数据收集和分析，无所不包。本书如此实用又有益，定能成为全球范围设计院校的必读作品。

——特蕾西·巴姆拉（Tracy Bhamra）
英国拉夫堡大学副校长、教授

在《给设计师的研究指南》一书中，乔柯·穆拉托夫斯基将各类宝贵的资源整合到了一起，帮助设计师能够更好地理解怎样进行设计研究。设计师也好，设计教育工作者也好，都会觉得这些资源非常有用。

——埃里克·斯托尔特曼（Erik Stolterman）
印第安纳大学布鲁明顿分校信息学教授、主任；
瑞典于默奥大学设计学院教授

本书写作极佳，全面讨论了各类可操作的研究方法，并且帮助我们设计出更好的世界。现今企业、组织，甚至政府都寻求设计师，希望他们能解决各类问题，所以设计的未来需要更可靠的设计路径。本书对这方面的贡献是无可估量的。穆拉托夫斯基的这本《给设计师的研究指南》不仅适合学生和专业设计师等人群阅读，而且应当成为所有想要有所创造的人的必读书！

——丹·福尔摩萨（Dan Formosa）
Smart Design 获奖设计师、创始合伙人

在《给设计师的研究指南》中，乔柯·穆拉托夫斯基为设计师们提供了一种全面而深入的指导，帮助他们在方法上、体系上找到设计相关问题的

答案。设计领域长时间地受累于文献的缺乏，很少有讨论相关研究方法与研究方法论的文献，而本书填补了这一空白，为本领域做出了很大贡献，有志于投身相关研究的人可从中寻找到方法论上的指引。本书让读者知道"怎样"进行设计研究，这不仅对于研究人员来说很重要，对所有在设计领域工作的人来说都是如此。乔柯·穆拉托夫斯基的《给设计师的研究指南》为设计领域的专业化所做的贡献是我们翘首以盼的。

——约兰·罗斯（Göran Roos）

澳大利亚斯威本科技大学战略设计教授

如何开展严格的、基于知识的研究是《给设计师的研究指南》一书的核心主题。乔柯·穆拉托夫斯基的这本著作极为宝贵，也来得非常及时，它为设计师装备好了实践性的知识，让他们知道怎样开展研究，并表达出来，从而为他们当前所做的工作创造出更大的价值。

——斯威·马克（Swee Mak）

澳大利亚皇家墨尔本理工大学设计研究学院教授、主任

对于所有与设计过程相关的人来说，《给设计师的研究指南》都极具价值。无论设计师、工程师，还是开发商，都是如此。本书中讨论的研究注重实践性，为完整的研发过程，甚至大规模、长期的项目都打好了根基，这大大地造福了设计带头人和商业领袖。

——卡莱维·埃克曼（Kalevi Ekman）

芬兰阿尔托大学阿尔托设计工场教授、主任

有志于改变世界的设计师总是在寻求新的路径，想要以此挖掘自己的潜能，即便他们已经是极有创作热情的人，也还是不愿停歇。这种寻求是一种驱动力，指引他们成为深刻的思想家，也驱使他们学习新事物。不过目前来说，他们总得先做最基础的研究，方能理解复杂的问题，也

就是在设计领域本身当中寻找解决之道。本书告诉他们，怎样可以在设计领域之外寻找知识。本书写作流畅，架构完备，能帮助设计师从根基开始构建起自己的知识。

——永井由佳里（Yukari Nagai）

日本北陆先端科学技术大学院大学（JAIST）知识科学系主任教授

穆拉托夫斯基条理清晰地讲解了主要的研究路径，不仅对设计研究做了简明扼要的导读，而且还为读者今后的实践提供了后续动力。每一个设计专业的本科生、研究生，以及设计师都需要这些，才能为设计领域今后的发展添砖加瓦。装备上本书所提供的教导，他们所做的，就不仅是为企业创造财富、实现范式转型（这些是当下已经发生的），更是将设计的角色从寻找问题转变为预测问题，并且还能告诉我们，在这个技术变革不断加速的世界中该如何自处。

——布兰登·桑希尔 - 米勒（Branden Thornhill-Miller）

全球领袖筹备基金会研究主任，

法国巴黎第五（索邦）大学经济学与心理学兼职教授，

英国牛津大学哈里斯曼彻斯特学院学者

《给设计师的研究指南》能够很好地启发硕士研究生和博士研究生，告诉他们设计何以正在全世界范围内发生巨大的变革，正在从"产品创作"转向"过程创作"，从"实践领域"转向"思想与研究的领域"。在我的求学和职业生涯中，我先后处身于斯坦福、圣彼得堡理工、布罗斯、阿尔托、同济等多所大学，我一直都在寻找一本像这样的书。如今终于找到了。

——安蒂·艾纳莫（Antti Ainamo）

瑞典布罗斯大学时尚品牌管理教授，

芬兰阿尔托大学商学院管理研究兼职教授，

阿尔托大学艺术、设计与建筑学院战略设计兼职教授

序

　　想象一下250万年前的世界，你目之所及的一切都是自然的，一切都置身于自然进程中，仅受到天气、时间，可能还有动物的影响，没有人类去改变或扰乱自然的秩序。后来，不寻常的事发生了——能人(Homo habilis)制作出了第一个石质工具。¹

　　这就是我们的祖先——制造工具是我们人之为人的首要特征之一。能人是制造工具的高级动物之一。工具和我们制造工具的行为使得我们人类形成了现代人脑，人类也从此有了精神世界。而所有这一切，都可以追溯到250万年前那未知的一刻：那时，我们远古的祖先制造出了第一个石质工具。

　　设计，在最普遍的意义上起源于那些原始的工具制作。我们的祖先在开始直立行走前就已经有能力做很好的设计了。四万年前，我们已经会做特制的工具了。一万年前，美索不达米亚出现了城市设计和建筑。室内建筑和家具设计或许也是那时出现的。五千年后，伴随着楔形文字的发展，平面设计和字体设计在苏美尔出现了。此后，事情的发展便加速了。

　　如今，各类专业都日臻成熟，相形之下，设计尚属年轻。不过，设计实践的出现却要早于各类专业。而今，我们用ASCII字符[1]取代了楔形文字；我们不再击石取火，而是从苹果商店里下载摇滚乐。如果说今天我们尚未完全地将刀剑打成犁头，将枪矛打成镰刀，[2] 我们着实提供了

---

[1] ASCII (American Standard Code for Information Interchange, 美国信息互换标准代码) 是基于拉丁字母的一套电脑编码系统。它主要用于显示现代英语和其他西欧语言。它是现今最通用的单字节编码系统，并等同于国际标准 ISO/IEC 646。——译注

[2] "他们要将刀剑打成犁头，将枪矛打成镰刀。这国不举刀攻击那国；他们也不再学习战事。" 出自《圣经》中的《弥迦书》4:3 和《以赛亚书》2:4。此节经文亦为纽约联合国总部外的以赛亚墙上的铭文。——译注

比以往任何时候都要多得多的物品和服务。设计的冲动——也就是思考一种情况，想象一个更好的情况，并且实打实地去改善这种情况——可以追溯到我们远古的先祖，但现代的设计专业却不同于以往所知的任何一类事物。

诺贝尔奖获得者赫伯特·西蒙(Herbert Simon)从最广泛的人类行动的角度来定义设计。他写道："设计就是策划一系列的行动，目标在于改善现有情况。"[2] 设计牵涉到人类用以筹划未来的诸多流程。我们设计出人造物和工序，以此将自己置入未来。设计还牵涉到对目标的战略性选择，以及为了达到目标而筹划将要采取的行动。

XXII　　早在14世纪90年代，"Design"一词就进入了英语。一开始，它是一个描述意向和行动的过程的动词。设计是"有目的地在头脑中构想和筹划：为了一个特定的功能或目的而策划"，进而，是"制作绘画、图形或素描；绘制计划；根据计划来创作、调试、执行或建构，即策划、谋划……"。[3] 在设计过程中，思想和意向先行。

在这个意义上，设计是人类普遍具有的能力。事实上，每一个能够计划将来的行动，并将其付诸实施的生物都能够设计。任何一个养了条聪明狗的人都明白这点，也有很多段子说狗和马会做计划和设计。设计、学习和判断一起，构成了我们做计划的过程。也就是说，这种能力并非人类所独有——比如，玛丽·凯瑟琳·贝特森(Mary Catherine Bateson)曾细述了马学慢跑的过程，显然，它们能够抽象出普遍原则。[4] 黑猩猩、红猩猩、大猩猩等灵长类动物肯定也会设计。不过，人类的设计是不同的，以下两个方面将人类与其他生物区分开来。

首先，是人类以图表、蓝本、草图、模型和描述来呈现自己战略性意向的能力。这些能够呈现我们的意向，也能够向他人展示我们将如何执行我们所构思的计划。

其次，是我们不只为了实现自己的目标而设计，我们也代表别人做设计，为了满足别人的目标，解决别人的问题。设计是一种服务，作为设计者，我们将其他人的目标和需求当作自己的目标。如果设计者以这种方式来工作，那他们就成了专业的设计师。他们以此为生。

　　20世纪，设计专业在平面设计、信息设计、产品设计、工业设计、设计管理等领域中发展成形。一些建筑师和工程师也开始将他们的工作视为设计。

　　如今，我们在一个更宏大的框架里看待设计："现代设计已经从对产品和服务的关注，发展成对一整套方法的关注，而这些方法是应用于大范围的社会问题上的。这些设计方法与特定学科的专业知识相结合，就能提供强有力的办法来应对大规模的、复杂的问题。……今天所面对的最要紧的问题，涉及由多方利益相关者和问题所组成的复杂系统。这些挑战又常常牵扯到大量与技术相关的人和机构，尤其是在传播、计算、运输方面。医疗、教育、城市化和环境问题有这样的特性，可持续、能源、经济、政治和总体福祉等问题亦是如此。"[5]

　　对赫伯特·西蒙来说，所有的专业实践都与广义的设计相关。物理学家、经理人、工程师、律师都在设计，政治家寻求法案通过、将军试图赢得战争也可谓设计。

　　21世纪，设计所面对的挑战较之20世纪范围要广得多，目标也要丰富得多。设计更复杂了，也有了更广阔的语境。

　　今天，设计师们仍一如往常，在物质世界里行动，满足人们的需求，更新建成环境。这些常见的属性自能人时代以来就被归给了设计。美索不达米亚的制陶匠、罗马战车造轮匠、中世纪立陶宛的织麻人，还有美洲那些制箭人，他们的情况正是如此。

　　当代的技术和社会系统在其上增添了四种本质性的挑战。这些挑战自18世纪工业革命以来就已成规模，它们包括：人造物、结构和工序之间的界限日渐模糊；社会、经济和产业框架的规模日益扩大；需求、要求和限制所组成的环境日渐复杂；信息内容的价值超过了有形实体。

　　这些变化导致了在今日专业设计语境中不同以往的三个主要区别：环境复杂，许多项目和产品都跨越了若干个组织、利益相关者、生产商和用户群的边界；项目和产品必须符合许多组织、利益相关者、生产商和用户的期待；生产、分销、接受和控制等各层面都有要求。[6] 这些挑战又引发了一个重要的疑问：我们怎么能确知，作为设计师的我们能为那些寻求专业帮助的人们提供负责任的解决方案呢？对这一问题的回答正是乔柯·穆拉托夫斯基创作本书的出发点。

物理学家兼哲学家马里奥·本赫(Mario Bunge)将研究定义为"系统性地通过方法搜索知识"。我们知道某事，也就意味着我们理解这件事，并且能将我们所知道的事情应用于我们所面对的问题。对本赫而言，"原初意义上，研究所做的，是处理新问题，或检验先前的发现。严谨的研究是科学、技术，以及人文学科中'活跃'的分支学科的标志"。[7] 研究的同义词有探索、考察、探究等。

穆拉托夫斯基在本书中所展现的，是引导设计师怎样以一种方法性的、系统性的方式来回答疑问、解决问题。这一话题所涉甚多，我们号召设计师去解决多种多样的问题。设计几乎总是一个多学科领域，有时甚至是跨学科领域。我们在任意一个项目中所面临的问题都是各种各样的，这就要求我们运用各种各样的方法。因此，我们必须对一些研究方法有深刻的理解，并且对我们不甚精通的诸多方法有所知晓。我们将对这些方面的理解与对研究方法论的理解联系在一起。研究方法是解决问题的途径；而研究方法论是对方法，以及对任何现有的方法能够解决的问题的比较研究。本书对这两方面都予以了视野广阔的介绍。

在专业设计师所必需的研究中有一些关键话题，设计专业的学生们如果想要理解这些话题，本书就可作为教科书为他们提供有价值的帮助。本书也为攻读博士学位的研究生提供了一种稳健而简明的概览。对于有经验的研究人员，以及为研究生做指导和教学的教师来说，本书则是有用的资源。先前市面上已有一些设计研究的小指南，但本书是英语世界中迄今为止该方面最大型、最全面的文本，它满足了我们这一领域的真实需求。

基斯·多斯特(Kees Dorst)在2007年的设计研究协会国际联合大会上做了一个主题演讲，他在演讲中将设计研究描述为一场即将发生的革命。[8] 这场革命是建立在早前对专业实践的理解上的，但革命所需的还不仅这些。今天，这场革命正在发生——早前的路径正经受考验，新的方法不断涌现，娴熟的研究人员正构思新的考察方法，用以解决我们目前所面对的挑战。

一本像乔柯·穆拉托夫斯基的《给设计师的研究指南》这样的书，能够帮助学生们从对研究的技巧方法的学习，转为对高级的设计实践进行有效的研究操练。

对于研究人员和教师来说，本书提供了改善他们研究工作的工具包，能够提升我们这一领域的项目和出版物质量。在数量上，设计领域相关的会议和期刊数量都有了极大的增长，但总体质量仍不尽人意。我们所需的革命需要这种激进的研究方式来促使设计成为一门成熟的学科，而目前，设计研究的这一阶段才刚刚开始。

托雷·克里斯滕森 (Tore Kristensen) 称，一种激进的研究方式涉及"建立普遍知识体系；提升解决问题的能力；将知识归纳入新的领域；定义价值创造和成本效应；解释设计战略间的区别，及其各自风险及收益；个人层面的学习；集体学习；元学习"。[9] 大量的设计研究牵涉用有效的个人学习为特定的客户解决情境中的问题——但这类研究并不会比专业实践做得更好。基于实践的研究与实践之所以不同，在于前者需要建立普遍知识体系，再将知识归纳入新领域，并且帮助专业领域中的人们以社群的形式学习。

设计师常常在"知道这件事"和"知道这件事是怎样的"之间做区分，尽管设计研究更多涉及的是知道怎样做一件实际的事，而不是像科学家那样描述世界中的一件事。设计领域最重大问题之一所涉及的正是这一区分。设计师已然知道怎样做一件事，设计和设计研究的区别正在于此。展示一个产品所呈现的，是一个设计师知道"怎样"去做"这件事"。而研究所呈现的，是我们自己"怎样"去做研究。本书所呈现的，是怎样做研究里的"怎样"。

本书一步步地展现了一个扎实研究项目的各个面向。有经验的研究人员会将这些话题视为一种隐性知识的形式。穆拉托夫斯基解释了每一步的细节：呈现研究的问题；讨论该领域现有的知识；检验过去那些为检验或解决问题所做的努力；描述用于解决问题的方法与路径；将它们与替代的方法做比较；讨论研究中所遇到的问题，并解释研究者可以怎样解决这些问题；明确提出对该领域的知识体系能够做出贡献的结论；提出对未来研究的启示。

研究向他人展示的，是如何获得研究者已经习得的知识。在科学研究中是这样的，在基于实践的研究中也同样如此。化学家们向他人展示的，是他们怎样解决化学问题；数学家所呈现的，是证明过程中的每一个步骤；工程师所解释的，是他们在为某个特定的应用选择一种金属或工序时遇到的问题；社会学家和人类学家所说明的，是他们理解人们怎样行动的方法。在设计中，我们也许需要检验或解释与这些非常类似的话题——我们需要先向他人解释，我们是如何达到我们最终所呈现的结论的。无论这个结论是一个工序、一个产品，或者一个系统，研究不仅意味着给出最终结论，也意味着要给出解释。解释使结论有了意义，也因而使得他人可运用其中的概念、理念、方法和结论，以推进他们自己的工作。

本书引导读者理解研究是"怎样做"的。

对任何一个领域的任何一位研究人员来说，学习都是无止境的。本书的贡献在于，它为那些需要有良好开端的研究人员提供了坚实的根基。借着这本书，作者也为一场必然要发生的革命做出了有益而及时的贡献。

肯·弗里德曼（Ken Friedman）

设计创新研究讲席教授

同济大学设计创意学院

中国上海

前 言

　　设计无处不在，它影响着我们的生活方式、我们的衣着打扮、我们的交流方式、我们的购物习惯，还有我们的行为举止。然而，在应开发何种设计解决方案、所为何人、所为何事的决策性规划中，设计师们却很少受邀参与其中。更糟的是，大多数设计师并不反思自己所得出的结论是否正确，而倾向于将注意力放在提交结果上。设计的创新过程基于隐性知识、直觉、假设和个人偏好之上，这通常被视作该领域的标准运作方式（而这通常也是设计的迷人之处），但这个过程仍有改善和提升的空间。本书所要展示的，就是怎样来做到这一点。

　　让我们先以菲利普·斯塔克 (Phlippe Starck) 设计的阿莱西 (Alessi) 外星人榨汁机 (Juicy Salif, 1990) 和乔纳森·艾维 (Jonathan Ive) 设计的苹果 iPhone 为例。今天，这两件漂亮的产品都被视为设计的标杆。然而，这两项设计背后的思维过程却是截然不同的。前者是一个极端，它是一个外观炫酷，却无甚大用、价格高昂的柠檬榨汁机。外星人榨汁机既不实用，也不为终端用户解决任何问题。实际上，倘如真的按设计师的原意来使用这个榨汁机，反而会引发更多的问题——从产品设计的角度看，这个东西本身就是一个悖论。但我们并不会以一般产品设计师的角度来看待它，认为需要根据柠檬榨汁机的原始概念对其做出改进，相反，我们会反过来看它。外星人榨汁机不能像一般的柠檬榨汁机那样去掉柠檬的籽和皮，如果将它放在一般的厨房台面上，它的高度肯定会有一些人体工程学的问题。这件物品的形式本身也很昂贵，很难制造。除了本身作为物件的美之外，它几乎一无是处。它的形状极易辨认，很有标志性，价格不菲，却卖得很好。大多数人买回去只是单纯拿它做装饰，而不会用

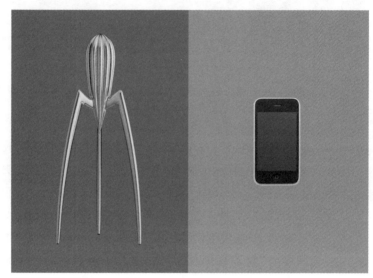

外星人榨汁机与苹果 iPhone

它。因此，这项设计与其说是一件产品，毋宁说是一个雕塑。另一方面，iPhone 既在设计上做到了美观，也在创新上做到了突破。它外观时尚，又有着高度直观的用户界面系统，改变了整个手机行业。几乎在一夜之间，它的无缝用户体验就为行业树立起了新的标准，改变了人们使用手机的习惯。App Store 的引入，使得人们可以自行定制手机中的软件，以前所未有的方式来使用手机——这也使得整部手机非常个性化。这两件物品之间的区别在于，iPhone 是靠研究驱动的、用于解决问题的案例，其设计是以终端用户为主的，而外星人榨汁机则是纯粹以自我为中心的创作表达，仅靠审美来驱动。这两个案例显示了，设计的吸引力可以是欺骗性的，无论其最终结果是有用还是无用。

　　"美观与实用"和"力量与思想"之间的矛盾总是存在于设计文化之中，找到两者间的平衡十分关键。[1]并非所有的设计师都热衷于追求理想，有些设计师愿意将注意力放在"制作"的过程上，另外一些则更看重"思考"的过程。正如上文所讨论的，这两种情况的结果在审美上都是令人愉悦的，但设计在商业和社会环境中的影响却会有很大的不同。为说明这点，我要引述斯塔凡·本特松(Staffan Bengtsson)在《宜家：设计师、产品和其他》(*IKEA the Book: Designers, Products and Other Stuff*, 2013)中的一段话：

> 让我们也就我们自身——置身于所有这些设计物中间的人类——来说两句。我们中那些从事设计，并且自愿投身于设计世界的狮子坑[1]里的人都明白，设计师如果尽力而为，就可以被称为"行为科学家"。有些设计师满足于创作一把椅子；另一些则以问题为导向，他们会更多地思考我们对"坐"的需求。有些设计师只单纯地创作玻璃杯；另一些则反思"饮用"的艺术，并且去创作能够真正满足饮用欲望的玻璃水杯。我们能够从中分辨出两类设计流派：前一类看重名词"玻璃杯"，而后一类则关心动词"饮用"。最终，我确信，后一类才赢得了我们的信任和爱。他们关注的，是人之为人的东西。物品和物件是为了完善我们的生活而有的。椅子和玻璃杯是为了发挥作用，而不是为了徒增麻烦而存在的。然而，市面上仍充斥着许多产品，这些产品的创造者似乎没有意识到，没有对人类行为的洞察力和同理心，就不可能有真正打动人心的设计。[2]

XXIX

对于想要成为有能力做决策的领袖，而非仅仅做一个项目实施者的设计师来说，他们首先需要做的，是学会理解并解决错综复杂、难以预料的问题。这些问题的解决方案也许并不仅在设计领域内，设计师们可能还需要在多个学科和专业领域里寻找方案。因此，设计师有必要使自己适应陌生的情况，也要学会怎样与非设计师合作，学会在各种类型的问题中辨认出模式，学会动用自己和别人的知识，学会从各种来源里

---

[1]　狮子坑系源于《圣经》的典故，出处为《但以理书》。经文中叙述但以理先知遭人陷害被投入狮子坑中，现引申为极端危险的境地。——译注

搜索可用于证实或反驳自己想法的事实，学会系统地、有洞见地做出有根据的决定。

　　这一类型的研究在设计中至关重要，因为这种研究能展现出，设计师想要做的已然超出了单纯对项目实施的关切。这也就意味着会有新的、未曾预料的解决方案出现。在这样的语境下，研究可以被当成是一个聚集知识、分析信息和理性推理的过程，它可以导向更好的、更有效的设计成果。不过，设计师很少能够以战略性的方式来行事。大多数的设计师并不进行研究，而通常是将注意力放在考察形式、风格和制作流程上，而不在更大的语境中考虑他们的设计。然而，如若设计师想要在产生新的洞见和解决方案的过程中成为思想领袖，发挥关键作用，他们就要学会以跨学科的方式进行研究——而这将不可避免地成为设计教育的一大要务。但是，将这些技术引入设计课程会是一个非常棘手的过程。

　　从技术学院、艺术设计学院，到美术学院、综合型大学，各类教育机构都教授设计课程。这些教育机构有其各自的设计教育方针，因此，它们对自己的学生、毕业生们的期许也是各种各样。传统的设计教育一般从工作室文化中发展而来，其学习环境是半教室、半工坊性质的，学生可以在其中学习设计，实践技能。然而，当代的设计教育应兼具工作室和实验室两者的特性——应当是一个具备了教学、实验和研究等多项功能的地方。

　　在典型的设计教育模式中，设计专业与艺术专业的学生并肩学习，甚至在低年级时共享制图、绘画、雕塑等课程，这样的情况并不罕见。在这些课程中，设计专业的学生经常要学习如何将美术和应用艺术的原则应用在设计上——而这最终会成为一种商业艺术形式。未来的设计师们在制图课上学习绘制和素描；在绘画课上学习对色彩的运用和混合；在雕塑课上学习形式的创作。他们所学的这类事物通常从审美的原则发展而来——这些原则本质上是与美和品味联系在一起的。对设计师来说（艺术家也类似），这些知识涉及对线条、方向、尺寸、材质、运动、空间、光线、对比、色调、节奏、平衡、和谐、构图、比例等的合理运用。此外，学生们也受到鼓励，要在实践中发展个人风格、提高技术水准。随着时间流逝，学生开始对设计的"好""坏"有了直觉性的判断——首先，看这个设计在审美上是否令人愉悦，并且有用；其次，看其是否有创新，即是否以一种全新的、未曾预料的方式打破了某些陈规。以历史的角度，向学生们介绍过去和当下设计风格以及设计运动中的一些案例作为参考，可以强化这样的学习方法。此外，设计专业学生也会根据各自的方向选择一些辅修课程，如人机工程学、材料性质、生产技术、排版、字体等相关课程，以此来拓展自己的知识面。当然，我这里只是泛泛而论，不过这正是典型的设计教育的大致框架。

除此之外，还有两条路径是设计师可以遵循的，或是为了自己（将设计视为一种向内自省的实践），或是为了他人的福祉（将设计视为外力驱动的过程）。如遵循向内自省的路线，设计就难免会成为某种形式的自我表达。即便这个设计的最终结果是为大众服务的，在设计过程中起到驱动和启发作用的，仍然是设计师个人的艺术风格。而如果遵循的是向外的路线，设计就可以被视为一种解决问题的过程，是以他人的需求为先的。在这一路线中，设计师先要发现和定义问题，然后找到有创造力的解决方法。设计的最终结果是由研究而非风格驱动的。

因此，这种设计方式需要设计师掌握一系列其他的技能。在这种环境下工作的设计师，就有能力参与开发设计任务书的过程，而不是像一般情况下那样仅仅只有接受的份。通过这种方式，设计师也能够想出一些先前未曾想过的可能性，或者为客户及终端用户提供全新的、不同的视角。这样，设计就成了战略形成过程中的关键元素。这种工作方式的原则一旦确立，就能广泛地应用于各类项目，无论其特性如何。举例来说，如苹果、耐克、哈雷戴维森、戴森、IBM、宝马、宜家和任天堂这样的市场领导者都已经在运用这种方式做设计。类似的设计思维方法也受到了公众和非政府组织的青睐。如今，愈来愈多的政府和非商业组织购买设计咨询的服务，以期开发出解决各类新老问题的创意方案，其范围涵盖了从国家品牌到医疗健康等各方面。

　　设计专业学生在今后的职业生涯中选择哪一条路径，常常是由他们学校的设计哲学，或者是任课老师的教学偏好所决定的。不过，他们所接受的教育也有助于改善他们看待周遭世界的方式。对大多数设计师而言，工作室是他们与那些有着类似想法的人分享共同"语言"和共

同兴趣的安全之所。而另一方面，"真实的世界"却显得仿佛是一个全新的，甚至令人颇感灰心的陌生地带。但是，如果设计师能够得到训练，学会运用研究，并以跨学科的方式来工作的话，那么"真实的世界"也能够成为他们的自然栖息地。

　　即便不考虑这些，独立设计师们也是有必要跟设计研究者们并肩工作的。独立设计师可以开发概念性的设计，有时这些设计未必受到市场需求甚至潜在终端用户的真实需要的约束；而此时，设计研究者们可以开发补充性的战略。对新概念、新形式和新应用的试验，常会诱发一些突破性理念，这些理念会在日后得到完善，并为主流所接受。这类试验常在运输工具的设计领域里进行（如概念车的开发），或在时尚设计领域里进行（如高级定制时装）。尽管这种工作方式也可被称为某种形式的设计研究，但绝非我要在本书中所呈现的那类研究。我在本书中要讨论的研究，所关注的是实质，而非风格的创作。

　　如今，光有高超的技巧水平或强烈的设计风格，是不足以让初出茅庐的设计师在这个已然饱和的专业领域中脱颖而出的。新设计师须掌握研究技能，以求在其领域内外都具备竞争力。设计师需要有分析新问题、质疑旧方案、以非传统方式思考的能力，这些能力与研究技能的重要性正日益超越技巧性的设计技能。特别是对于那些想要使自己的设计生涯有意义，能为商业领域和社会做出贡献的人来说，更是如此。

第一章 引论

关键词

目的   目标   受众   概况   局限

2   设计师在商业领域和社会中所扮演的角色正在改变。为了在这两个层面上都能做出贡献，设计师有必要学着合理地提问，以便找出真正的问题所在。他们也需要学会进行研究，以便解决这些问题。在这个过程中，学会在一系列的跨学科课题中找到正确方向也很有必要，这样他们才能更全面地理解自己的工作对社会、文化和环境的影响。

当代设计师所处的环境日益复杂，因此，他们渴望为既有的问题提供全新又有创意的解决方案，或者至少将不如人意的解决方案变得令人满意些。设计师们想要解决的问题有些是显而易见的，但也有一些是需要费力寻找的。不论哪种情况，在开发解决方案之前，他们都有必要展现出自己对问题的最新理解。解决的过程总是以这个问题开始：我们想要解决的是什么？

这一问题的答案很少是直接的，我们可以将对答案的探求过程形容为知识之旅。这一探求过程引导着设计师们，使他们不仅游走于创意产业（他们常在这一领域寻找灵感），也进入了其他学科，在其中寻找相关的已有知识，以便更好地做决定。在发现问题，并且将其置于一个既定的语境中后，设计师还需要继续寻找在这一知识与可能的解决方案之间的差距。差距找到后，就要着手进行分析和阐释，只有这样，才能进行解决方案的设计。

　　大型的设计项目常常超越学科边界，需要一支多领域专家组成的团队。在这样的情况下，设计师可能会需要组织并领导这支跨学科的团队，并且代表客户深化任务书。因此，设计师需要展现出管理和领导的技能，能够突破设计实践的限制。这是一个漫长的过程，对于许多设计师而言，尽管他们以前只在自己的学科界限内工作，现在也不得不接受这一文化变革。设计的疆域不断扩展，这一变革在所难免。而本书朝着这个方向迈了一步。

　　以下我要解释本书的写作目的和目标，以及本书受众的特质。除此以外，我还要逐章地介绍本书的内容，并概述本书的局限。

1.1　这本书说了什么
What Is This Book About?

　　正如书名所述，本书是给设计师的研究指南。本书的目标，是向设计师和设计研究新手介绍一些最常用的研究路径。本书是在跨学科的设计研究和教育的前提下写就的，这也意味着，我将要介绍的，是一系列在这一语境下有关运用研究的观点。然而，此处我无意提供一种百科全书式的或面面俱到的集结，我并不想将各类可行的研究方法与研究实践罗列出来。我想要做的，是介绍设计领域中一些最常使用的研究路径。因此，我希望本书能向你提供一些信息，告诉你怎样踏上自己的研究之路，怎样开发一个研究课题，怎样选择合适的研究方法，怎样与利益相关者沟通，以及怎样将自己的研究转化为专业的设计任务书，以此来成就一条有效的设计解决之道。

1.2　谁应该读这本书
Who Should Read This Book?

　　由于学术复杂程度高，而且设计师自身对术语不甚了解，对研究方法及方法论的学习可说是他们踏上研究之路的最大挑战之一。大多数现有文献的目标读者都是资深的学者，学生们则常感此类文献过于复杂，难以理解。因此，本书的内容和写作风格都不是针对资深学者和经验丰富的研究人员的。本书最适合的受众是研习研究方法及方法论的设计专业本科生和研究生；诸如博士生及初、中级研究人员这样的研究新手；以及那些有意将研究应用于实践的设计专业人士。

1.3   为什么你需要这本书
Why Do You Need This Book?

对研究的运用是许多大学设计学专业的一个重要组成部分。除了教授设计方法外，这些设计学院越来越多地教授研究方法，这些方法能够帮助新手设计师做出明智的决定，也能帮助他们更好地理解自己的领域。不过，对研究的运用却并不局限在大学内。高效的产业也是由研究来驱动的。然而，当涉及设计实践时，研究也未必总是一种战略性资源。举个例子，独立设计师很少会以本书所描述的研究方法来做研究，但许多企业设计师和设计顾问会——知晓如何开展和应用研究的专业设计师现在越来越吃香。此处，我要再次声明，本书所关注的绝不是造物的过程（这一过程常常是设计方法研究处理的内容）。本书所关注的是设计思维的过程，而这一主题则常常反映在研究方法的内容中。

4   设计与研究之间的关系是一门宽泛的学问，有很多不同的方法可用在这一主题上。这也就是说，对于设计与研究，有许许多多不同的观点，每个学校、每个设计方向、每个设计学者、每个设计专业人士都各有不同。设计研究也可被视为一个自足的领域，涵盖了从实用设计应用调查到战略规划、理论推测等各方面。学术性的设计研究与通常在设计实践中见到的研究有很大的区别，但是这种情况并不是理所应当的。基于实践的研究常常是自省的，而且目标在于改善个体或团队的实践；与此不同，学术性设计研究的目标在于提升、改变或挑战设计领域的规范性主体，并且对该领域本身形成更深的理解。总而言之，设计研究的信息来源既有设计的理论与实践，也有其他领域的学术成果。因此，我们可以将设计研究视为在学术探究和实践应用中寻求平衡，以及在越来越跨学科的领域中商讨大量对设计研究人员而言可行的方法。

1.4　内容
Content

　　本书的内容可以分为九章。除了最后的《结论》一章，其余各章均有次一级的节，之所以这样设置，是为了鼓励你逐步渐进地深入主题。目前你正在阅读的第一章《引论》不需再做专门的解释。所有这种类型的书都以这样一章开始，引论的目的在于解释本书说了什么，写作的对象是谁，并且为后续几章做好铺垫。因此，我要直接介绍本书第二章的内容。

　　在第二章《设计与研究》中，我将触及一些与研究在设计领域中所扮演的角色相关的问题与机遇。在此过程中，我首先要承认的是，设计是一个不断进化的领域，它的关注点总在变化，而且它也总能适应改变。我会做一个简短的历史概览，以此来解释研究是如何被引入到设计中的，以及这么做的原因是什么。接下来，我要讨论的是设计研究的复杂性，以及设计行业内部对此话题的各类观点。再往后，我会讨论在设计中引入跨学科教育及研究的益处。首先我会介绍这其中包含了什么，然后呈现一些与这一话题相关的讨论。总之，在这一章里，我会对这样的设计教育研究模式所面临的机会与挑战做出反思。

　　在第三章《研究的基本要素》中，我会罗列一些关键事情，这些都是你在开始自己的研究之前需要知道并且会做的。此处，我会讨论如何构建一个研究课题，以及如何就自己的研究做出陈述。接下来，我会解释研究问题是什么，研究假设又是什么——这两个术语是你作为研究人员经常会遇到的。此外，我还要讨论文献综述包含哪些内容，以及为什么每一项研究都需要一份文献综述。再接下来，我要概述做一份文献综述的几种不同路径；讨论什么样的文献综述是有效且可靠的；解释什么是文献综述中的饱和状态（换言之，也就是你怎样才能知道，你已经就你的课题收集了足够多的信息）。然后，我要简单地讨论一下，为什么你需要汇编一份关键术语汇总；还有，或许最重要的是，我还要解释一下，在书写研究报告时，你需要考量的因素有哪些。之后，我要解释研究方法和研究方法论是什么，我会向你介绍四种主要的研究路径：定性、定量、视觉与应用研究。除此之外，我还会解释为什么对自己的发现做交叉引用是很重要的，以及你可以怎样通过对自己的研究做三角互证来实现这点。我还会解释，通过进行多方法研究，你可以怎样将不同的研究路径结合在一起。

在第四章《定性研究》中，我会讨论这种类型的研究是怎样进行的，为什么这与设计师有关。这种类型的研究可以很具体，但绝不受条例所约束。在做定性研究的时候，没有什么理应严格遵守的规条、程式或格式。因此，我能向你提供的只有一些基本的指导原则。一段时间后，你会有自己的经验，就能够开发并细化自己的研究技巧和策略，并且能够超越本书所讨论的这些原则。接下来，我会向你介绍一些最常用的定性研究路径，你可以用这些来收集并分析数据：案例研究、文化探针、访谈、民族志观察、档案与文献研究、民族志、现象学、历史研究，以及扎根理论。如果你是个研究新手，那么对你来说某些研究术语可能看来非常容易混淆，令人发怵。但阅读本书后你会发现，其实这些词指的都只是一些简单的事物。

在第五章《定量研究》中，我会解释这种类型的研究是怎样进行的，以及哪一种定量研究是与设计有关的。与定性研究不同，这类研究高度结构化，遵循严格的程序。此处我会提供一些基本原则，这些是你在进行定量研究时需要知道的。我会特别关注调查与实验。在调查部分，我会列出一系列可用于数据收集的方法，如面对面访谈、电话访谈、书面问卷及在线问卷等。我还会讲一讲正确地提问有多复杂，并且概述一些制作问卷的格式。在实验研究部分，我介绍的是观察研究，这种研究是收集和分析数据的典型方法（说得更确切些，就是以用户为中心的设计 [User-Centred Design, UCD] 研究）。

在第六章《视觉研究》中，我会讨论视觉研究的各种类型。如在民族志研究中经常会使用参与式的视觉研究方法，如摄影和摄像，作为从参与者那里记录数据或引出信息的方式。这一章具体讨论的还有其他类

型的视觉研究，所关注的是对已有的图像、物件的分析。此外，我还会介
绍视觉和物质文化研究。这些研究检验的是，图像和物件是怎样提供信
息、意义、功能或愉悦感的。此处，我会呈示三种研究方法：构成分析、
内容分析和符号学，用于对图像和物件进行系统性、实验性的研究。这
些研究方法可以逐个带出、成组使用，也可以单独使用，这取决于你研
究项目的性质如何。

　　在第七章《应用研究》中，我会讨论设计中最流行的一种研究路径，
并且解释这种类型的研究何以区别于先前的研究路径。先前的研究着
眼于理解问题，找出解决方案；而这类研究则关注开发解决方案，精炼
结果。在这个意义上，这是一种实践驱动的研究，而非理论驱动的研究。
此处我会关注应用研究的两个关键方面——基于实践的研究（其中，富
于创意的人造物是调查的基础）和由实践引导的研究（这种研究会导向
对设计实践本身的新理解）。我在这章要讨论的主要应用研究方法是行
动研究。

　　在第八章《研究与设计》中，我会讨论的是，你可以怎样以研究报告
和执行总结的形式来呈现你的研究，以及怎样在准备设计任务书和设
计报告时运用自己的研究。除此以外，我还会向你提供一些信息，使你
能够准备一篇架构良好的摘要、一些合适的关键词，以便更好地传播你
的研究成果。

　　最后，在第九章《结论》中，我会重申本书的必要性，也会再次强调
研究在设计中的重要性。结论之后，我会列出写作本书时用到的引用文
献，以及索引。

1.5　免责声明
Disclaimer

　　我在本书的文献综述中暗示了，对于设计研究应该包括什么，我是
没有一个明确立场的。甚至在一般意义上的研究领域中，本书中所讨论
的许多事物也是有很多不同立场的。不过，我已经做出尝试，择选出了

设计领域里一些最常用的研究路径。我尝试利用一系列的学术资源，对它们做客观的阐释。再次重申，本书并非一本讨论具体课题的书，而是一本指南，它也并非包罗万象。例如，有一些我认为应该在设计实践（而非设计研究）相关的书中讨论的设计方法，我在本书中就没有详述。同样，我还要再次强调，设计与研究两者都是涉及面非常广的学问。为了让事情尽可能简单，我忽略了某些事物，也没有以足够的深度来呈现某些方面。这也就是为什么我想要鼓励读者们，在运用本书时，也要结合其他一些更深地探讨具体研究路径的书。就这一主题的书单，可查看本书结尾的引用文献。

1.6   小结
Conclusion

7   在设计的语境中，开展研究的目的要么是让设计师们知晓自己的设计，要么就是帮助他们做明智的设计决策。本书是一本跨学科的书，其目标在于向设计师们介绍最基本的研究实践。本书中所呈现的概念超出了设计领域的界限，为了能够在设计的语境中将一些最好的设计实践汇集起来，我查考了许多其他学科。然而，我还是要澄清，本书既不讨论研究的主题，也不讨论设计，而只是一本告诉人"怎样"进入研究的指南。本书对于所有想要致力于研究的设计师都会是有用的，无论是在大学学习中，还是在专业实践中。对于大多数向设计师们教授研究方法与方法论的大学课程而言，本书也同样适用。

1.7   总结
Summary

在本章中，我对本书做了引论，列出了本书的目标与目的，讨论了研究新手为何需要本书。除此之外，我也解释了本书的关注点，本书所期望的受众，以及本书的局限。最后，我还逐章地对本书内容做了简短的概述。

第二章 设计与研究

关键词

在《设计研究》(*Design Research*, 2013)一书中,彼得·唐顿(Peter Downton)做了一个非常大胆的开场白:"设计是一种探索方式,一种产生认知和生产知识的方式;这意味着,设计是一种研究方式。"[1]这一立论相当精彩,我们确实也应如此看待设计。然而在现实中,却鲜有设计实践由研究驱动,并且以生产新知识为目标。在涉及专业实践时,很少有设计师在研究方面受过训练,知晓怎样使用研究方法,甚至很少有设计师明白研究到底包含了什么。

《牛津词典》是这样解释的:"(研究是)一种对素材和来源的系统调查和考察,目的是为了建立起事实,并得出新结论。"[2]这也暗示着,研究需要按照既定的计划来,并且遵循一种已有的流程形式。然而很少有设计师觉得有必要按这种特定的方式来学习怎样进行研究,因为很多设计不需要严格的研究,就可以被开发或生产出来。设计的方法多种多样,既有高度结构化的,也有阐释性的和横向的。它们在本质上可以是非常有调查性质的,但这种调查常常是自我挖掘的,关注的只是设计当下瞬时的那些流程。对很多设计师来说,这种工作方式就足够了,故事到此为止。这种工作方式限制了设计师们的潜力,而他们本可为商业界和社会做出更大的贡献。为了让设计师们在更宏大的意义上挖掘自身,他们需要学习怎样将科学的研究融入实践中。这个任务并不简单。与设计不同，研究并非一种直觉性的过程。恰恰相反，这个过程需要理性推理，也需要遵循严格的律则，如此，研究才有保证，才会被认定是有效的。而所有这些，都呼唤着设计领域里的一场重大的文化变革。

最大的挑战在于，设计在传统上被纳入应用艺术，而非科学的范畴，但后者才是研究占主导之处。由于这个原因，设计常被人看作是一种艺术实践，驱动它的是直觉，而不是以严格的有效性原则为基础的研究。不过话又说回来，艺术和科学也未必非要严格区分开来。文艺复兴时期，将两者混合在一起是当时创作天才们常用的手法。其中最突出的例子当属达·芬奇（1452—1519）。达·芬奇既是创作了《最后的晚餐》（1498）和《蒙娜·丽莎》（1504—1505）等杰作的艺术大师，也在人体解剖学、生物学、水力学等方面极有造诣，甚至策划了桥梁工程，绘制了直升机、飞机和潜水艇的草图。达·芬奇是超乎寻常的天才，与他同时代的人中也有不少是类似的多面手。然而，时至今日，设计却变成一门日渐单一的、由艺术驱动的学科。不过这也难怪，毕竟艺术院校中开设和教授的正规设计课程，很多都是围绕着19世纪的工艺美术运动的原则建立起来的。而这场装饰性的艺术运动的目标，是在日益机械化和批量生产的时代复兴工艺理想。虽然世界已大为改变，这场运动留下的遗产仍在21世纪的今日占据主流。这种教学和实践设计的方法仍是全球占主导地位的模式。

今天，设计行业中常见的实践仍有着这样的意涵：只要设计师在技术和艺术上都有足够的功底，在诸如绘图、渲染、生产、模型制作、版刻复制、字体、排版（还有其他一些在他们自己的设计领域里必要的技艺）等方面技艺高超，那么人们就会认为他们已充分地掌握了设计的"艺术"。如果他们的技艺到了专业的程度，那么下一步，他们就该在某一特定的技术或风格方面卓尔不群。作为回报，他们也靠自己的技艺和创造力来赚钱。如果客户认为某个特定设计师的设计风格对其生意或产品来说"奇货可居"，那这个设计师就可以靠着自己的技艺和创造性产出来谋生了。[3]然而，事情总在变化，设计已然发生了转向，这点我将在后文中继续展开。

不过，有人或许会说，那种能让设计师们开发自己的技能和创造性产出的实验性过程就是一种研究。但是，在我这个兼具学术界和专业界双重身份背景的设计师看来，风格和技术的实验性过程只是设计实践的一部分，并非某种形式的研究。任何一个设计师都可以通过持久且投入的实践来提升自己的技艺，就同艺术家和手工艺者一样。这一过程并非总是系统性的，也不一定会产出事实或新的解决方案。但这一过程可以帮助设计师挖掘出一种特定的作品风格。有些情况下，这一过程也能遵循研究的评判标准，因此可以被视为设计研究的一种初级形式（该研究仅关注一个特定领域：进行设计实践的方法）。然而，设计研究要比这丰富得多，这点我将在后文中详谈。

2.1   新学习
New Learning

能够以全新的方式将不同的学科汇集到一起的设计专家越来越抢手，这点已在全球范围内得到了共识。根据设计委员会（Design Council）2010年针对英国设计教育的一份报告，商业界、政府部门、学术界都越来越重视设计，将其视为促进创新、生产力和经济增长的工具。而这在两个层面与设计技能的供给互相影响：新技术、新产业和新服务的出现；有能力驱动创新的全新技能人才的供给。

产业不断变化又相互融合，传统的教育系统越来越无力向产业界提供技能与经验兼备的人才。这不只是挑战，也是机遇，尤其对设计师而言。[4]此外，设计委员会还指出，各行业的公司都越来越看重创造力、弹性、适应力、沟通技巧、协商技巧、管理能力与领导力等技能（图 2.1）。没有一种特定的技能组合能够保证在各种情境下都有着出色的创新表现，因此，接纳来自不同领域的团队和个人，以此拓展技能组合的范围，成了促进创新的一种方法。[5]

从设计的角度看，这意味着，训练及教育设计师的方法需要做出改变了，至少也要做些调整，只有这样，设计师们方能学会以跨学科的

方式工作。这在某种程度上
印证了理查德·布坎南（Richard
Buchanan）的论点：[6] 设计应该
采用一种新近（neoteric）教育模
式——建立在实际生活和严
肃的理论思考中遇到的新奇
问题上的一种"新学习"形式。
与之相对的是古旧（paleoteric）
模式，而后者在今天的许多大
学里都能见到，这是一种"旧学

图 2.1　各种设计技能

13　习"形式，关注于拓展一个具体学科的知识，通常的做法是将细节进一
步细化，但却极少能为该领域的知识做出实质性的贡献。[7]肯·弗里德曼
（Ken Friedman）也持类似的观点。[8]据他所说，在每一学科的进化过程中，都
会经历这样一段时期：学科的根基需要从"粗粝模糊的地带升级到有着
理性考察的疆域"，从而研究方法、方法论、哲学等事物则纷纷涌现。[9]

2.2　　设计演化
Design Evolution

今天，设计师们在这一行业里最根本的问题是，大多数情况下人们
都将他们看作装饰师、工匠或造型师，当他们想要让自己的作品与众不
同的时候尤其如此。[10]设计不断演化，逐渐成长为一种专业，设计的定义
也随之变化和拓展。世界在变化，商业界和社会所面临的问题也日益复
杂。设计师们在适应新的挑战，但新的问题需要新的知识，因此，将跨学
科研究引入设计领域变得越来越有必要。

大多数人并不将设计师看作批判性思考者，其主要原因或许在设
计这一行业的起源处能找到。早先，设计师们来自各行各业，他们之所
以进入这一行业，是因为他们有能力将事情做得有艺术感、有装饰性、
有建设性，可以满足产业界对新产品、产品升级、大众传播的发展需

要。[11] 此后,设计这件事本身,以及设计者们能够做的事,都发生了巨大的变化,但许多人对设计这一行业的最初印象还是没有改变。

与建筑师、工程师不同,设计师的工作不需要用一整套的原则和规定来规范自己的作品,这点维克多·马戈林(Victor Margolin)早已指出了。[12] 设计师们是在实践中逐步摸索出这一行业的主题的。我们回望一下 20 世纪的设计史,就能发现许多顶尖设计师们就是这么做的。比如说雷蒙德·洛威(Raymond Loewy, 1893—1986),他是标志性的美国设计师兼造型师。一开始他在梅西百货和《时尚芭莎》做插画师,之后,他又参与了一系列的设计项目。从牙刷到铁路机车、唇膏、邮轮,他塑造了 1925 年至 1980 年间美国的日常生活文化。他的客户有可口可乐、好彩香烟、灰狗巴士、壳牌,甚至还有美国总统肯尼迪。他设计了许多令人过目难忘的消费品,一定程度上定义了美国梦的神话,也由此奠定了他独一无二的地位。在做插画师的时候,洛威就展现出了其在学科间游刃有余的特质,接手了许多同时代人连想都不敢想的项目。比如,由于声望甚高,他甚至还参与了美国航空航天局天空实验室(Skylab)的开发,而这是美国第一个宇宙空间站。[13] 同时代另一些杰出的设计师,如诺曼·贝尔·格迪斯(Norman Bel Geddes)、亨利·德雷夫斯(Henry Dreyfuss)、沃尔特·多温·蒂格

(Walter Dorwin Teague),都有着类似的经验,他们都挑战了行业的传统。例如,德雷夫斯和格迪斯从设计产品转向了为 1939 年纽约世博会创作未来城市模型,而洛威也为那一场世博会设计了未来火箭舱。二战后的岁月中,创作力旺盛的设计先驱们,如佛朗哥·阿尔比尼(Franco Albini)、伊姆斯夫妇(Charles and Ray Eames)、马里奥·贝利尼(Mario Bellini)以及理查德·罗杰斯(Richard Rogers),也都打破设计"禁忌",试验了新的方法、形式、材料,启发了新一代的设计师们,使其纷纷效法。[14]

在设计史的年表上,"变化"是贯穿始终的,在"设计是什么"和"设计做什么"这两个问题上尤其如此。"设计"一词的使用范围不再局限于物件、视觉、空间,也包括对于特定问题的解决。这一领域的趋势表明,设计正越来越关乎聆听、提问、理解,以及构思新的可能性和替代性的落

实方案。举例来说，现今有许多设计师都致力于改善未来，他们的工作包括开发节能产品和流程、创建宜人的环境、鼓励人们参与政治，甚至还有降低犯罪率。结果，作为一种思维方式，设计越来越多地出现在各类场合，而在以前，这些场合中是没有设计的一席之地的。[15] 不过，这一路走来却是漫长的。

从 19 世纪中叶至 20 世纪前 50 年的百来年间，欧美的设计工作作为一种贸易活动出现。[16] 工业的需求被引入到艺术和手工艺作坊中，早先，设计被当作一种应用艺术或商业艺术。此时，艺术院校引入了设计课程，因此，设计过程植入了许多艺术规则。[17] 设计领域中的另一场重大变革发生在二战期间，出于军事需要，企业需要生产效率更高的战争机器。产业界的关注点发生转移，设计师们也随之跟进，他们开始研究人体工程学和大批量生产的技术、性能和效率。战后，这些新的工作方式仍然为企业所用，并影响着设计师的工作方式。[18]

设计的疆域不断扩张，艺术性的表达越来越多地与社会和商业头脑相结合，设计也就不再被单纯地视为一种工艺，而是一个新兴行业。与其他专业一样，设计的特征是由实践的传统、特别的工作和思维方式而定的。时光流逝，设计领域中的事物开始发生变化，这一领域本身也在继续演化。尽管设计的初衷是为了满足产业经济的需要，某些设计学院和设计专业人士却在不断挑战产业实践的同时，引入思维和工作的新趋势。[19] 例如，在 20 世纪 60 年代，设计的关注点从对技术和形式的开发，转向了对人类需求和行为的思考。也正是从那一时期起，设计师越来越多地关心起自己的社会角色。[20] 换言之，设计的世界从对具体之物的研究，演化为人文研究。[21]

设计领域不断演化，使得设计超出了贸易的范畴，成为一个严肃的研究领域；设计从一个技术性的行当发展成为一个自足的学科。在 20 世纪八九十年代交替时的美国，由于产业界的鼓励和需求，美国政府在全国范围内资助了许多设计学院来发展这一新兴的学术研究门类。到了 90 年代，设计研究开始有了一席之地，逐渐地，美国以及世界范围内都开设了设计学博士课程。[22] 不过，和其他学科一样，设计还需要确立一些评判标准，才能称为一门学科。作为一门学科，设计需要"出现在学者的社群中；有探究的传统或历史；能够说明探究中数据收集及阐释的方法；……必须能构成新的知识；有交流的网络"。[23]因此，设计领域需要不断地充实根基，确立自己的知识、专业性和新技能。也因此，设计专业的训练需要遵循"有秩序的行为系统"，能在以学术路径理解和调查新知识、工作方式和思维哲学时行之有效，而所有这些都需要研究。[24] 要重申的是，"研究"和"设计研究"都不是不言自明的，还需要更深入的讨论。

2.3　　研究革命
Research Revolution

对很多人来说，"研究"一词带着点神秘感，多少有些排他性，而且脱离日常生活和实践活动。大多数人都不确定到底研究人员是做什么的，他们为什么要做研究，他们的研究有什么目的，有哪些益处，又能为人们的生活质量和福祉做出什么贡献，更不要说设计了。更糟的是，"研究"也是一个被严重滥用的词，在日常生活中有太多含义。我们能在各种语境中听到这个词。比如说，人们常用"研究"一词来描述寻找事物或信息的过程，人在阅读不熟悉的内容时，也称其为"研究"。商人们在推销某种创新型产品时，也常在销售辞令中提及"研究"，其实他们只是对原有的产品做了一些小小的调整，增加一些新的特性而已。许多类似的活动都错误地使用"研究"一词。正确描述这些活动的词其实应该是"信息收集""归档""自我启蒙"或"产品开发"，而这些词都不能与"研究"画等号。[25]

在设计的语境中定义研究也问题重重。像设计这样一门年轻的学科，无疑会面对许多互相冲突的理念和哲学。设计研究应该包含什么，人们对这个问题的基本理解也常引发争论。[26]例如，上文所提及的，设计教育（某种程度上，工程设计和建筑学除外）将美术和应用艺术的传统作为其模本。而在这一模本中，个人探索常常被视作研究。[27]对一些设计师来说，设计实践本身就是一种研究过程，设计方法有时就相当于研究方法。[28]对另

16 外一些设计师来说，对设计的过程做研究就等同于做设计研究了。[29] 然而，在写这本书时，我采取的立场是：设计实践并不等同于设计研究，但对设计实践的考察可视为设计研究。[30] 即便如此，我还是要再声明一点：对设计实践进行考察只是设计研究的一种很有限的方法。[31]

一般来说，那些决定采用哪种设计、为谁以及为何的研究，设计师是很少参与其中的。大多数设计师选择关注考察设计方法，以此来生产出更好的形式、风格、功效和运作方式，他们倾向于将这类活动称为"研究"。[32] 然而，很多大学并不总是将这类活动视为研究，各类企业和政府部门也同样如此。因此，目前进行的大多数设计研究都不符合科学学科的标准。[33]

不过，基斯·多斯特已经提出了诸如此类的问题，他呼唤一场设计研究的"革命"，这场革命需要对设计中研究的用法和目的做出一些根本性的修正。据多斯特所说，为了能够让设计成为一门以专研设计为目的的科学学科（他将科学学科定义为"人类活动的一个复杂领域"），设计研究人员需要遵循四个关键步骤。首先，研究人员需要有工具来对复杂的人类活动进行"观察"；然后他们需要有能力"描述"他们的观察；"解释"观察和描述是如何进行的；最后"提出"可能的解决方法，以此对上述的活动进行改善。[34]

但这种处理设计的方法既不新颖，也不彻底。像宜家这样的设计驱动的公司，早就以这种方式运作了。比如说，在宜家2004年的产品目录中，我们就能见到，他们的儿童部门至少从 1979 年起就开始以这种方式运作了：

> 为了理解孩子们，理解他们的世界何以不同于我们的世界，宜家儿童部门邀请知名教授参与进来，他们非常了解童年成长、儿童安全、人类行为和心理学。我们还测试了每一件用于销售的儿童玩具和家具，对危险系数进行了分析，并对结论进行了归档。所有这些都符合世界上最严格的安全标准。[35]

不幸的是，正如多斯特所指出的，设计研究人员常常忽视了这一研究过程中最重要的部分，而把注意力放在了设计过程的效率和有效性上，而这样做的代价就是，其他东西都被排除在外了。[36]

不过，我必须承认的是，也并非所有的设计师都想要采用这样一种科学性的模式。许多人还是更青睐"传统"的设计教育和实践的模式。在"传统"模式大行其道的设计环境中（无论是设计院校还是设计工作室），设计师受到的训练是模仿别人的作品，并且倾向于只关注培养技术。这种模式也被称为学习工作的"学徒"模式。在这种模式中，学生和资历尚浅的设计师扮演的是"学徒"，而教师和资深设计师则充当"师傅"。[37]

尽管这种经典的学习工作方式仍风行于设计领域，一些进步的设计院校却唱起了反调，其中就有位于芝加哥的伊利诺伊理工大学设计学院(Institute of Design, Illinois Institute of Technology)，该学院最初成立为新包豪斯。学院的领军人物查尔斯·L.欧文(Charles L. Owen)认为，传统模式正在拖设计领域的后腿，使其无法对产业界有新的认识。他指出，许多选择设计课程的学生都表现出对自己专业以外的领域的厌恶或无能。在学习的过程中，他们的保守、偏见和知识落差通常未被注意到，因为他们的教师（大多是有行业经验的）也都是这一流程的产物，而且和他们持有类似的观点。于是这就形成了一个恶性循环，导致设计界和产业界都驻足不前。等到毕业的时候，学生们进入产业界，进入设计部门或设计咨询公司，这些单位的雇员也都是和他们持类似观点的设计专业毕业生。接下来，他们就会从自己专业的立场来影响设计院校，确保这些院校能以同样的方式来装备毕业生，如此，设计专业毕业生/未来的雇员就会有和他们一样的技能和态度，在他们看来，这些是在本行业中就业所必需的。由于在大多数情况下，设计院校雇佣的是有行业经验的教师，设计专业人士就不可避免地回到了院校，完成了这个循环，并且又训练出更多像他们一样的学生。因此，为了让设计领域能够演化，跳出这一循环，欧文指出，这种"近亲轮回"一定要打破。[38]

留意到这种畸形状态的不止欧文一人。大卫·德林（David Durling）和布赖恩·格里菲斯（Brian Griffiths）也指出，通常，设计院校吸引到的学生是这样一个特定的人群：他们倾向于避开理论，而青睐"制作"。这些学生一般对他们所感兴趣的学科持有非常狭隘的观点，甚至将外界影响都排除在外。德林和格里菲斯认为，只有将不同类型的学生（他们能接受设计的理论积淀，对于其他学科的基础也有兴趣）都吸引到设计教育中，设计教育才会有新的可能。[39]

与欧文、德林和格里菲斯一样，布鲁斯·M. 哈宁顿（Bruce M. Hanington）也认识到，研究将为设计实践和产业界带来价值。他说，在设计实践中引入科学的研究方法，在很大程度上是由新手设计师们所接受的教育类型所决定的。[40]不过从根本上来说，在设计教育中引入传统工艺美术基础也是有益的，因为这样能帮助学生培养新的技能，探索观察周遭世界的新方式。有行业经验的教师能给出他对"真实世界"的机制的理解，能为学生们提供意见，使他们明白，对自己所受的教育该有怎样的期待。然而，设计教育需要做得更多，学生们才会有突破性的创作，也正因如此，设计领域需要研究。不过也有些设计师担心正式的研究或许会损害他们的创作产出，对此我将在下文中予以辩驳，此处不再赘述。

2.4　设计思维
Design Thinking

设计领域越来越多地引入了跨学科研究和批判性思维，这为新一代的设计师们创造了新的机会。许多设计师不再将自己视为创作性的、艺术性的服务提供者，仅仅处理表面问题，而是已经开始将自己重新定义成战略性的策划者，能够理解复杂的事物。许多的全球趋势报告指出，设计在未来将扮演重要的角色，设计与财政、建设、可持续、健康、住房、公共组织等领域相结合，将为改善当地经济、环境、人类生活做出贡献。这些新趋势也表明，设计师的任务已经从"创作产品"变为了"创作过程"，而研究也变得越来越重要；尤其是在当下，社会科学、环境研究、

18

商业管理等领域中的知识正转而成为新的设计学知识,研究的角色因此变得更关键了。[41]

如果我们着眼当代设计师们着手的项目,就能发现,许多设计师其实已经在扮演社会科学家和商业战略师的角色了,尽管他们本人可能没有意识到这点,其所受的教育也不足以让他们支撑起这样的角色。但设计师们确实是面对复杂的社会、政治、经济纠缠在一起的情况,日复一日地发现问题,选择合适的目标,制定计划,寻找解决方案。[42]将正式的研究囊括进设计过程,能帮助设计师们更好地理解自己的任务,做出明智的决定,找到更有效的设计解决方案。[43]这种工作方式促成了"设计思维"的诞生。

"设计思维"是一个相对较新的术语,其含义是多重的。为求简便,我会使用丹·福尔摩萨(Dan Formosa)所绘制的术语框架。福尔摩萨既是拥有博士学位的学者,也是得过奖的设计师,还是纽约 Smart Design 咨询公司的创始人之一。在他看来,在开发新产品或新服务时,设计思维是一种解决问题的新途径,而其依靠的是创新与研究。[44]不过话说回来,福尔摩萨也指出,创新未必意味着要发明什么东西。事实上,创新意味着一种新颖而独特的思维方式,即便在面对老问题时也可以创新。对许多公司来说,植根于设计研究的设计思维已成为使他们从日新月异的技术世界中脱颖而出的关键。为此,福尔摩萨指出,Smart Design 有不少知名客户都是这条原则的拥趸,其中有可口可乐、福特、通用汽车、惠普、英特尔、强生、家乐氏、LG 电子、麦当劳、微软、耐克、三星、壳牌、东芝、丰田和雅虎等。[45]

假以时日,设计传递创新理念,并且驱动商业成功与社会变革的能力还会越来越强。不过,设计还是一门较新的学科,设计师还需要像思考者和顾问一样,能够处理好当下多面向的问题。但这绝非易事。一方面,设计这一领域被一些其他学科否定了,这些学科自称能比设计更好地处理复杂的商业和社会问题。这一立论的根据是,许多设计师不如其他成熟学科的学者那样有调查和分析的能力。另一方面,传统的设计师则质疑这种学科演化的必要性,甚至认为这是不可取的,更何况,很多的设计课程是由艺术院校开设的。但很多人不能理解的一点是，设计是一个不断演化的领域，它最终会会反映整个社会的。社会结构在变化，设计也随之变化。因此，为了不让设计沦为一门边缘化的或落伍的学科，设计师们需要找到一种方式，可以让自己与其他学科彼此关联、相互合作。对许多人来说，这意味着要踏出自己的舒适区。但是，作为回报，这种思维方式将有可能改变传统的设计产出，实现的成果将不再只是艺术性的精巧物件，而是对社会、环境和经济真正有意义的贡献。[46]

2.5   跨学科设计研究
Cross-Disciplinary Design Research

世界正变得越来越复杂。诸如不可持续的人口增长、老龄化，以及全球恐怖主义、人与科技间日益紧张的关系等负面浪潮正席卷全社会。还有一些不确定的因素，如全球化、自然灾害、土壤环境贫瘠化以及全球范围的流行病等，也仍未解决，在未来的几年中将继续困扰我们。[47]如此多面向的问题（经常被设计界称为"抗解问题"[wicked problems]）[48]需要新的解决方案和突破传统的解决路径，如此，我们方可改善甚至仅仅维持我们在当今这个全球化社会中的生活质量。

所有这些都在实践和教育两方面深刻地影响着设计领域。行业内，对技能型设计师的需求仍然旺盛，但今天的社会需要的不仅是做产品设计和传达设计的设计师，也需要设计整个生活系统的设计师。对许多设计师来说，这意味着要从艺术性服务的提供者向战略规划师、专业"思想者"转型，要能以跨学科的方式工作。然而，设计师要应对这一挑战，就须具备理解人类需求和行为的能力，也须培养解决问题的新技能。[49]这就需要我们思考设计教育和设计研究的跨学科模式。这种模式主要有两个关键动机：追求可用于实践的结果；寻找灵感，以启发新的重大研究问题，并促进方法与概念性框架的交流。[50]除此以外，我也将跨学科设计研究概括为一种混合，其中糅杂了交叉学科、多学科和超学科的工作方式，以及相关的研究实践：

- **交叉学科设计**（Interdisciplinary Design）：交叉学科的工作方式需要的是在同一学科中不同方向知识间的合作。举例来说，两支或两支以上的单学科设计团队一起为同一个项目工作。苹果的 iPhone 采取的就是这样的合作：产品设计师与用户体验／用户交互（UX/UI）设计师并肩工作，开发新产品。一支团队设计手机的外观，而另一支则设计手机的交互。在这个案例中，这两种设计是互为支撑的。

- **多学科设计**（Multidisciplinary Design）：多学科的工作方式需要的是两个或两个以上的学科在同一个项目中互相合作。举例来说，在医用家具和设备的开发过程中，就应有一支设计师团队和一支医疗工作人员团队并肩工作。在这个案例中，两支团队都从各自学科的观点出发，分享自己的知识与经验，共同设计成果。比如，医疗工作人员提供必要的反馈，就能帮助设计师们建立起问题参数，并且在设计的各阶段都与他们密切合作。

- **超学科设计**（Transdisciplinary Design）：超学科的工作方式需要的是一种"学科的混合"，这种方式要求设计师们"逾越"或"超出"自己的学科标准，接受来自其他学科的工作方式。[51] 这需要设计师们在知识方面达到一定水平，使他们能以创新的方式，跨越多个学科工作。这种方式最适用于凭单一学科无法解决或构建的复杂问题。这种工作方式也需要大量研究方法与方法论方面的知识储备，以及经年累月的经验。有能力以超学科模式工作的设计师不仅能够在跨学科的团队中工作，而且能够在其中起主导作用。[52]

超学科的益处已经在设计领域中得到认可。[53] 举例来说，影响设计的因素涵盖了社会、经济、政治、环境、机构等各个方面，而超学科模式可以提供系统性、综合的理论框架，对这些因素进行定义和分析。不过，在设计实践和设计教育中构建超学科设计，这样的工作模式仍未得到完全的开发。[54] 这种研究模式十分复杂，需要高水平的科研能力以及学术机构的支持，而能够滋生这种模式的土壤，只能在设计教育内部，确切来说，是在设计的博士教育中，至少在目前阶段是这样。然而，即便如此，我们还有很长的路要走。

2.6　跨学科设计教育
Cross-Disciplinary Design Education

设计正在从一个关注个人创造力和商业性的工艺性行业，转变为一门致力于对新理念进行概念化、结构化和具体实施的强势学科。从其他学科中汲取知识以完善自身，在这个过程中尤为重要。不过，这并不意味着设计要放弃自身的传统。正如弗里德曼所说，成功的设计在处理有关人、信息和社会的科学性知识时，是处在工艺性和阐释性之间的。[55]因此，他鼓励设计师们与其他学科的人合作。他说，设计师与社会科学家们一起工作，能够使"设计为客户与终端用户服务"的理念更深入人心。[56]马戈林也有类似的说法。他说，设计是"大型社会流程"的一部分，研究设计就是研究"社会情境中出现的人类行为"。[57]

不过，为了便于以跨学科的方式工作，其他学科需对设计中的指导原则有进一步的了解，同样，设计师也需要熟悉其他学科的指导原则。设计师们未必需要像学者那样深入了解其他学科，但应该像专业人士那样掌握多方面信息。[58]更重要的是，弗里德曼相信，未来"分析师与创作者""设计师与研究者"之间的区别将变得模糊，每个人都会参与定义、规划、建构人造物和系统的过程，所以每个人都可以被视作"设计师"或"研究者"。[59]此外，弗里德曼还认为，设计是一门处在多个大型领域的交叉口的综合性学科：

> 在一个维度上，设计是一个思考和纯粹研究的领域；在另一个维度上，这是一个实践与应用研究的领域。如果设计应用于解决某个具体场景中的具体问题，这就是一个临床研究的领域。[60]

图 2.2　弗里德曼的设计领域图示

弗里德曼进一步指出,设计可以置于六大领域之中:自然科学、人文学科、社会科学与行为科学、职业与服务、创意与应用艺术、科技与工程(图2.2)。

设计能够以多种方式整合其中几个或全部领域,具体视项目需求而定。举例来说,从一个角度出发,设计可以被视为一个实践和应用研究的领域;而从另一个角度出发,设计又可以被视为一个进行思考和科学研究的领域,而这两个角度经常是交叉的。[61]不过,布坎南也指出,正确的方法是在研究与实践之间找到平衡,而设计研究的长处不在于发展理论,而在于发展理论与实践的适当关系。[62]

上述这些问题非常复杂,为此,弗里德曼指出,设计教育需要新的范式。[63]设计正从一种工艺美术实践转而成为由理论研究驱动的学科,这一趋势越来越明显,因此有必要引入不同的设计教育模式。许多设计任务着手处理的是"复杂的适应性系统",而通向设计教育的"设计科学"路径应能够处理行业内这些发展趋势。为了说清什么是"设计科学",弗里德曼援引了一种技术科学或社会科学模式,这种模式关注的是怎样做事和怎样达成目标。[64]当一个技能型专业从使用传统的"拇指法则"[1]和"试错"方法,转向了使用理论和科学方法,这一门类的新科学就产生了。[65]

特伦斯·洛夫(Terence Love)也认为,要把设计师教育成有能力解决"非常规情况"的人,意味着所要教授的不止是创意思维。[66]跨学科设计需要设计师具备一些技能和认知力,使其有能力以专业水准来调动其他学科中的材料。此外,洛夫还提出,跨学科设计在本质上要求设计师有高度的商业性专业技能,并且对诸多学科都有深刻的认知。这些是"传统"设计

22

[1]　rules of thumbs,拇指法则,指缺乏精准或可靠标准,仅有大致估计的原则,这种原则依靠的是实践经验,而不是理论。——译注

教育模式无能为力的,因为跨学科要求的是一种具备高度理论性和认知力的教育模式,能够将研究方法与方法论、理论以及诸多学科中的发现全都整合在一起。[67]

由于设计界尚未正式建立起跨学科的教育研究模式,我们可以先看一下医疗卫生行业所采取的类似模式。医疗卫生行业涵盖了诸多学科门类的知识,也成功地将不同类型的专业人士与同样多类型的研究人员整合到了一起。在这个行业中,跨学科的工作方式是分批次引入的:起先有了交叉学科的观点,之后再逐步地升级为超学科的模式。在这种模式中,研究人员逐步走向整合与实践应用。[68] 如果设计专业学生自本科至研究生阶段一直遵循这样一种教育模式,那么到了博士毕业的时候,他们就拥有了高度的跨学科技能,这使他们能够在设计领域中生产新的知识,甚而引领不同的研究团队。[69]

2.7   跨学科实践的挑战
The Challenges of Cross-Disciplinary Practice

姑且不论跨学科研究的益处有哪些,将其应用在实践中却是极具挑战性的。设计师们由于缺少其他学科的知识,与其他学科研究人员所持的标准不同,方法论相异,或者仅仅因为态度消极、持有偏见,在跨学科合作过程中都可能会遭遇难题。[70] 这些问题是有普遍性的,在其他学科中也会出现,[71]其中包括:定量方法与定性方法,封闭研究路径与开放研究路径,客观性与主观性,因果与描述。下文将详细解释。

- **定量方法与定性方法**: 对惯于以某种特定形式工作的研究人员来说,换一种研究路径是很困难的。举例来说,采集数据的方法不同常常是最先被提及的一个问题。每一个研究团队都会将"他们的"方法看作特定情境中收集数据的最恰当方法。因此,一支跨学科团队需要首先达成一个共识:采集数据的方法应取决于所研究问题的特性,而不是个人喜好。

- **封闭研究路径与开放研究路径**：使用哪种方法来采集数据直接关系到研究本身的开放程度。如果研究的目标是为了用简明的图表来描述一个特定事件（如变量的组合），并以此作为结论，那么封闭的研究路径是必须的。如果研究的目标是为了对一个现象做出全方位的描绘，那么就应采用一种较开放的路径。在特定的环境下，两种路径都可以是恰当的——前者用于探索诸多变量间的可见的量化关系，而后者则用于对新领域做出多面向的总体描述。封闭路径必然是建立在研究人员已知的分类之上的，开放路径则试图避开这些分类，而从数据中得出新的分类。两种路径都是有效的，具体视情况而定。对设计师的挑战在于，在面对一个特定的研究问题时，到底该选择哪种研究路径。

24

- **客观性与主观性**：开放路径也可以被称为主观路径。与人类学家相似，设计师也是自己采集数据的，而且他们都有很大的自由度，他们可以在研究过程中做一些更改，对数据的阐释也有很大的发挥空间。对于那些使用严格控制的定量研究方法的研究人员来说，他们常常会对这类数据的客观性嗤之以鼻，因为他们很难将特定的发现与研究者自己的个人偏好区分开来。反过来，这种立场也会引起定性研究人员的质疑，因为他们的科学立场是承认主观性是研究的基本先决条件。跨学科合作的挑战在于，要在研究的主观性和客观性之间找到适当的平衡。

- **因果与描述**：一方面，描述性研究旨在对现象做出"如其所是"的描述。例如，对某个特定人群的行为模式、某个特定族群的文化实践等课题的研究。而另一方面，因果性研究则试图阐明那些激发特定行为或引出特定实践的具体关系或相互作用。这两种科学性的做法都很重要，但也常引发分歧。[72]

这些只是跨学科研究的挑战中的一部分。其他还有诸如术语、评估过程相异、报告方式不同等问题。[73] 不过，如果采用一些可行的方案，很多挑战是可以解决的。率先要做的就是,跨学科团队需要"相互了解"团队所涉及的学科。人如能对多个学科的方法论、理论、历史的基本知识都有所洞察,就能更好地去理解和尊重其他学科的立场。[74]

　　跨学科研究是复杂的,跨学科研究管理因此也面临一些挑战。和生活中的许多事情一样,研究也受权力和地位的牵制。对于个人和学科来说,研究项目就好像一个个"战场"。历史上,有一些学科看来比另一些更"有权力",其原因无非是获得了更多的资助,或者得到了地位较高的人或机构的支持。由此导致的是,学科边界往往是由态度,而非理性思考限定的。在跨学科研究团队中,"谁来决定研究什么"是关乎权力平衡的问题之一。使其达到平衡,或许是研究管理者和团队带头人最主要的工作目标,其次的目标才是营造并维系良好的工作环境,令众学科彼此协作、蓬勃发展。[75]

2.8　小结
Conclusion

　　19 世纪至 20 世纪早期,设计被当作一种工具,通过它的美化或提升实用性,使产品和传达变得更有吸引力。今非昔比,设计作为战略资源的重要性与日俱增。之所以如此,是因为设计领域中引入了研究,还因为一些人想要超越自己的专业界限,挑战习俗。不过,对其他许多人来说,设计仍然是一种"神秘的天赋",可以让设计师在消费者驱动的市场中恣意发挥创意。有的人会觉得这样很吸引人,但设计究竟如何发挥作用?个中神秘需要接受考验,看看其是否有担当、负责任,是否具备专业有效性。[76]

　　设计是一门交叉学科的专业,旨在满足各种不同的需求。有鉴于此,如今的设计师应该在多学科的团队中工作,而这样一支多学科团队的特性和一致性应随着项目的特性而改变。为了能够在专业中取得更大的进步,或者在企业中有更好的发展,设计师有必要展现出更强的整合技能。这意味着,他们需要不断学习,以此来维持自己的竞争力。[77]

今日的设计教育与 20 世纪的设计教育的不同之处在于,在后工业时代,设计师们不应再使用那些基于常识、试错和个人经验的旧工作方式,而是以基于战略模型、模拟、决策理论和系统思维的新工作方式。[78]因此,为了在日趋复杂的环境和当代经济中站稳脚跟,设计师们有必要在熟练基本的技术性技能之外,掌握一些新的研究技能,也就是那些能够超越学科界限的新知识。

跨学科研究有很多的形式,从定量市场研究到个人访谈、实验性设计分析、定性研究等,不一而足。跨学科研究的最大益处在于,它能够使设计师们对各类现象、人群、文化和信仰体系都有敏锐的理解。而这类知识在真实世界中是不可或缺的。因此,跨学科研究展现出的是一种超越具体造物的视角,以及一种整合了设计界与产业界新观点的开放性。[79]例如,跨学科研究能推翻既存的设想,对潜在的商业发展机会做出坚实有力的最新总结。这种研究也能为企业家们提供新的重要方向,而这些方向在单一学科的环境中是无法找到的。[80]

现今有大量可被归为设计研究的企业研究,非设计师出身的专家们已经着手处理这些研究了。由此可见,具备跨学科研究技能的设计师该有多么抢手。谷歌、微软、IBM、惠普、英特尔,还有许多其他的大型企业都雇用了来自电子与软件工程、人类学、心理学等领域的博士毕业生,让他们给未来的产品和系统开发做研究;之后,这一研究也用在了设计任务书的开发中。而设计师们若只是作为研发过程的一部分,则可说是设计业的不幸。[81]

26

为了扭转这种情况,设计师们需要接受高质量的教育,并且在研究方法上积累经验。然而这对设计教育者的资质要求也随之提升,他们能够教授研究方法,指导设计项目与战略的相结合,并且有能力整合大学设计专业课程。[82]眼下,具备这些能力的设计学者并不多,但随着越来越多的大学要求教员们拥有博士学位,相信在不久的未来,这样的情况一定会改观。最后,研究成为设计教育不可或缺的一部分,它将促生新一代的设计师,他们也会为设计实践带来新的改变。这个过程不太可能在一夜之间发生,因为设计课程的改变需要逐步地完成,但设计教育给设计实践带来的演化是必然要发生的。[83]

这类研究虽十分复杂,但当不同背景的研究人员开始以跨学科的方式并肩工作时,会产生许多新的知识。[84] 我把机遇和挑战都呈现在这里了,虽然方式有点简单粗暴,但我已经反复强调了设计领域对相关创新性跨学科研究的需求。那些在教育中追求跨学科模式的设计师们,将能更好地应对复杂的工作环境,日后,他们甚至能够引领一支跨学科团队,探索新的知识。[85] 要成功应对这些挑战并不容易,但也绝非不可能。我希望,本书能帮助你掌握一些技巧,从而实现这一目标。

2.9　总结
Summary

在本章中,我阐述了设计研究及其在设计领域中的角色。本章讨论了设计语境中看待研究的几种不同的方式,我也解释了为何有必要在设计研究中采取科学路径。此外,我思考了发展跨学科研究模式的潜力,这种研究模式能够超越典型的单学科设计实践和研究中固有的学科边界。文献综述表明,通过交叉学科、多学科、超学科等合作方式,可以将跨学科研究模式置于更广泛的教育框架内。这样的分类也表明,跨学科研究模式对于设计领域的进步大有益处,因此需要在设计教育和研究中引入跨学科的工作方式。

第三章 研究的基本要素

关键词

无论是在教育还是在实践的语境中,学习有关研究的知识,并且学会做研究都是很重要的。在解决真实世界的问题时,研究扮演了重要角色,因此,有一些技能对你来说是终身受益的。[1]掌握一些技术性的技能(如绘图、制作模型、使用设计软件等)确实重要,但长期来看,培养批判性思维的技能更有价值。

保罗 ·D. 利迪(Paul D. Leedy)和珍妮 ·E. 奥姆罗德(Jeanne E. Ormrod)简单地解释了研究的价值:研究的目的"是为了学习之前从未知道过的东西;为了对先前尚无结论的重要议题提出建设性问题;并且通过收集和阐释相关数据来找到那个问题的答案"。[2]我相信,对于设计师来说,回答此类问题的能力远比做出美但无意义的东西要重要得多。

3.1   定义研究问题
Defining a Research Problem

每一个设计项目的核心都有一个问题。理解这一问题的能力是该项设计最终能否成功的关键。如果你不能确切地理解这个问题,那你也就无法设计出解决这一问题的方案。因此,对设计问题下一个清晰的定义是设计过程中的第一个要求。这个设计问题也是一个研究问题,而接下来的步骤既是研究的过程,也是设计的过程。

在你定义研究问题之前,有必要先记住两件事情:你应该提出的是在某种程度上"与众不同"的问题;通过找到新的思维方式、提出新的应用、为进一步研究铺路等方式,你的研究应该为你所在的领域产出新的知识。[3] 如果你出于研究目的来思考一个问题,你就应当避免以下几种情况:

- 研究项目不是用于实现"自我启蒙",而是为了获得某方面的知识而收集信息,这有别于为了解决问题而观察数据。举例来说,为获知某件事物如何运行或如何构建就不是一个研究问题。

- 比较两组数据,或计算两者的关联,从而得出两者的关系,这样的问题也不是一个恰当的研究问题。这种问题要求不高,不需要什么批判性思维。其中也没有提出"为什么"。这种问题中没有"原因",充其量是一种统计性的操作行为,不是研究问题。

- 最终得出"是"或"非"的问题,也不是恰当的研究问题。这类情况仅仅触及问题的表面,不能引发真正的研究所需的深入探究。[4]

为了找出合适的研究问题,你先要对自己的兴趣点有足够的认识。如果你对想要研究的领域不熟悉,你就不会知道这一领域的局限是什么,有哪些问题需要解决。因此,在教育环境中,大规模的设计研究项目通常是在研究生阶段进行的,此时学生一般已经有了足够的知识储备,有能力参与研究了。不过,即便如此,研究新手还是有必要了解自己领域的行业动向和范例,阅读相关文献,参与本专业的讨论课和会议,并且向领域内的专家寻求建议。[5]

除此以外,你还要考虑以下方面。如果你正在为你的研究生学位论文选一个研究问题,那就选一个能够吸引你、推动你的课题。你的研究课题应该基于你真正立志去做的东西。研究生的研究课题需要花很长的时间去完成,所以,你应该为自己真正抱有热情的事情,为那些在你看来值得付出时间和精力的事情而努力。不过,你也需要考虑一下,别人是否也觉得这个课题有意思,值得关注。你的研究应该满足更广泛的诉求,或有更大的应用空间,而不应仅仅建立在你的个人兴趣上。[6]

3.2　构思研究陈述
Formulating a Research Statement

一旦找到了研究问题,你也就有必要详细论述这个问题,论述应"精心措辞,并且代表整个研究工作的一个目标"。[7]这会有助于你研究陈述的写作,在研究陈述里,你需要解释自己的研究对象和目的。这个陈述应当清晰明了,无论是不是领域内的读者都可以看明白。如果你不能用简单的措辞来解释你将要解决的问题,那么很有可能你还没有对问题形成足够深入的理解。因此,请务必确保每个人都能确切理解你的意思。如有必要,就对你的研究问题做进一步的论述。[8]

30　　　举个例子,约翰·S. 斯蒂文斯(John S. Stevens)的《作为战略资源的设计: 从战略模型的角度来谈设计对竞争性优势的贡献》(*Design as a Strategic Resource: Design's Contributions to Competitive Advantage Aligned with Strategy Models,* 2009)是一篇递交给英国剑桥大学的申请博士学位的论文。从题目就可以看出,他的研究问题所关注的,是设计对竞争性商业优势的贡献。

对标题来说,能够让读者马上明白问题是什么,这就够了。不过,如果要如其所是地呈现问题,就需要做一个详细的说明。因此,在构思研究陈述的时候,你也需要想一想研究项目的可行性。有时候,有些想法是不能被付诸实施的,因为它们要么太宏大了,要么就太不具有实践性了。所以,你在构思研究问题的时候,需要先了解问题的局限有哪些。比如,有些研究问题可能太过宏大,或者所耗费的时间、资金、物流、设备太多。[9]你可以限定研究,并且说明后续举措,以此来克服这一问题。此时你能做的,是设定问题的界限,把问题缩小到一个点上,使问题有可行性;你也可以选择将注意力放在问题的某一个部分上。在斯蒂文斯的博士论文中,在"研究目标"这一部分里,你可以找到以下陈述:

对于设计能为公司所做的贡献，以及将设计作为一种资源时所遇到的挑战，已有很多相关的实证工作了。同时，在实证文献和产业文献中，也有很多有关企业战略的理论和模型。本文并不试图挑战这些工作，也不打算为其添砖加瓦。本研究的目的在于将这两个领域联合起来，加以巩固。清晰并完整地理解设计与战略的关系，对于产业和实证知识系统都很有价值。[10]

这一陈述阐明了他这篇论文想要做的是什么。不过，有些研究问题在研究陈述中就能看出太大或太复杂了，很难得到解决。如果是这种情况，比较好的方法是将问题分化成为若干个较小的次级问题。在这么做的时候，你需要记住几点：例如，每个次级问题都能够在其本身的框架内得到完全的解决。即便每个次级问题都是大问题的一部分，你也应有能力将它们分别解决。不过，所有的次级问题都必须是关涉主问题的整体性的，不应制造不必要的信息。你可以设置二到六个次级问题。[11]遵循这一原则，斯蒂文斯在研究陈述中做了进一步阐释：

本研究旨在探讨关于设计能力对一家公司的战略利益的多方观点，并且厘清这些利益的实践性与概念性关系：设计的战略性到底意味着什么？

要实现这点，本文将首先参考设计管理和商业战略中的实证文献及产业文献，找到两者的概念重合处，以此形成综合性的观点；这也是一系列设计能力，反映：1）设计有能力做的贡献是什么；2）对一家公司来说战略利益是什么。

其次，本研究试图回答以下问题来检验这些能力在产业中发挥的效用：这些现象是在实践中观察到的吗？设计专业知识的提供者和用户都认为它们有重要的战略意义吗？

第三，本研究的目的在于，阐明这一综合的概念性观点是如何为企业提供丰富的设计实践描述的。[12]

3.3　构建研究议题或假设
Framing a Research Question or a Hypothesis

你找到了研究问题,并且写了一篇条理清晰的陈述,接下来你就应该构思一个研究议题或假设了。在利迪和奥姆罗德看来,假设就是对研究问题做"一种符合逻辑的推测,一种出于理性的猜想,一种经过训练的揣度"。[13]另一方面,研究议题与此完全不同,因为该议题并不能为研究问题提供推测性答案。主要研究问题由关键研究议题或假设跟进,每个子问题都附带额外的议题或假设。[14]

假设为研究问题提供初步的回答。因此,假设可以将你的思路引向可能的信息来源,帮助你解决研究问题。接下来的研究过程,就意味着确定你的假设是否正确了。在研究中,假设很少被证实或推翻。要看的是研究数据是否支持这一假设。如果最初的假设是数据所不支持的,那么就需要引入一个新的假设。如果假设是数据所支持的,那么这个假设就可以进而演变成为一种理论。而所谓理论,利迪和奥姆罗德说,"是概念和原则的有机组合,用于解释特定的现象"。[15]不过,一旦这个理论与新的数据相冲突,也就不成立了。

值得一提的是,研究者先提出议题,然后做出假设,或顺序颠倒一下,这类情况也不在少数。无论是哪一种情况,假设都与实验性研究的关系更密切,而议题则更常见于定性研究。本质上,两者的目的都是为研究者提供一个研究的出发点。最终,研究的发现要回应研究议题,要么就是支持或不支持假设。[16]接下来,你开始写作文献综述时,你还可以改进你的研究议题或假设。

3.4　文献综述
Review of the Literature

一般来说,研究计划和研究报告都设有一个部分——"文献综述"。这篇综述用于描述你研究领域中的理论观点,使你熟知研究领域相关的前人研究。[17]

32

通过对所在领域内的相关文献进行综述,你就能对研究方向内的知识有更深入的了解。如果视野足够开阔,你甚至有可能成为该领域的专家。[18] 然而,你不是收集或创作自己的数据,而是要运用别人收集、记录、分析得出的既有数据。为此,你需要透彻地了解所在领域内已有的发现,找到需要做进一步研究的方面,然后基于自己的发现来提出主张。这其中包括阅读相关的期刊论文、书籍、报纸杂志、官方网站,然后对所读内容写下自己的评论、反思和分析。你的主张应该是理性的,是基于证据的。这样一个过程也就是通常所说的"找空白"。

你研究的视野决定了你需要就这个特定的领域阅读多少读物。显然,写一篇博士论文和写一份小小的研究论文所需的阅读量是天差地别的。[19] 对文献综述来说,最重要的是为作者和读者勾勒出目前该领域的知识现状,尽管这只是临时的,因为状况会不断改变。不过,文献综述也绝非简单地就课题进行事实收集。首先,研究者需要在文献综述中体现出其工作的深度。正如朱迪斯·贝尔(Judith Bell)所说,一份批判性的文献综述应"对假定提出疑义,对无证据的主张进行质疑,对某个研究发现与其他的展开比较和评估"。[20] 在将所有的事实都收集起来之后,研究者就该对其进行选择、组织和分类,以使其一以贯之。[21]

3.4.1 文献综述的类型

根据你的研究类型,有相应的几种类型的文献综述可供考虑:编年型(chronological)、历史型(historical)、主题型(thematic)、方法论型(methodological)、理论型(theoretical)和元分析(meta-analysis)。

- **编年型文献综述**:编年型综述可以按时间顺序对发现进行罗列。这也就是说,研究者根据作品发表的时间来评论作品,时间顺序则由近及远。这种类型的综述的主要目的,是展现某一特定课题的相关文献的发展历程。
- **历史型文献综述**:历史型综述是对某一特定课题的相关理论及理念

的发展过程进行分析。这种类型的综述和编年型的很像，因为两者都是按时间顺序来罗列数据的，但其实历史型文献综述的关注点是历史动向的变化，而不是数据的出版年份。

33   · **主题型文献综述：**主题型综述呈现的是贯穿于所有相关文献的多个主题或话题。主题型综述的目的在于帮助研究者检验与现象相关的多种角度，看看它们在研究路径、方法论和发现上是否有一致之处。

· **方法论型文献综述：**方法论型综述检验的是就某一特定问题可采用的多种方法论。这种类型的综述关注的是课题研究的过程、程序和方法，以检测其有效性，并找到改进的方法。

· **理论型文献综述：**理论型综述是建立在特定的理论和推理之上的。因此，这种类型的综述分析各种理论如何检验或构建特定的问题。理论型综述的最佳使用场合是文献的理论角度很多的时候，或文献来自广泛的理论观点，或研究者想要对某些特定的理论构想进行批判的时候。

· **元分析：**元分析用于对文献进行定量综述。这种类型的综述用来对基于同一研究议题的其他研究结果进行统计性总结。元分析是一种实用的技巧，用来采集某一时间段内小规模研究的相关信息。不过，这种类型的综述很少被用于设计研究。[22]

3.4.2   文献综述的有效性与可靠性

文献综述在选择阅读材料的严格程度上是各有不同的。要求越严格，综述就越有效，最终得出的结论和所做的建议也就越有力。总之，一篇好的文献综述的检索方式是值得他人借鉴的。因此，研究者应当清晰地勾勒出寻找和收集数据的过程。而这反过来也能提升综述的可靠性。[23]

3.4.3   饱和

研究新手所面临的一个常见问题是，不知道该何时停止回顾文献的收集与阅读。理论上来说，回答应该是不要停止，正如利迪和奥姆罗德所指出的那样。[24]但从实践的角度来说，综述最终是要完成的。如果你遇到重复信息时，那此时就是停止回顾文献的好时机。比如说，如果你连续地遇到类似的言论、方法论和发现，这意味着文献已经达到了一定程度的饱和，可以停止了。[25]

34　　最终，在综述写作的末尾，请务必确保你所做的引用都是准确的，并且引用文献列表中的每一份文献都得到了引用。完成了这一步后，接下来就该说说你将怎样进行研究了。我会在本书的后文中对此做更多的论述。

3.5　关键术语汇总
Glossary of Key Terms

　　除了文献综述以外，我还要强调一下关键术语汇总的重要性，在你的研究中用得上。术语通常有多重的含义，有时候有些术语可能指向不清。例如，"设计"一词的使用也是很成问题的，因为"设计"的含义是因人而异的。在任何情况下，人们不一定都会认同你对某个术语所下的定义，但只要他们清楚明白你所使用的术语的含义，你的研究就能得到更好的理解，也能更好地被检验了。[26]

　　你需要在研究计划以及随后的研究报告中包含术语表。在给术语下定义的时候，你应该这样写："在本研究中，[某术语]被定义为[某定义]。"此处，你可以使用辞典、百科全书或该领域中其他研究者所下的定义。无论哪种情况，你都应有引用来源。术语汇总可以放在研究计划、研究报告的开头，也可以作为附录放在后面。

3.6　理解研究方法与方法论
Understanding Research Methods and Methodologies

　　对研究新手来说，尤其是对于学生来说，最让他们心生畏惧的一个问题是：你的方法和方法论是什么？在准备研究计划的时候，这部分的困难是最大的。这也是论文评阅人审得最严格的部分。为了建立起研究人员的形象,你要充满自信地描述自己要做什么研究,对此又有什么样的计划。[27]

　　《牛津词典》是这样说的,方法是"完成或进行某一事物的特定流程";在研究当中,方法意味着进行某种系统化的考察。《牛津词典》对方法论的定义则是"用于某一特定研究或活动领域的方法系统"。[28]

　　简单来说,方法是"工具",方法论就是"工具包"。这些工具(方法)是各种各样的考察技术,其中包括访谈、问卷、影像档案、参与式观察、用户测试等。工具包(方法论)则用于解释你为何要选择这些工具,你要用它们来做什么。[29]

　　有一个很好的例子:想象一下,假设你很擅长修理房屋。你的车棚或车库里有一面墙,上面挂满了你所有的工具。你可以使用不同的工具来完成各种的工作,从螺丝刀到扳手、钻头,应有尽有。你拥有修理房屋所需的一切工具。有些工具是比较通用的,可以用在大部分的场合,有些则只能用于某些特殊情况。比如说,如果你要做电工,你就会拿出一个工具箱,在箱子里放入在这个场合所有可能会用上的工具。但如果你要做的是木工或水管工的工作,你也会做同样的事情,只不过你还会再挑一些更合适的工具。多数情况下,你都会带上螺丝刀或锤子,但也不是每次都带。而有些情况下,你需要带的可能是某个仅用于这一种工作的工具。

　　正如生活中的绝大多数事物那样,学习做研究也是个漫长的过程,一路上都需要指引。因此,请将本书看作是一本指导手册,它可以为你指出方向,告诉你需要什么工具来处理与"房屋"相关的最常见问题。你还要记住,开始时,你并没有太多的工具,而当你越来越有经验,也学会了处理更多问题时,你会用的工具也就越来越多。

3.6.1　　为什么这很重要

　　通常,在进行一个设计项目或一项研究的时候,你所做的许多事情看起来都是不言而喻的,无须解释,但实际上这种情况很少发生。你在大学里或在工作中做研究时，可能会跟你的任课老师、导师、同事详细地讨论你的想法，他们或许很清楚你想要做的是什么，会有什么样的成果，为什么要这么做。不过，无论如何你也该将你的研究计划或研究报告呈示给其他未必了解你工作细节，或者没有机会跟你交流的人看，从而使他们了解你工作的内容和原因。这些人可能是外部审稿人，也可能是委员会成员——他们会批准对你的资助，会给你做伦理评定，准许你继续研究，也可能是你的客户。比方说，你可能需要将你的研究计划或研究报告给那些不具备研究能力的人看，如潜在的投资人或业务经理，他们可能不能确切理解你在做什么，但他们决定了项目的未来。想象一下：一个大公司的CEO需要根据你的建议来决定是否投资某个项目。你会怎样说服这个CEO和董事会，表明你知道自己在做什么，而这正符合他们公司的需求呢？就像雷蒙德·马登(Raymond Madden)说的，要做到不急于为自己的研究辩护，重要的一点是要清楚地解释你打算做什么，还有这么做的原因。相应地，基于清晰的方法论去精心选择方法能够巩固你的研究，也能将有关你客观与否的争论撇在一边。[30]

3.6.2 这在实践中看起来是怎样的

36 　　假设你是个传达设计师，正在进行一种新的能量饮料的品牌开发，你会怎么处理这个问题呢？过去，能量饮料的主要消费者是运动员，但眼下，只要粗略地观察一下周遭世界，再看一份基本的文献综述，你就会知道，市场已经改变。今天，能量饮料的主要消费群体是青少年和年龄介于18至34岁之间的年轻人。对这一领域的进一步研究显示，18至24岁的年轻人中，有34%的人经常饮用能量饮料；有一半的大学在校生每月至少消费一次能量饮料，他们以此来补充因失眠而造成的能量缺失，或者和酒掺在一起喝——至少在美国是这样。[31] 为了能理解这块市场，你需要花上一定的时间在大学校园、夜店、各类聚会点、商店等销售能量饮料的场所进行田野观察 (fieldwork observation)。你可能还需要做大量的非正式访谈，分发问卷，拍摄大量照片和录像。此外，你可能还要找出能量饮料市场的几个领军品牌，分析它们的品牌战略、广告和市场战略。然后提出设想，看看你所做的这个新品牌应有怎样的形象，怎样传达出品牌信息。你在这一阶段所做的选择会成为你的研究方法。

不过，在你选择采集数据的路径之前，你需要先弄明白想要获知的是什么。比如说，你需要花多少时间进行参与式观察？你要花上一个星期、三个月，还是一整年来进行田野观察？也许你决意要花上一整年来观察年轻人的活动，这样就能看出，消费模式是否会随着季节而变化(对比暑假和寒假)。不过话又说回来，在企业里，你不太可能花那么长的时间来做一份调查；那么怎样才能做出一份简短而可靠的调查？你会选择在哪里观察呢？你不能每个地方都做，那该怎么选择观察地点？还有，既然你已经知道了你的目标受众是哪些人，那你会选择非正式访谈，还是正式问卷？还是两者都用？为什么这么做呢？在决定使用哪一种方式与目标受众进行互动之前，有哪些社会、文化或习俗、价值观是需要留意的呢？你会怎样收集竞争对手的相关数据？你希望从他们那里知道些什么？原因又是什么？如果你选择的研究方法不止一种，就像这个案例，你能解释一下你选择的这些方法是如何相互关联的吗？

疑问这么多，一下子或许会令你晕头转向。不过你在研究一开始能够解答的问题其实越多越好。这一阶段的重点是，你得知道你想把研究往哪个方向上带。你所选的方法可以帮你实现这一点，而这些方法背后的原因可以定义你的方法论。请把这一部分的研究看成是为"研究之旅的地图"所做的准备吧。[32]

3.7   选择研究路径
Choosing a Research Approach

37   理想情况下，完美的研究人员熟知所有可能的方法，而且能根据不同的情况做出不同的选择。但现实情况是，大多数的研究人员只熟悉有限的几种方法。[33]你要注意的是，在处理一个问题或收集数据的时候，有很多不同的方法可以选择。本书中，我会向你介绍四种研究类型：定性研究、定量研究、视觉研究和应用研究，这些是设计师在大学背景和专业实践中做研究时常用的。

还有很多其他的研究路径，不过此处我只聚焦这四种。在介绍中，我会强调它们的特性，也会给你一些建议，让你知道你能在什么时候、为了什么目的来使用它们。这些研究路径的主要区别在于其各自的目标和目的，这体现在数据收集和数据分析的方法上。不过，需要留意的是，尽管这些路径的理念各不相同，其使用的方法论也各有差异，但它们所使用的考察方法却往往是相同或相似的。

- **定性研究：** 定性研究检验的是个人观看和体会世界的方式。这种类型的研究探索诸多的社会现象，捕捉人们对各种意义和过程的想法、感受和阐释。[34]这种研究关注的是"真实世界"（自然情境下的）发生的事情并研究这些情况的复杂性。因此，定性研究很少涉及简化的事物。毋宁说，定性研究所做的是发掘问题的各个维度和层面。[35]因此，作为设计师，当你需要就某个特定问题获得新的或深度理解的时候，你应使用定性研究。在处理陌生的情况或问题时，这种路径是最有用的。

- **定量研究：** 而另一方面，定量研究则主要用来对事物进行描述、简化和分类。设计师使用定量研究，是为了就某个特定的人群（换言之，也就是目标用户或消费者）得出结论，或者是为了测试各种设计特性。因为不可能对所有人群进行数据收集，故而定量研究测试的是相关人群中的随机样本。测试完成后，研究者会以统计学的方式对结果进行鉴定，并最终得出结论。[36]与定性研究不同，这种路径不是用来开发新理论的，而是用来测试和验证既有的理论，或者用于衡量特性或特点，即变量。[37]

举个简单的例子：假如在一定的人群中进行调查，看看在某一项设计中有多少人偏爱红色，那么定量研究能告诉你的是这些人的占比，而定性研究则会告诉你背后的原因。换一个角度来说，你

38

可以用定性研究来理解不同的颜色偏好背后潜在的心理学意义，用定量研究来找出哪一个颜色最适合你要做的包装或产品。结合这两种方法，常常能加深你对问题的理解。不过，具体还是要看情况，有时候确实只需要使用其中一种。

· **视觉研究：**我在本书所说的视觉研究试图分析的是"已发现"的图像和对象，也就是已经存在和已经收集到的东西。我用"视觉研究"这个术语来指代对图像、形式和物件的研究，因为这些事物都可以基于其外在或外观进行研究。因此，我把视觉和物质文化研究都收在了视觉研究的标题下。故而，为了这本书，我也会将视觉研究定义为一种研究类型：使设计师有能力寻找各种介质（包括视觉和物质）的模式和意义；而对于从插图、摄影、影像、广告到产品、时尚、建筑等各种图像、形式、物件，都能够做出批判性的检验。这种视觉研究可以和定性研究或定量研究一同使用，也可以三者结合起来使用。材料研究可用于研究材料的特性，并不包含在本书中，因为这种研究最适合的是工程学领域。

· **应用研究：**应用研究使实践者可以对自己的工作进行考察和评估。[38] 这种研究路径见于诸多不同学科，其中也包括设计。在设计中，这种类型的研究主要是从艺术领域借鉴而来，因此使用的方式也大同小异。之所以如此，是因为设计专业最开始就是从应用艺术的传统——即将艺术性技能与商业实践结合在一起的传统——发展而来的。[39]

设计学科分为两个主要的研究方向：基于实践的，创意性的人造物是该方向研究的基础；实践导向的，即研究主要引导对设计实践本身的新理解。[40] 在其他研究路径中，有些方法有时会重叠，但就目的而言，应用研究与这些路径完全不同。其他三种路径都是外向的，通过这些路径，你可以对研究问题相关的外部因素产生新的理解；而应用研究则是指向内部的，其目的是改善你自己的创作／设计实践。最常用的应用研究类型是行动研究。

3.8   研究的三角互证
Research Triangulation

39   进行研究时，运用多个来源的证据总是有好处的。这种对研究使用交叉引用的过程称为"三角互证"（triangulation）。这种工作方式能帮你建立起可信、有效、可靠的研究实践。罗伯特·K. 殷（Robert K. Yin）提出，有四种对研究进行三角互证的方式（图3.1）。[41] 例如，你可以这么做：

- **数据三角互证**：将各种数据来源汇总到一起。
- **研究者三角互证**：聘请不同的研究人员来处理同一个问题。
- **理论三角互证**：以不同的视角检验同一组数据。
- **方法论三角互证**：将各类不同的方法汇总到一起。

40   在本书中，我主要关注的是方法论三角互证，这种研究路径也被称为"多方法研究"。在相关文献中，这种路径也被称作"多战略研究""混合方法论"或"混合方法研究"。[42]

图 3.1   三角互证模型

3.8.1　多方法研究

多方法研究基于这样一个理念：在收集数据时，或在研究的分析阶段，使用多种方法要比使用单一方法来得有用。[43]这种研究路径能使你以全新而独特的方式来结合数据，以此探索新的理论，提出新的假设，或对假设进行验证。这种研究的运作方式是：使用定性信息来找到具体问题或现象，然后再使用定量研究，或者反过来执行。视觉研究和应用研究通常都是这样的运作方式。使用多方法的主要好处在于，这种研究路径可以更灵活地探索群体、建造物和事件。而且，使用多方法研究也能使你在回答确认性的问题的同时，也能回答解释性的问题。反过来，这也能使你在同一项研究中生成并验证一个理论。[44]不过，很多时候你也可以只使用定性研究或定量研究，只要它足以应对你的研究项目。

3.9　合乎伦理的研究
Ethical Research

在研究中，行为合乎伦理是非常重要的，无论在专业实践中还是在学术中都是如此。之所以设置伦理标准，是为了使研究人员有规可循，让他们在研究的各个阶段——计划、进行研究和出版——做决定时都能得到指引。充分理解这些标准在大学环境中尤为重要，在开始研究之前，只要研究涉及参与者，你就需要递交一份伦理申请书，在研究成果的传播过程中也要严格地遵守学术出版的准则。

因为战争期间曾有战犯被用于生物医学实验的前车之鉴，二战以后，人们引入并广泛接纳了与研究参与者相关的伦理标准的必要性。随着时间的推移，这些标准也不断得到修正和更新，以确保研究参与者都能得到保护，不受侵害。而这些伦理标准考虑的也不只是研究参与者的福祉，在有些情况下，还包括父母的权益、教师的议程、学生的弱势、学校的政治氛围，以及家庭的私密性。[45]以下清单由克里斯滕·拉森(Kristen Larson)起草，尽管不能详尽无遗，但为研究参与者罗列了一系列潜在的风险：

41

- 参与项目的责任感(例如班里的学生、孩子,工作场景中的雇员)。
- 骗局,刻意遗漏那些可能会影响参与者决心的信息。
- 身体不适。
- 造成压力大的情况。
- 情绪状态或心情的变化。
- 生理功能的变化。
- 可能失去隐私、名誉或尊严。
- 因被诱发了非典型或未预料的行为而造成的困难。
- 作为弱势群体的一员,如儿童、老年人、精神疾病患者、有被虐经历的人、慢性疾病患者、绝症患者、遭监禁者和无家可归者。[46]

　　作为研究人员,你需要在研究计划中想好有哪些相应措施来应对这些风险。你可以引入一些能够抵消风险的流程;可以做出有力的论证,说明参与者将遭受的风险并不会比日常生活中的更大;或者提供令人信服的证据,表明从该项研究中获得的知识是值得冒这个风险的。[47]

　　除了针对研究参与者进行伦理考量以外,我们还需要考虑研究是如何进行和如何发表的。[48] 例如,在分析和发表数据的时候,有四种常见的伦理错误:

- **捏造数据:** 研究者不应为了支撑自己的假设,未经报告记录就对数据做调整,也不应以捏造的信息来填补缺失的数据。
- **删减数据:** 研究者不应试图删改或排除掉那些与样本中的其他数据大相径庭的数据。如果研究者认为这些数据在总量中没有代表性,并且在样本中保留这些数据会导致结论有偏差,那么就需要对删除的过程进行记录,并且在发表时予以说明。
- **挖掘数据:** 研究者不应言过其实,也不应夸大发现的意义。虽然媒体常常做一些哗众取宠的报道,但学术研究要求研究人员必须确切地陈述自己的发现。

- **剽窃:** 研究者不应将他人的成果或数据当作自己的,而应在引用时指明出处和来源。

42   通常,人们对学术研究抱有希望,希望新的发现能够丰富其所在领域的知识,能够对人类生存条件和福祉有所贡献。所有的学术研究,无论其有怎样的特性,都必须受伦理考量的驱动。需要考量研究涉及的所有方面,从研究者做研究的动机,到参与者的福祉、选择权、尊严,再到通过出版传播该研究,都需要受到伦理的考量。[49] 不合伦理的研究会造成破坏性的影响,损害的不仅是研究人员,也包括研究机构,甚至整个学术界。不幸的是,拉森指出,比起大量合格的、合乎伦理的研究,有些不合伦理的研究更广为人知,令人印象深刻。[50] 因此,可靠的研究机构,尤其是大学,都采用严格的流程以确保其进行和发表的研究都能符合最高的伦理标准。

3.10   撰写研究计划
Writing a Research Proposal

在大学中,每个研究项目都以一份研究计划作为开端,在真实世界也常常如此。研究计划需要经过导师、客户或委员会的核准。许多刚踏上研究道路的学生和研究新手,都会把研究计划视为横亘在面前的"拦路虎",觉得它会阻挠自己获得资助或许可,不让自己继续做研究。不过,研究计划其实是任何研究都必不可少的组成部分,在管理研究进程的时候也是十分有用的工具。[51]

研究计划获得批准,就表明研究者已经理解了项目的问题和需要,并且对今后如何开展研究也有了清晰的计划。可以说,研究计划就是勾勒想要做的事。首先,要想想你研究的是什么。接下来,要解释你想做这个研究的原因是什么:为什么这个研究是必要的呢?对谁来说有意义?你希望借此达成什么目标?

这些问题的答案对你来说可能是显而易见的，但你还得向别人解释清楚。比如说，就学术研究项目而言，你得先向大学呈示基本的研究计划，从而获得研究生的录取通知书，然后你可能还得向导师提交一份更具体的计划，这样才能获准继续研究。之所以这样是有原因的。大学和导师都需要确保你的研究项目是适合你所申请的这个学位的；他们也得确保自己能够为你提供所需的资源；他们还得确认你是否已经掌握了足够的知识和技能来应对将要进行的项目。

获得赞助人的资助与获得导师的批准之间并没有什么不同。如果你希望一个组织资助你的项目，首先你得说服他们，你的研究对他们来说是有价值的，最好是为此提供证据。这类证据可以从先前的研究、相关文献综述、官方报告、实践者访谈、初步研究结果等处获得。所有的证据都必须是详细记录、完整引用的。接下来你要论证，如果得到了资助，你会怎样充分地利用这些资金。有时候，有些资助方会咨询外部的专家来评阅你的计划，这项研究是否有必要，目标、对象、方法论和所需的资源是否合理可行。资助方不希望让钱打水漂，因此，你得用计划来说明自己是该领域的专家，对将要做的事有清晰的安排。[52]

无论为谁准备研究计划，你都得记住，你要写的绝不是自传，也不是文学作品。你的写作必须直截了当，语言必须清晰、明确、精准。因此，请避免不必要的、无关的细节。此外，也不要有任何带个人色彩的言论，不要说一些奇闻八卦。基本上来说，请不要包含任何与研究问题及其解决方案没有直接关系的内容。[53]

无论你的研究计划是为了让你取得学位还是获得资助，这份计划都首先证明你有能力顺利地进行研究。这也为你提供了机会，让你可以展现自己就本课题所了解的知识，表达对相关问题的理解，展现自己对必要的研究技巧的掌握程度。至少，写作研究计划能推使你在踏上研究之路前认真地思考研究的重要节点。研究计划能让你客观地看待自己的工作，并且为你的研究搭好框架。[54]

43

3.10.1   研究计划的内容

准备研究计划其实并没有一种固定的方式,有些机构和组织有自己的标准或格式,在递交计划时你得照着来。原则上,研究计划应该简单、清楚、有逻辑。你可以在准备的时候使用如下基本内容结构:

1. 标题与副标题
2. 研究问题
3. 研究议题
4. 知识缺口
5. 利益相关者
6. 研究意义
7. 研究方法与方法论
8. 伦理考量
9. 资源
10. 附录一:关键术语汇总
11. 附录二:预算
12. 附录三:时间表

一份研究计划以标题和副标题开场。这是读者最先看到的信息。因此,请使用清晰表达研究主题的标题和具有描述性的副标题。然后,请为你的研究问题做一份简短的介绍。接下来再给出研究议题:你要做的研究是什么?请尽可能确切地回答这个疑问,然后,提供一些当前知识欠缺的信息:你为什么要研究这个特定的问题?如果你的研究会在实践中得到应用,你还得讨论一下你的利益相关者:谁会从这项研究中受益或受影响?接下来,你得对研究意义做出反思:研究这一课题的意义是什么?在社会、文化、环境、经济方面有什么潜在的益处?澄清这些疑问后,你还要描述将采用的研究方法和方法论,以此来具体说明自己将怎样进行研究。

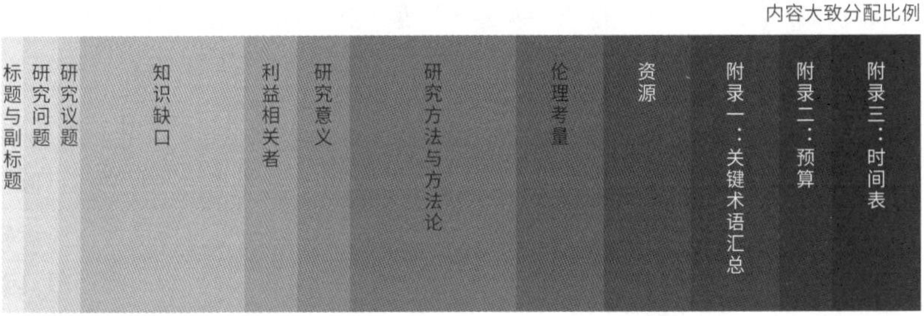

内容大致分配比例

图 3.2　研究计划的结构

　　如果有人要求你具体地说明研究方法和方法论,其实也就是让你解释你要做的研究是什么,原因为何。方法是你用来进行考察的技巧,包括访谈、问卷、视频档案、参与式观察、用户测试等。你所选择的那套方法及其背后的原因,都是方法论的一部分。方法论是你所使用的方法系统背后的理念。精心挑选的方法和条理清晰的方法论会使你的研究更有力、更可信。你做到了这几点之后,就要做一个伦理声明:有伦理问题需要考量吗?如有,你就得先申请伦理方面的许可,再进行研究。之后,你得从实践性层面反思你的研究:即在进行研究的过程中,你需要哪些资源?

　　最后,你可以加上三个附录:一份关键术语汇总,里面列出了你在研究计划中用到过的关键术语;一份预算表,列出了你所需资助的类别、金额、用途;还有一份时间表,列出你完成研究所需的时间及过程中的各关键节点(图3.2)。

3.11　小结
Conclusion

45　　　每一个学科内部,总有对新知识的需求,也总有待解决的问题,设计也不例外。通过系统性研究,我们可以提出合理的议题,寻找相应的答案,如此,方能拓展学科知识,解决问题。[55]一端是学术界,学者们追求
46　新知识,他们的特征是构建理论和概念性框架;而另一端是产业界,咨询

师和专业人士往往追求解决迫切问题的实践性方案。无论你的研究是理论型的，还是希望在实践中得到应用，你都可以使用同样的技巧，以同样的方式来管理自己的工作。[56] 但这也不意味着大学内的工作和产业界的工作是彼此不相干的。大学越来越多地从事产业相关的研究，而产业界也总是为研究项目支撑起"一片蓝天"，让大学可以传播新知识，从而最终产出新的产品或服务。设计作为一门学科，其位置非常理想，因为它所做的研究既服务于学术界，也服务于产业界。

3.12   总结
Summary

在本章中，我们讨论了设计中研究的重要性，以及在踏上研究之路前需要知道些什么，还讨论了与构思研究问题、研究陈述、研究议题、假设、文献综述、研究方法与方法论、伦理、研究计划相关的话题。但这只是个开始，在开始研究之前，你还有很多要学。下一章，我会介绍几种做研究和研究报告的方法。此外，我还要讨论怎样将研究应用到实践中，以及怎样利用研究的逻辑来更有效地准备设计任务书和设计报告。

第四章 定性研究

关键词

定性
研究

案例
研究

民族志

现象学

历史
研究

扎根
理论

48   设计领域越来越复杂,疆域越来越广阔,设计师们也越来越需要深入地理解日常问题,这促使他们跳出本专业,到其他领域中去寻找答案。[1]缺乏定性研究技能是当今设计师的一个基本问题,设计师们想要令自己的作品别具一格的时候,这个问题尤为突出。产业界依然需要掌握"老派"技艺(与设计软件相结合)的传统设计师,但今天的社会更需要的是新一代的设计师,他们不光会设计产品,也会设计生活系统。举例来说,当代人所关心的全球性问题,如经济危机、全球化、恐怖主义、人口过剩、环境主义、多元文化主义等,是不能单单凭借传统的设计实践来解决的。这些问题需要的是新的解决方案、创新性的概念、非传统的路径,而这些,都是基于新的理论的。[2]因此,在当代设计实践处理复杂问题的时候,定性研究就变得尤为重要。

4.1   什么是定性研究
What Is Qualitative Research?

对定性研究最好的描述就是"深度研究"。如果课题的相关信息不多,或者变量未知,又或者相关的理论基础不足或缺失,你就可以使用这类研究。在大多数情况下,定性研究是用于构思一般的研究问题的,或针对已研究的现象提出一般的疑问。定性研究从各类来源中收集各样数据，也从多个角度检验数据。因此，可以说，定性研究的目的是为复杂多面的情境勾勒一幅多彩而有意义的图画。

在利迪和奥姆罗德看来，定性研究应该用在需要对事物进行描述、阐释、证实和评估的时候。[3] 举个例子，如果你想要理解某些特定情况、场景、过程、关系、系统、人群，你就可以使用定性研究。你也可以用定性研究来深入了解某个具体的现象，开发新的概念和理论视角，或者看看在某一研究方向上存在什么问题。在真实世界中考察某些假设、主张、理论、分类的合法性，或者判断某些政策、实践、创新是否有效时，你都可以使用定性研究。下列这些议题也可作为例子：

49
- 老年人在日常生活中会碰到什么问题？
- 我们怎样减少大都市中的浪费？
- 我们怎样设计更好的医疗体系？
- 我们怎样设计更好的工作环境？
- 我们怎样创建更好的回收过程？
- 用什么方法来推广健康的生活方式是最有效的？

尽管在研究的初始，这些议题是比较宽泛的，但随着研究的深入，议题也会变得越来越精准，并且构建起越来越合理的假设。这是研究过程的一部分。随着研究向前推进，你对这些议题的理解也越来越深刻，你对研究问题的感知也会有相应的改变。定性研究是基于开放性议题的，因此，要在研究开始前找到合适的方法有时并不容易。所以，方法论应随着议题的变化而变化。除此以外，你还要留意，定性研究需要大量的准备和计划。这类研究还需要你对先前相关的研究有充分的理解。你应做好文献综述来获取这方面的知识。[4] 在下文中你会看到，定性研究可以用在大量不同的研究框架中。不过这些框架有两方面是相通的：都关注在自然、日常场景中出现的现象；研究起来都很复杂。[5]

定性研究的路径有许多种，作为研究人员，你应该有能力在其中选出最适合你的研究的。在本章中，我会介绍设计中最常用的几种定性研究框架：案例研究、民族志研究、现象学、历史研究和扎根理论。在大多数情况下，这几种研究路径差不多就够了，不过随着课题深入，你通过进一步阅读能够挖掘出其他的定性研究路径。

4.2   案例研究
Case Studies

案例研究是一种能够为研究者提供工具，帮助他们运用各类数据来研究复杂现象的定性研究框架。[6]这类现象可以是任何场景、事件，或者被观察到的事实。现象会在一定的时间段内，在具体的语境中得到研究。如果你需要了解某一所知甚少的问题或情况，尤其是想要了解其变化发展的历程的话，案例研究是很有用的一种方法。[7]

4.2.1   进行案例研究

50   要开展案例研究，你就得收集各种形式的数据。你不光得采集与研究现象有关的信息，还得记录下该案例所处的语境中的细节，如与物理环境相关的信息，还有历史、经济、文化、社会等相关方面。还原了语境，就能拓宽案例研究的覆盖面。[8]

定下研究课题后，你就得想好你将怎样进行这个课题。这也就是说，你得找出有哪些内容是不应该出现在研究中的。这点很重要，因为在做案例研究的时候，很多研究人员都有知无不言、言无不尽的倾向（换言之，就是没有重点）。为了避免这样的问题，你就得为自己的案例研究定下清晰的参数。有三种做法：以时间与空间、时间与活动，或定义与语境来确定参数。这会确保你的研究有聚焦点，并在合理的范围内。[9]

还有，在做研究计划的时候，你还得详述你之所以选择做案例研究的原因。你得先想好要达到什么目标。如果你的目标是为了让更多人理解，或是为了给类似情况指导实践，因而考察某一案例独特性的话，你可以选择关注单个案例；如果你的目的是做比较、构建理论或做某种分类的话，你可以选择做"多项"或"集合性"案例研究，也就是将两个或更多不同类型的案例放在一起。[10]

4.2.2　数据收集

为案例研究收集数据，其来源是多样的，其中既包括档案性或文献性的来源（相关文件、报纸文章、官方报告、实体的人造物、影音资料等），也包括诸如直接观察（不加干涉地观察人群）、参与式观察（作为人群的一分子来观察人群）、访谈等民族志研究。[11]

案例研究中非常常见的一种研究方法是基于档案记录和文献信息做数据采集。基于档案记录做数据采集从广义上来讲是一种"来源导向"的研究，而基于文献信息做数据采集则是"问题导向"的研究。来源导向的研究，即研究是由对来源材料进行的考察推动的。这类研究需要研究人员能够获得与研究课题相关组织的档案记录，或者是该组织保存于他处的文献、人造物等。问题导向的研究则考量已由其他来源检验过的话题，并不呈现相关的一手资料。此处的研究议题是基于对二手文献的阅读而提出的。在专注于相关的一手来源研究（如档案研究）之前，这不失为一种好办法。[12]不过，你要警惕的是，与文献性证据不同，档案记录的有用程度是各不相同的。

档案记录

档案记录的使用在许多的研究方法论中都用得到。这种方法在案例研究中[13]和历史研究中[14]尤为有用。档案记录包括以下几种：

- **服务记录**：某个时间段内服务过的客户清单。
- **组织记录**：某个时间段内的组织结构图和预算。
- **地图与图表**：某一时期内某地的地理特征，如边界线、地名、地测学信息。

- **登记：**过去的人名和货品记录。
- **调查：**普查记录和以往收集的调查数据。
- **个人记录：**日记、日历、通话记录。

档案研究需要缜密的规划，你得确保自己知道要寻找的是什么，原因为何。以下是档案研究通常要遵循的九个步骤：

第一步：定义研究课题

第二步：定义研究议题

第三步：找出档案来源

第四步：确定研究范畴

第五步：采集数据

第六步：核对信息

第七步：查阅理论

第八步：记录发现

第九步：给出总结和结论

开始前，你首先得确定你要分析的对象，并且确保你能够获得那些用作分析的记录。然后，还要确认你的议题是与哪些领域的文献相关的。一个清晰简明的研究议题有助于你更好地定义研究的视野。此外，你还要及早阅览研究项目所涉及的档案，看看有多少可用的材料。接下来，要想一想这些材料是否是可管理的。如果可获得的材料太少，或者多到难以处理，那么接下来你可能都得重拟研究议题。在档案研究的时候，请务必随机应变。你找到的材料并不总是你所期待的。一旦清楚地了解能获得哪些材料，你就要重新定义研究的范畴。请确保你能够获得许可，并且也有足够的时间来研究这些材料。在调查完所有可以获得的材料后，接下来就要更具体地关注内容了。请对你所考察的事项仔细地记下笔记。然后，你就要把笔记和收集到的信息都汇总在一起，接下来再对材料进行分类。将你的发现与目前该领域已有的发现进行比较。在此过程中考虑如下的问题：

- 你所采集到的证据支持你最初的假设吗？
- 你有没有发现一些事情改变了你的想法，使你重新思考原先所掌握的那些理论？
- 有没有一些惊人的发现？
- 你是否绕了一些弯路？

请组织一下你对这些问题的想法，并且将你的发现和你一开始的研究议题联系起来。给出总结和结论，其中也包括为进一步研究提出一些建议。[15]

文献记录

基于文献证据的信息可用于各类研究方法论中。这类信息可采用的形式也是多种多样的。例如，在进行文献研究时，你可以收集以下各类文件：

- **企业传播：**信件、备忘录、公报。
- **组织文件：**日程、通告、会议记录，以及其他事件的报告。
- **行政文件：**计划书、进度报告、年报，以及其他内部文件。
- **正式研究：**就同一主题展开的其他正式研究。
- **媒体报道：**报纸和杂志文章，以及其他刊载于大众媒体的报道。

你要留心，这些文件并非总是精准的，有时还抱有偏见。因此，你应该谨慎对待这些文件，不要把它们看成是对事件和情况的客观文字记录，而是看成一种观点。例如，很少有人知道，即便是国会听证会的官方整理稿也常常是由国会工作人员精心编辑过的，在文件最终定稿之前，他们会对其进行修正。[16] 在大多数情况下，最终的文字稿所包含的内容会是某人认为有必要说的，而不是他真正说了的。这样的情况在很多场合都能见到。因此，睿智的研究人员会听此类听证会或访谈的录音，并对整理稿做交叉引用，以此识别出那些有可能被刻意遗漏掉的关键信息。不过至少，官方整理稿还有一个好处，就是你可以核实那些人名和组织名称的正确拼写。

和其他研究一样，文献研究是一种考察的过程。文献证据应该始终与其他来源的证据相互印证来使用。你应当避免将自己的结论建立在单一来源的信息之上。你收集到了各类文献的信息之后，就需辨认这些证据是互相确证的还是自相矛盾的。如果证据是自相矛盾的，你就需要进一步检验，力图通过更多的证据来呈现出无偏见的视角。有时，你不仅可以从文件的内容中获知新的信息，也可以从文件的写作对象、分发对象中有所收获。这些信息可使你深入了解这一文件的受众，或某一组织所做的传播与网络工作。不过话说回来，有时事情是有误导性的，因此这些信息只能被看成线索，而不是确定的事实。[17]

接下来在本书中，我还会介绍更多数据收集的方法。在本阶段，你需要留意的是，每一种数据都有其长处和短处，没有哪种数据能够在各方面都胜过其他数据。除此以外，你还需要留心，在为案例研究进行数据收集时，有以下三个基本原则：

- **多个来源的证据收集：**来自两个或两个以上来源的证据。
- **数据库组建：**对证据的整理并不等同于最终报告。
- **证据链：**在所提出的疑问、所收集的证据和所得出的结论之间清晰地勾画出彼此的关联。

实践这些原则将极大地提升案例研究的质量。[18]

4.2.3   数据分析

完成了对数据的采集和组织之后,你就可以着手数据分析了。在此过程中,你需要遵循以下五个步骤:

第一步: 组织案例相关的细节

第二步: 数据分类

第三步: 逐一阐释所有例子

第四步: 识别其中的模式

第五步: 综合并归总

54　　　　第一步意味着,你应该对案例相关的"事实"以某种逻辑的顺序(如按时间顺序,或按课题)进行组织。接下来,你要对数据进行分门别类。你可以基于任意原则来分类,只要这些分类能以某种方式支撑你的研究议题。然后,你需要检验特定的文件、事件,或其他与案例相关的数据。完成后,这些数据及其阐释都应该在潜在的主题上,以及在广义的构成案例特征的模式上得到检验。最终,你需要为案例绘制一幅总体的"肖像画",其中应有超出案例本身之外的结论和推荐。如果你做的是单个案例研究,你就一定要记住: 任何的归总都是暂时的,还有待其他研究的进一步支撑,如更多的案例研究、其他类型的定性研究和实验性研究。[19]

4.2.4   准备一份报告

案例研究从各种来源采集数据,因而为深入了解某一问题提供了绝佳的机会。这种研究路径使你可以回答"如何"和"为何"之类的疑问,同时也会考虑某一现象如何受到语境的影响。不过,这也是一种复杂的考察形式,想要以简明的方式报告自己的发现并不容易。此外,案例研究报告也没有明确的形式。你可以用讲故事的方式,按时间顺序做报告,也可以系统地提出主张。这一切都取决于你要说的是什么,你的报告对象是

内容大致分配比例

图 4.1   案例研究报告的结构

谁,而他们又期待从你这里得到些什么。[20] 无论哪一种情况,你都可以使用以下的框架来构建自己的报告(图 4.1)。

1. 引言
2. 数据采集
3. 数据分析
4. 讨论
5. 结论

在引言中,你应当解释为何这个案例研究是值得做深度探讨的,以此为你的研究项目打好理论根基。换言之,你得让读者们了解能从这项研究中获得些什么。接下来,你得描述你所研究的现象、场景,以及与案例相关的其他细节。你应尽可能地透彻和客观。之后,你还得告知读者你所采集到的信息:

55

- 你有什么发现?
- 你是否进行过访谈(如果是,那访谈的对象是谁)?
- 你是否对文献做了检验?
- 你是否使用了媒体报道或官方声明?

　　你得确保自己已经列出了所有使用过的收集数据的方法。然后你要分析数据，描述这组数据意味着什么。其中可以包括相关的趋势、主题、个性特征（如有），等等。在讨论部分，你要对这些"事实"做出阐释。此处你应拿出足够的证据，向读者证明其中存在着某种模式。如果某些数据与你所提出的模式相悖，你也要在报告中体现这一点。你的报告应当呈现出一种完全的、无偏见的立场。最后，在结论部分，你需要回答这个疑问：那又怎么样？换言之，也就是你得解释：

- 这项研究何以能够拓宽知识域？
- 我们能从这项研究中得到些什么，这在宏观上有何意义？

56　　　　此处，你可以将你的案例和其他案例做比较，并指出各自的异同。你可以提出，你的案例支持或驳斥了某一种理论或假设。你还可以用你的案例研究来支持或反对某种干预或活动。[21]

4.3　民族志研究
Ethnographic Research

　　民族志是一种深度的、系统的研究，研究者需要观察或参与研究对象的生活，从而对这个群体进行研究。[22] 因此，民族志研究的是发生在群体、团队、组织、社群中的社会性互动、行为、信仰和感知。民族志的主要目标是使人更深入、更全面地理解各种文化和亚文化（人的观点和活动），以及其周遭的环境（声音、视野、空间、位置等）。通常，研究人员需要进行细致的观察、参与和访谈，以此为基础来开展田野研究，才能完成民族志研究的工作。[23] 这种研究路径与案例研究有些相似之处，但也有所不同。

　　民族志研究的起源可以追溯到对偏远的小型农村社会和部落社会所做的人类学研究。早期的民族志工作者探访这些社会，参与当地人的日常活动，记下他们的社会性约定和信仰体系。后来，这种路径被应用于我们日常所见的各类都市景和当代社会亚群体的研究;[24] 也被应用于诸如工作场合、医院、学校等我们熟知的场景里发生的社会互动。[25] 民族志研究有一些新的发展,如"自我民族志"(auto-ethnograhy),研究人员可以用这种方法将自己从社会互动中获得的想法和感知转化为研究中的核心要素;[26] 还有"网络民族志"(cyber-ethnography),研究人员用这种方法可以观察发生在线上网络和社群中的各类社会关系。[27]

对于设计师来说,民族志是一种很有价值的研究路径。从设计师的角度来看,通过这种路径,既可以研究我们感兴趣的特定社会中所发生的各种文化实践,也可以研究那些实践中必不可少的对象。几个世纪以来,在理解一种特定的文化及其实践时,其设计的物品一直被看作一种重要工具被加以研究,今天也是一样。[28]

以手机为例。人之所以开发手机,部分原因是对特定文化实践的回应,如工作强度增加、汽车使用率提高等。对很多人来说,不在办公室的时候仍能联系上同事是非常重要的,而且他们在没有固定电话的时候,也确实有需要与外界保持联系。这就触发了手机的诞生。最初,手机是被设计为车用的。随着手机的使用日渐频繁,对其的需求也日渐增长,小而轻的便携手机就被开发出来了。而随着其他领域技术的发展,如无线宽带和数码相机的日益流行,这些功能也被整合在手机上。人们设计手机,作为对日新月异的文化实践的回应。在民族志观察的帮助下,手机的设计还会继续改进,这反映出我们生活方式和个人偏好中所发生的新变化。[29]

4.3.1　进行民族志研究

研究者将自己置于与参与者同样的社会空间中,以此来寻求对某一人群(社会、文化、机构)的理解,这样的研究实践就是民族志。这是一种面对面的、直接的研究,重视的是这样的理念:想要了解他人,就必须按他人所做的去做,或者至少,要与他人处在同一环境中。在很多情况下,这其中就包括:与参与者共同生活,与他们一起吃饭、一起工作,简言之,也就是体验与他们一样的日常生活模式。因此，在开展民族志研究的时候，你需要在人们所处的典型环境中来研究他们。在典型环境中，人们是以常规或仪式化的方式来与别人互动的。这么做的时候，你不应试图歪曲或改变研究的自然场景，也不应要求人做他们日常不做的事情。这也就是田野工作和实验室工作的主要区别。与实验研究不同（这将在本书后文讨论），民族志研究者不能也不应试图控制在他们的田野场景中所发生的事情。[30] 在计划和开展民族志研究的过程中，你还需要考虑很多事情，但我要强调三件事，这三件事是你要特别注意的：请留心自己与人们的交流方式；请留心自己在社群中的融合程度；请留意研究持续的时间。

交流方式

在民族志研究中，与人交谈是非常关键的。在许多场合中，你都需要向普通民众解释你做研究的动机，如此方可使你的项目顺利进行下去。因此，你有必要留心与你一开始接触的人相关的一切社会、文化和历史政治因素。某些情况下，就连年龄和性别因素都有可能阻挠你建立适当的交流。建立交流的过程中的每一个部分都包含了大量的劝说、协商和请求。为了处理好这些事情，你需要格外留心你与他人的交流方式。

在各种不同的场景中，工作意味着你需要经历各种语言和交流的问题。我此处所说的"语言"，未必指的是外语。有时，在面对不熟悉的用词、方言、行话、俚语的时候，也会有语言问题。这样的例子有很多，比如伦敦口音和利物浦口音、牙买加口音的英语就很不一样，纽约口音与得克萨斯口音，澳大利亚大城市口音与农村口音也是。许多人甚至在家庭内部也遭遇过语言障碍，比如，青少年和父母所用的语汇常常是有代沟的。这些都是非常常见的例子，而当你开展田野工作时，你遇到的情况要比这复杂得多，你有可能因为语言的差异无法融入其中。因此，你有必要正视语言问题，将其作为你为田野工作所做准备的一部分。

不过，即便你很熟悉那门语言，你还是要谨慎地使用。知晓你要研究的那个社群的语言是非常重要的,但有时不使用这种语言更好。在某些社群中,你如果能正确地说他们的语言,或至少尽力说他们的语言,会得到很好的效果;但在另一些社群中,如果你这么做,就会遭遇一些阻力,因为他们会觉得你在说一门不属于自己的语言。举个简单的例子,让我们再回看一下青少年与父母的关系。其实无论父母觉得自己有多时髦,在与青少年的子女交流时,他们所使用的那些青少年语汇总是显得落伍或不恰当。即便他们知道那些最新的青少年俚语,用的时候也还是不合适的,因为这与他们的年龄、外貌都不匹配。因而,你要注意,有时语言的差别之所以存在,就是为了特意标识出文化的差别。即便你理解你要研究的那个群体的语言,也不意味着你应当完全地使用这门语言——至少在田野工作的初期,参与者还不够了解你的时候,请尽量不要说。无论哪种情况,过了一段时间以后,你自然会知道该怎么做了。[31]

融合程度

在进行田野观察的时候,有些情况下,你得是个"局外人"——细致的观察者、访谈者、聆听者;还有些情况下,你得是个"局内人"——你得积极地参与观察对象的日常活动。无论哪种情况,你都得做大量的田野笔记、录制许多音频/视频、拍摄大量的照片、收集各种人造物(与这一群体相关的物件)。进行参与式观察的好处在于,你可以对这一群体及其行为有深入的了解,而这是无法通过其他途径获得的。不过你得注意,长时间的田野观察,是有风险的:你的感情可能会被牵扯进去,因而无法对情况做出精准判断了。这也就是说,你过度地融入你所研究的文化中去了。倘若真是这样,那问题可就大了。从文献中,我们可以看到很多这样的例子:研究者太过沉浸于自己所研究的文化,最终自己也成了"土著"(native,民族志工作者所使用的术语),无论好坏,他们真的成了那个群体的一员。对研究人员来说,这绝不是一个理想的结果。在这样的环境下进行的研究,即便最终完成了,也是主观的、有偏私的。[32]

持续时间

59   还有一件事情你要考虑，就是研究的时间跨度。民族志曾被视为一
种长期的研究任务，研究人员要历时数月甚至数年与社群共同生活（一
般会花上12至18个月）；现在，民族志要花的时间大大缩短了。这些变
化之所以发生，是因为在大学和企业中资助和时间都有限。在有些情况
下，你甚至只能在一周或一个月内来进行一次民族志研究，在为企业客
户服务的时候特别容易碰到这样的情况。

这种所谓"前脚进后脚出"(step-in-step-out) 的民族志研究通常在熟悉
的场景中进行，因此也就能够在相对很短的时间内完成。[33] 这类民族志
研究一般在产业界进行，因为公司往往很难像学术界那样进行长期的
民族志研究。使用此类民族志研究的公司有 IBM、苹果、IDEO、Design
Continuum、Cheskin、英特尔、施乐、赫曼米勒和微软。[34]

此类研究的另一个要素是：其调查可以在多个场域进行，可以仅关
注某一社会或文化的某个特定方面和因素，而不必像以前那样整全。不
过，它们的目标还是一致的，就是构建文化和社会的理论；构建人类行
为和态度的理论；并且鉴别出，在特定的社会文化语境中，人性到底意
味着什么。[35]最后，民族志工作者的主要目标还是进行"文化阐释"。这不
应包含局内人的意义，而应包含那一社群之外的人所能理解的概念。研
究人员应该毫无偏见、思想开明地呈现这些概念。[36]

4.3.2   数据收集

上文提及，民族志工作者直接地参与和涉及他们所研究的文化，以
此来采集信息。在观察的过程中，民族志工作者会使用田野笔记、非正
式或对话访谈、文化探针，以及诸如录像、摄影文献、摄影探查 (photo-
elicitation)、影像式论文(photo-essays) 等方法在内的各类视觉研究。[37]在采集
数据之前，有六个步骤是你可以遵循的：

第一步：选一个社群用于研究

第二步：找一个场域来研究这个社群

第三步：找出社群的领导

第四步：获准进入场域

第五步：与社群和睦共处

第六步：找出关键线人

60　　　　进行民族志研究的第一步就是找出你要研究的那个社群，然后设法进入这个场域，便于你采集相关数据。理想的情况是，你在这个环境中是个"陌生人"。当然，你也可以在你熟悉的环境中开展民族志研究，或者在一个已经有熟人的地方也是可以的，不过这样你就很难保持客观了。离所处的环境太过接近，就很难有足够的疏离感，对于所观察的文化过程也可能会有偏私。[38]

　　　　如果着手的是一个全新的环境，那你获准进入其中的最佳方法就是通过"守门人"，也就是那个准许你进入场域，并把你介绍给社群的人。理想的情况是，这个人影响力很大，至少在这个群体中是受尊重的，有正面的社会地位。这个人可能是一个群体的领袖（官方或非官方均可），也有可能在群体中有一定的社会权威。接下来，获准进入场域后，你就得跟你要研究的这群人建立起和睦的关系，并且取得他们的信任。对于你来这里的原因，你绝不可闭口不言。在这个阶段，你要使用一种所谓的"大网络"方法，也就是要和每个人都混熟，并且对该场域中的社会文化语境有个全面整体的了解。一段时间后，你就能认出谁是"关键线人"了，他们可以为你提供相关的信息和见解，便于你与其他的关键人物取得联系。[39]

　　　　此外，研究人员在开展一项民族志研究的时候，可以采用几种收集数据的方法。例如，你可以与人交谈，观察人，花时间和人在一起，或者做文化探针。

与人交谈

在民族志研究的语境中,与人交谈的意思就是做访谈。访谈的形式有很多种。有一些不怎么正式,属于一种流行文化,经常出现在电视节目中,比如新闻报道、时事要闻、名人访谈、纪录片,等等。也有正式的访谈,比如在法庭、警局里进行的那些,用于收集口述信息,采集事实和证据。还有许多其他场合使用的各类不同的访谈形式。正式和非正式的访谈在民族志工作者的工作中都会用到:从闲聊、预设了一系列提问的结构性访谈,到面对面的提问、调查,不一而足。[40]无论访谈是否正式,提问的方式都很关键。比如说,在某些文化中,直接提问可能会被看成是粗鲁的表现,会令人感到不适。但在另外一些文化中,如果提问不够直接,你可能就只收到模棱两可的回答。开展民族志访谈需要把握平衡。你会常常需要在访谈的过程中提一些开放性的问题,并且要求对方做出清晰的回答。不过你也得注意,谈话很有可能跑偏。但话说回来,任由谈话跑偏有时候反而会使你了解到之前未曾留意的信息。正如马登说的,民族志访谈是一种复杂的交换,需要依赖许多种的谈话形式和模式,方可有成效。[41]

61　　　　访谈也是一种方法,你可以用它来挖掘人们的想法、观点、态度。访谈的种类各式各样,但用于研究目的的“访谈”可以被定义为一种发生在研究者和参与者之间的谈话,通常是围绕着一系列的正式问题展开的。之所以有必要进行一次访谈或一系列访谈,主要有两个原因:将访谈作为主要的研究方法;结合其他研究方法,将访谈作为收集有关某人或某事的额外信息的途径。有些情况下,你只对一个人进行访谈,那个人有可能就是你所考察的那个领域的专家。还有些情况下,你需要和几个人做访谈,这样的方式可以确保你所收集到的信息是有效的,并且在一个大群体中具有代表性。[42]

作为设计师,你开展访谈的原因有很多——对客户进行访谈,为了做好任务书;对参与者进行访谈,为了做好自己的项目。你要注意的是,访谈很花时间,所以请在必要时才这么做。举个例子,请不要将访谈用来收集一家公司的背景资料。这类信息一般会以某种形式出现在该公司的网站上，也可以向公司的公关部门或市场部门索取。访谈应该只在获悉重要人物的个人态度和意见的时候才采纳。[43]

你至少可以进行五种类别的访谈：结构性访谈、半结构性访谈、深度访谈、焦点小组和口述历史：

- **结构性访谈：** 这类访谈需要参与者能够尽快地做出回答。一个问题答完，马上就接着下一个。这些回答一般都是即兴的，几乎不需要做试探。这种访谈的形式很严格，你要控制住访谈的情况，这样收集来的数据才能尽可能地前后一致。和其他类别的访谈不同，结构性访谈排除了进一步澄清和讨论的可能性。[44]

- **半结构性访谈：** 这类访谈容许参与者对回答做进一步扩充，不过在形式和视野上仍然受限。

- **深度访谈：** 这类访谈深入地探讨参与者对某一事物的感受。这类访谈是开放性的，并且以交谈的方式进行。

- **焦点小组：** 焦点小组有一点与深度访谈很类似，就是二者都鼓励参与者详细地就其对某一事物或某些事物的感受进行讨论。主要的区别在于，焦点小组访谈会将参与者们的感受进行比较。

- **口述历史：** 口述历史访谈适用于对参与者过往的回忆和经历进行的访谈。

62　　不同类型的访谈应该被用于不同类型的研究。比如说，结构性访谈最适合用作定量研究的一部分。而深度访谈、焦点小组和口述历史则最适合现象学研究。

就民族志访谈而言，我会着眼于半结构性访谈，因为这类访谈往往是你从参与者那里收集定性数据的第一步。你也可以将这类研究视为处在严格的结构性访谈和灵活应激的深度访谈之间的"中庸之道"。半结构性访谈是以类似于结构性访谈的方式进行的，因此在这类访谈中，很多提问都是封闭性的，也就是说，参与者可以做的回答是非常有限的。然而，还是有些提问可以是"开放性"的，这样就可以有进一步的讨论。而与结构性访谈类似的是，半结构性访谈中的提问也是以预定的顺序进行的。[45]

你还需留意的是，开放性的提问只有在参与者乐意并且有能力以写作的方式表达自己的时候，才是可行的。这类提问也很难处理，因为你得为了整理结果而建立起某种系统来。尼克·摩尔(Nick Moore)认为，可以建立一种编码框架，用来对答案进行收集。[46]据他所说，你可以先看前20个或30个回答，并将答案列出来。这使你有足够多的回答来建立起编码框架。接下来，你得剔除那些本质上近似的答案，对回答的种类做出细化。再给每一种回答一个编码或数字，逐一地审阅所有的答案，给它们一一编码。凭借这样的方法，你就可以以定性研究的方式对答案做出思考了。

最后，在将访谈作为研究方法时，你需要遵循五个基本步骤：

第一步：进行初步的准备

第二步：计划访谈的过程

第三步：准备要提的问题

第四步：计划归档的过程

第五步：对访谈做出思考

请先做背景研究。尽可能多地挖掘你所要研究的那一产业／公司／问题的结构。这能使你更好地定位访谈的对象，也能更好地构思提问。如果你进行的是小组访谈，请务必确保受访者在群体中具有代表性，并且提供给你的是该群体中典型的观念和观点。请在项目初期就邀请受访者接受访谈。别想当然地以为你要访谈的每个对象都会接受邀请。建议你先致函潜在的参与者，告知他们你的项目，询问他们是否可以接受访谈。如果你将访谈作为研究的一部分，那就还得先向大学申请获得伦理许可。

访谈可以面对面进行，也可以通过电话、Skype、电子邮件、书信或调查。请想想怎样做访谈最好。你能面对面地进行访谈吗？还是得进行远程访谈？也要想想怎样对受访者来说最方便。请向受访者咨询合适的访谈日期和时间（如面对面，则还需询问地点）。

请预先准备好提问，并做一下演习，这样临场时你就不用照着读了，至少也可以做好准备，有重点地提问。请友善、礼貌地对待受访者。要感谢他们接受访谈。访谈时请不要用学术用语。如果访谈者说了一个你不明白的术语，请对他们说声抱歉，并让他们解释一下这个术语。请仔细地聆听回答，要灵活变通地提问。在提问的时候，要考虑是否有一些需要注意的文化因素。人们会根据自己的文化背景来理解问题、回答问题。一开始请先做些寒暄，然后再自然地打开话题，这样可以令谈话更有趣、更即兴。请避免提引导性的问题，也就是会按你的预期来回答的问题。要多听少说。

请将访谈录制下来。在访谈开始前先测试设备，确保电量、磁带（或类似的录制设备）、内存（数字录制设备）都足够。启动设备前，确保受访者知道你在进行录制，并且允许你这么做。即便你已经在录制了，你还是要做笔记。这有助你勾勒出谈话中涵盖的话题，而且也可以即时地记录下访谈进行中想到的问题，而不用打断访谈。请将录音中的访谈内容誊写下来。这将有助你详细地分析访谈内容，并且对其做直接引用。如果你将整个访谈都誊录下来，那得花很多时间。你也可以考虑雇一个人帮你做誊写，也可以使用转写软件。访谈的文字稿应作为附录放在研究项目中。

访谈誊录完之后，你还得对收集到的信息做出思考。很重要的一点是，你得将你期望听到的和你实际听到的做个比较。访谈是支持还是驳斥了你所提出的研究议题？你是否听到了令你吃惊或意外的事情？访谈确证了你的观点吗？还是使你有了一些新的想法？如果你就一个话题进行了多个访谈，就请比较这几个访谈。受访者是否彼此认同呢？还是回答各有不同？如果不同，那不同之处是什么？有什么因素会导致这些异同呢？

在做初步研究的时候，访谈是一种非常有用的方法。不过你也得注意，在访谈中你所听到的其实只是受访者想要告诉你的。访谈法的主要缺陷也在于此。不论出于什么原因，受访者都没有必要告诉你真相，也没有必要向你透露所有的细节，你也没有办法来验证他们的说辞。有些情况下，有一种办法可以确证受访者是否说了真话，就是直接观察你要研究的这群人，或者参与他们的日常活动，与他们进行互动。[47]

观察

观察是一种通过视觉研究形式来采集数据的方法。你需要观察的有两大方面：结构与场景、行为与互动。你首先要做的事就是观察你做研究的场所。场所常有着影响人们行为的力量。这种力量有时是隐秘的，有时则是直白的。例如，像走廊、隧道、桥梁、巷道这样的结构是让人鱼贯而行，而广场和大厅则将人分散开来。像光、影、色彩、质地、材料、闭合、开放等因素也都会影响人的行为。从空间设计的角度来看，对场所进行民族志观察尤为重要。不过无论何种情况，这种观察都能帮助你了解在场所中栖居的人。开始时，你可以先回答以下问题：

- 你的周围有些什么？
- 这个场所和其他类似的地点相比有什么异同之处？
- 你会怎样形容这个场所的外观？
- 这是怎样的场所？
- 有什么特征吗？
- 这个场所有什么社会性的方面？
- 该场所中有没有什么影响社会行为的因素或场景？

找到这个场所的物理属性以后，你就要把注意力集中在场景中的人类活动上了。[48]你可以思考下列可能会发生的事：

- 你怎样定义你所看到的活动呢？

- 人们站着、走路、跑步、坐着还是躺下？

- 你怎样描述他们的行为呢？

- 他们举止内敛还是外露？吵闹还是安静？

- 他们的行为友善吗，还是有敌意？

- 他们是主动进行某种日常工作，还是被动地接受？

65

- 这个环境的社交情况是紧密还是分散？

- 你会怎样描述他们的交流方式呢？

- 他们在交谈时使用手势？他们说话有多大声？

- 他们站着的时候靠得很近吗？还是保持一定的距离？

- 他们经常使用手机吗？

- 你注意到他们的行为有什么模式吗？

- 你注意到他们是否有一些社会区分，如阶级、外貌、背景、性别或年龄？

- 如果有，这些群体之间如何互动？

- 有没有什么事物对你而言是特别显眼的？为什么？

- 你能看出一些特别的行为准则吗？

- 你能感受到某种塑造他们行为的规范框架吗？

- 你留意到有什么事件发生吗？

- 你是否观察到某种不同寻常的集体性行为，这可以被视作一起特殊事件的吗？

- 据你的观察，是什么使得这一行为成了特殊事件呢？

　　作为设计师，你还要观察人们是怎样与特定的环境、人造物、设计对象进行交互，他们又是怎样在日常生活中使用它们的。你可以寻找方法来优化或改善某一设计，或给出一种替代方案。[49]通常答案已经有了，只是需要有个人来注意它们，并应用它们。

和人们在一起

在直接观察的时候,假定你是一名见证人,你会以系统的方式将所观察到的内容录制下来。[50] 而另一方面,参与式观察则要求你参与到观察对象的日常行为和常规活动中去。[51]

在民族志的语境中,和人们在一起意味着使自己沉浸在所研究的文化中。不过这种沉浸是有保留的,因为你需要在研究过程中尽可能地保持客观公正。对研究人员来说,做好一项民族志研究的关键在于,接近那一群体和文化,从而可以从中获取信息;但又不能靠得太近,因为这样有时你就很难后退一步,难以客观地看待事物了。作为一种研究方法,参与式观察适用的情况是:当你需要更多地了解某一群体或组织的内部运作和内部文化时。这种方法将直接观察和访谈结合在一起,甚至将你作为群体的"一员"囊括在某些活动中。不过,无论你的参与程度如何,你都始终要保持研究人员的批判性立场,对自己的观察做出独立思考。而成为群体的一员并不是民族志研究。[52]

比方说,你想要深入了解某一公司的企业文化、员工的工作状态,以及该企业的项目,那最好的方法就是进行参与式观察,也就是在那个公司里待上一段时间,和他们的员工互动。凭借这种方法,你可以检验他们的决策过程、他们的专业规范和价值,也能看看他们的企业理念是如何转化为设计和品牌方案的。这种方法优于访谈的地方在于,你可以做一手的观察,而不用仰赖受访者所做的报告,而后者多少是带着某些偏见的。[53]

进行这种研究的主要障碍在于,获得准入资格。在很多时候,为了获得准入资格,你得和对方签署保密协议,以防你将他们的工作细节公之于众。这也是可以理解的,因为一般来说公司不希望竞争对手和公众知晓他们的战略细节,知道他们在开发什么产品,筹备什么广告。如果你获得准入资格,进入这样一个场景做参与式研究,那么很有可能,你所收集到的数据在发表或写入研究之前都会经过审阅,甚至是编辑。

　　这类参与式观察需要研究人员对所研究的公司有足够强的责任心。只有公司的最高层才能给予研究者准入资格。如果你获得了这样的资格，请务必处处小心谨慎，对每个人都要表现出尊重，因为在别人工作时打断他们，向他们发问，是非常唐突的。还有，在研究开始前，你也得做好充分准备。尽可能地挖掘这个公司及其所在的行业的信息，也要了解这个公司在行业中所处的地位。有一个好方法，就是对这个行业做出描述，然后看看该公司是怎样融入这个行业的。这个方法在你之后的研究报告中也可以用到。还有一件事是你可以做的，就是勾画出公司的组织计划，想想你要研究的是整个公司还是其中的一部分。请做好详细的计划书和时间表，确保通过这项田野工作，每个提出的研究议题都能得到妥善的回答。接下来，你应当分配好时间，对关键人物进行访谈，就他们的角色和活动提问。[54]

　　在做田野工作时，你也要留心你周围人的着装和行为。为了避免引起不必要的注意，你得尽可能地融入其中。第一天，你得向大家介绍自己，看参与者的方便，排好时间与他们逐个会面，让他们谈谈工作。请留意他们的工作情况，等他们空下来的时候才向他们提问，不要在他们工作的时候打断（一般在茶歇的时候交谈比较好），或者他们不忙的话在办公室里也可以。勤做笔记，但不要太唐突，最好是在谈话结束后。一天工作结束后，把笔记整理一下，想想这与你的研究议题有什么联系。思考一下，有哪些遗漏是你要在第二天补上的。田野工作期间，请每天重复这样的工作，大多数情况下，会持续十天左右。如有必要，请随时根据情况调整研究议题。田野工作之后，请花些时间阅读并组织你的笔记。对你所经历的事情做出思考，并写下你的发现。当然，写下你所发现的事物很重要，但写下那些你期待发现却没有发现的事物，也同样重要。请回头看看那些有助你构思研究议题的文献，看看你的田野工作是否印证了你的理论，还是呈现了一些新的理念。对方法和步骤做出探讨，反思一下，如果采用其他的研究方法，是否会有更多的发现。在报告末尾，请附上一份访问与会议日志作为附录。请记住，报告应该是对所发生之事的阐释和分析,而不是一份简单的流水账。在写作报告时,对于那些曾启发你提出研究议题的相关理论等,你也要予以引用。[55]

文化探针

文化探针可被视为一系列的"唤起工作",用于获取人的启发性回应。文化探针并不能让你获得人的全面信息,但能让你掌握有关人的生活和思想的碎片性线索。[56]

由是,这种方法就可以被看成是用于获取人的启发性回应的系列工作。有时人不能精确地表达他们对一件事情的感受,也不能很好地对事情进行描述;但他们可以展示给你看,或勾勒出来。在日常生活中,可能会影响参与者的因素涵盖了社会、心理、组织、人体工程学等各方面,而这种采集信息的方式能使你对此有更深入的理解。在时间和资助有限的情况下,用这种方法来做快速民族志研究尤为有用。

在设计领域中,文化探针常用于获取"对语境敏感"的信息,这类信息可启发和激励那些受用户影响的设计。[57]这种设计过程也叫做"以用户为中心的设计"(user-centred design, UCD)[58]或"移情设计"(empathic design)[59]。UCD研究也可以作为定量研究的一部分,本书后文中会予以探讨。

有这样一种理念:用户应该在不经意间主导设计过程,而设计师只是过程的推动者和阐释者。这种类型的设计正是从这一理念发展而来的。简单地解释,就是:移情设计不用特意询问用户,就能理解他们未说出的需求,并且设计出他们所需的东西。设计师如能对用户未曾说出的需求有深入而具有同理心的理解,就能打破行业的假定或既有的企业战略,并且给出全新的设计方案。这种工作方式可以帮助设计师从自己理想的设计方案概念中跳出来,而把方案建立在真实的情境之上。因此,这是一种范式转型,从个人主义的创造性概念转向理解创造力是一种社会过程。[60]这种设计过程的主要优势在于,它可以使设计师对影响终端用户的社会、心理、组织、人体工程学因素有更深刻的理解。这种过程可以使设计发展得更有效、更迅速、更安全。[61] 然而, 文化探针与用户测试研究方法不同, 后者是在受控环境中进行的, 其目标是开发"有用的设计", 而前者则是在自然场景中进行的, 其目标是启发"令人愉悦的设计"。[62]

你可以有很多方式进行文化探针研究。让人参与这类研究活动的最通行的技巧或许就是使用参与式视觉研究。[63] 这种研究的方式需要参与者为你创作或提供图像。你可以让他们给图像加上标题和描述; 甚至, 你还可以邀请他们接受访谈, 详细地讨论这些图像。[64]

换言之, 这类研究相信, 要将图像作为研究访谈的一部分插入其中。然而, 与使用研究者自己所制作的图像不一样, 与使用既有的图像也不一样, 这类研究要求参与者本人制作自己的图像。[65] 这样的图像包括参与者自己绘制的图画, 自己拍的照片、录像, 自己做的拼贴画、家庭相册、个人相册等。人们现在已广泛地使用内置摄像头的智能手机, 以及诸如 YouTube、脸书、Flickr、Instagram 等社交媒体, 这样也为研究者进行文化探针提供了便利。

参与式视觉研究的好处有很多。图像常常包含了大量信息。访谈可以挖掘很多信息, 而图像则能以不同的方式激发谈话, 让人知道其他的事情。例如, 一项探讨消费对英国青年身份认同重要性的研究。参与的青年人需拍摄一些照片作为研究的一部分。研究发现, 他们在讨论这些照片时, 更倾向于谈论与种族、族群、宗教相关的话题。此外, 在考察日常生活中的日常事务时, 这类研究也特别有用。[66]

在选用参与式视觉研究时, 你有必要对两个关键的利益相关者做出清晰的解释。首先, 在研究计划中, 你需要解释为什么要选择用这种研究路径来生成数据。其次, 如果你获得批准继续进行此操作, 你得向参与者们确认, 这些图像无论有多么不专业, 都是可接受的、有用的。还有, 你得告诉这些参与者, 给你的图像不应是按"他们认为"你可能感兴趣的标准制作的。[67]

在进行文化探针研究的时候, 有很多事是你要考虑的。为了让你对此有更好的理解, 我要介绍两个例子: 儿童文化探针和长者文化探针。

儿童文化探针

第一个例子，是澳大利亚昆士兰大学的佩塔·韦思（Peta Wyeth）和卡拉·迪克（Carla Diercke）所做的儿童文化探针研究，其目的是为了对教育语境中儿童的兴趣和想法有更多的了解。[68]他们的探针包括以下活动：

- **趣味科技学院：**让孩子们从互联网、杂志、报纸或其他媒体上收集"看上去好玩儿的科技"图片，并展示出来。
- **学科评定：**让孩子们从两个方面对阅读、数学、艺术和音乐等学科做评定：是否有趣，是否容易上手。
- **教室建筑师：**让孩子们画出现在的教室和未来的教室。
- **科技小装置：**让孩子们"设计"并描述一个他们认为能协助学校教学工作的小装置。
- **头脑风暴：**问几个问题，比如：什么让科学有趣？什么让科学无聊？我怎样才能让科学变得更有趣？
- **郊游日计划：**让孩子们制订一个学习旅行计划，在下次数学课的时候执行这个计划。
- **科学玩具：**让孩子们创作一个能帮助他们理解科学作业的新玩具。
- **等我长大了：**让孩子们描述一下自己长大后想做的工作。
- **我的日记：**让孩子们以文字和图片的形式记录下他们在学校里的想法、观点和回忆。

此项文化探针采用的是活动包的形式，活动包被派发给当地小学11至13岁的孩子们。孩子们有一周时间完成反馈，并用信封封好交给老师。[69]

该文化探针显示，如果活动能提供机会，让孩子们表现创意和趣味的话，那他们就能为研究人员提供非常好的回答。测试表明，孩子们花费了大量的时间来完成这些活动。测试的结果也让人得以一览参与者的心智模型（mental model），了解他们在思考学习、流行文化、科技、未来职业规划的时候，有着怎样的思维模式。不过话说回来，有些活动得到的回答要远远多于其他的。从这些回答可以看出，孩子们更偏好那些需要表现创意性和建设性的活动。特别受欢迎的一项活动就是设计小装置。在这个活动中，很多孩子都对诸如指纹识别、太阳能、语音识别、无线通信、人工智能等"高科技"表现兴趣。而且，大多数的参与者都青睐能够回答所有问题的"全知机器"，而且这最好是一个机器人，"有两根天线，像耳朵一样接收空中信息"，还能"像人一样走路"，"虽是人工智能，却能自行说话、自行思考"。[70] 在郊游计划活动中，孩子们表现出想要逃离教室这一典型教育环境的倾向。在测试中，孩子们回答说，他们宁可去主题公园、海滩、滑冰场，甚至是月球，也不要坐在教室里学习。但这并不意味着他们不喜欢学习。而是意味着，他们认为，学习也可以是有趣的，也是可以发生在课堂以外的。而另一方面，未来教室中则有气球、球、懒人沙发、比萨、壁炉、集体阅读区、蹦床、农场和游泳池。显然，孩子们希望未来的教室较之现有的更有社会性。在提到科技时，孩子们希望教室里能有台式电脑、笔记本电脑，还有巨大的互动屏幕。孩子们也很喜欢思考长大后的人生。测试显示，大家的个人偏好是多种多样的，答案中有工程师、儿科医师、电脑游戏设计师、物理学家、记者、海洋生物学家、战斗机飞行员等。还有一个特别受欢迎的活动就是学科评定。孩子们的回答显示，他们真的非常认真地考虑了学科的趣味程度和难易程度。看起来，他们的答案是经过深思熟虑的，而且在大多数情况下，难易程度和趣味程度是有很强的关联的。评定的结果与他们的个人偏好是一致的，这也就是说，没有哪一门学科是所有人都喜欢的。相较之下，该研究也发现，孩子们对于写日记和建设学院的兴趣不大，他们也不太喜欢头脑风暴的问题。[71]

　　研究还发现，在孩子们看来，对未来的探索，以及在传统教育框架外进行的活动都比较有吸引力。与此同时，他们不太喜欢以传统参与式小组的方式工作，如写日记、参与头脑风暴、建设学院等都不太受欢迎。很明显的是，孩子们都依赖别人的支持，而以上这些活动本身得是自足的。比如说，如果一项活动需要来自文化探针包之外的材料，那孩子们就不太能完成。[72]

71 　　在本案例中，文化探针被用作一种"侵入性最小"的研究方法，借由这种方法，研究人员对儿童的生活有了更整体的了解。研究人员表示，他们会将研究发现应用于儿童教育技术的设计上。[73]

长者文化探针

　　英国皇家艺术学院的比尔·盖弗（Bill Gaver）和托尼·邓恩（Tony Dunne）与意大利多莫斯设计学院的埃莱娜·帕琴蒂（Elena Pacenti）共同参与了一个由欧盟出资的项目，他们用文化探针的方法来研究交互技术，以期提高长者在本地社区的存在感。[74] 他们在三个社区进行了这一研究：一个位于挪威奥斯陆附近的富裕社区；一个位于荷兰阿姆斯特丹附近的规模很大的社区；还有一个是意大利比萨的小村庄。在挪威，研究人员与已经学习了怎样使用互联网的老人一起工作；在荷兰，他们和居住在名声不佳的社区里的老人一起工作；在意大利，他们和计划建造长者中心的当地政府一起工作。对设计师来说，面对不同文化中陌生的群体，选择文化探针作为研究方法是非常有用的。[75]

　　在准备这次的文化探针，并对其进行传播时，需要将空间距离和文化差异纳入考量。按照最初的计划，探针包是要通过邮件发送给参与者的，但研究人员决定要亲自送，并且利用这个机会向参与者面对面地做自我介绍，解释项目目的。他们这么做，就得到了有关参与者生活条件的一手资料，也得以进行了非正式的访谈。最后，文化探针包被分发给了各个参与者，研究人员也与他们互换了通信地址。[76] 探针包中有若干材料：明信片、地图、一次性相机、一本相册和一本媒体日记：

- **明信片：** 每份探针包中有8至10张明信片。明信片的正面是图像，反面则是提问。这些问题是为了更好地理解参与者对人生、文化环境、技术的态度而构思出来的，而且是与卡片正面的图像相呼应的。之所以将提问放在明信片背面而不用正式问卷的形式,是因为研究人员相信,这是一种非正式的、友好的沟通方式,能够鼓励参与者做出更放松的回答。

- **地图**:每个探针包中有若干张地图,从世界地图到所居住的街道地图都有。每张地图上都有提问,还有小"点"贴纸用来标记地点。提问包括:你在世界上哪些地方待过?你与人会面一般会去哪里?哪里是你独处的地方?城里有哪些地方是你想去却没去成的?

72

- **一次性相机**:设计师也在相机旁边列出了几个请求。他们请求参与者拍摄一些照片,内容有自己的家、一周中每天穿的衣服、每天见到的第一个人、一件想要的东西,还有某个无聊的东西。他们还要求参与者们拍一些他们想要分享给别人看的照片,内容随意。

- **相册**:设计师还要求这些老年人用6张至10张图片制作一本相册,来讲述他们的故事。设计师鼓励参与者使用家庭相册或当前生活中的照片,或任何对他们来说有意义的照片都可以。

- **媒体日记**:每个探针包都有一本媒体日记,设计师要求参与者用这本日记记下他们的电视和广播使用情况。根据要求,他们要记得尽可能地详细,让研究人员知道他们看了什么、听了什么、和谁一起、什么时候。他们还要记下打进来和拨出去的电话,记下他们和通话者的关系,以及通话内容。这些记录每天都要做,持续一周。[77]

与典型的设计不同,这个项目并非用于对新产品的开发,而是为了对新技术如何帮助老年人的生活有新的理解。这类项目需要人去探索常规以外的功能、经历、文化现象。盖弗和同事们最担心的,是自己不能设身处地地出发,从而设计出来的东西与社区内的人无关,显出傲慢的态度。[78]因此,设计师们并没有设计一些符合一般用户需求的方案,而是试图根据参与者的信仰、欲求、审美偏好、文化背景,来发现一些新的娱乐、社交、文化形式。他们的终极目标是让社区里的人能有机会以全新的方式看待自己的社会环境、城市环境和自然环境。[79]在研究的最后,设计师们根据每个社区各自的情况,为他们做了相应的推荐。设计师们说,社区都接受了这些方案,也很乐意与他们合作,甚至还提了一些建议来改进工作。社区积极热情地参与到项目中,因为他们知道这与自身休戚相关。[80]

文化探针可视为一系列的"唤起工作",可用于获取人的启发性回应。因此,研究人员经常用这种方法来获取"对语境敏感"的信息,这类信息可启发和激励那些受用户影响的设计。你还要记住,文化探针的构建是很有弹性的。从上面的例子中你可以看出,其实文化探针没有什么固定模式。选择什么形式,起到哪些功用,都由你来决定,只要能使你对研究的问题有更深入的理解,就都可以。理想的情况是,你所构思的文化探针在参与者看来是与他们自身相关的,是吸引人的,也是易于操作的。请记住,你万万不可对参与者予求予取。如果你需要他们做的工作太多,或者他们觉得太花时间,你的探针就有可能被拒绝。因此,请务必将工作控制在合理的范围内。

4.3.3　　伦理与研究参与者

请注意:学生和研究人员都应该向大学的研究伦理指导办公室寻求建议。一切研究都应该将伦理因素考量在内,这是学术研究的基本原则。在研究的过程中,你也要弥补研究参与者可能面临的所有风险。以下,我会简单地说一下在进行研究的过程中需要考虑的与参与者有关的重要事项。这其中包括:知情同意、研究中的欺骗、事后情况说明、保密和匿名。

知情同意

每次你在计划涉及参与者的研究时,都需要准备一份"知情同意书"。这份文件可以告知潜在的参与者本项研究的性质、潜在的风险,还有参与者有权随时退出研究。如果潜在参与者签署了这份同意书,也就意味着他(她)理解了研究的要求,你的研究就可以开始了。[81]

　　是否需要知情同意书，视每个机构的要求而定。如果研究不会使参与者有任何可预见的不适，有的机构可能不会要求你向参与者提供知情同意书。这类研究经常属于公共行为观察的范围，如无须知道参与者身份的调查、使用档案或既有数据的研究、通常在教育或工作场景中发生的活动等。[82]如果需要提供知情同意书，你就应给出以下信息：

1. 姓名与机构
2. 研究简介
3. 研究要求
4. 退出声明
5. 风险声明
6. 利益声明
7. 保密／匿名声明
8. 奖励
9. 联系方式

74　　首先你要写下参与研究的所有成员的姓名及其所在机构。然后你要简单地介绍一下本项研究及其宗旨。你还应说明本研究需要花费参与者多少时间，他们会经历哪些流程。你还要写一份声明，表示参与者有权拒绝参与，也可以在任何时候退出研究，而不必有后顾之忧。之后，你还要对有可能会影响他们参与意愿的因素做出说明（如研究有可能会造成不适或某些负面效应）。你还要说明参与本项研究有哪些可能的益处。此外，你还要解释一下研究的保密情况和参与者的匿名情况。如果情况允许，你可以给参与者一些奖励。在某些情况下，可以用钱、礼物、礼券等。如果是这样，那就要突出显示该信息。最后，你还要留下一个联系人的姓名及其联系方式，这样，如果潜在的参与者有疑问或顾虑的话，就可以找得到人咨询。[83]

一旦获得同意，你应该至少做两三份纸质同意书。你应该保留一份签字的文件存档，如所在机构需要，也要给他们一份签字的文件。你还应该交一份给参与者。有时候，你得到的是口头同意——比如做电话调查的时候。有时候是通过邮件分发问卷，邮件中应附上一份声明，表明如参与者完成并返回问卷，即意味着同意参与。如果你的研究需要录制参与者的视频或音频，你也要事先征得他们的同意。除非录制发生在民族志观察过程中，研究人员仅仅只是观察自然发生的行为，且人们无法从录制的成品中辨认具体有谁参与其中，也不会有人因为这次录制而受到伤害。[84]

在准备同意书时，你还要考虑参与者的理解能力。你的同意书必须是用他们能理解的语言写的。也就是说，你需要对其中的术语做出解释或简化。例如，你得说明一下保密和匿名是什么意思，也得用平实的语言来解释你的研究宗旨。有时候，潜在参与者的同意是没有法律效力的，比如 18 岁以下的孩子，以及患有精神疾病的成年人。这时候，你就得征求他们父母或法定监护人的同意。类似地，在诸如学校这样的教育场景，同意权也不在老师或校方手中，而是在孩子的父母手中。[85]

不过，也有一些研究人员想要考察类似亲子关系、父母管教、家庭冲突、虐待之类的课题。这种情况，要获得父母的同意就很困难了，而且同意与否本身也会导致研究结果出现偏差。[86] 在这样的情况下，最好的做法是咨询你的所在机构，问问他们该如何继续。

研究中的欺骗

在有些情况下，你会出于实际的考虑，在研究过程中设下骗局。例如，你有可能得故意向参与者掩盖或隐瞒研究的某些方面；为了操控他们的行为而撒谎；在他们不知情的情况下观察他们的行为；让研究团队的成员混在参与者中进行偷拍。在研究中进行欺骗是社会心理学、人格心理学、记忆研究等领域为获取有效结果而采取的常见手段。如果是这样，你就要在知情同意书中加上一份声明，说明研究的某些部分可能含有某种形式的欺骗，不然研究就难以开展；你也可以在做事后情况说明的时候征求参与者的同意，让你可以使用他们的数据或录音。[87]

　　然而，你得注意，在研究中使用欺骗手段并非没有争议。在这个问题上，有两种哲学立场：功利主义的（出于实际原因）和义务论的（出于责任和义务）。功利主义的立场认为，一种行为只要能为最广大人群提供更大的善，那它就是合乎伦理的。义务论的立场则坚守严格的普遍道德行为准则，无论行为会有怎样的后果。义务论者认为，任何欺骗行为，无论其出于怎样高尚的理由，无论其会产生怎样的益处，都是不合伦理的，都不应该出现。[88]

　　不过，欺骗的运用确实可能会使参与者暴露出自身的某些缺点，还有他们能做的事。在有些情况下，参与者可能会以自己从未想过的方式（负面的）来做事情。意识到这点可能会令参与者感到十分不安。因此，拉森指出，根据美国心理学协会（American Psychological Association）的观点，只有在满足以下评判标准的情况下，才可以使用欺骗的手段：

- 　如研究的潜在价值巨大，则可使用欺骗手段。
- 　在涉及参与者参与意愿时，不应使用欺骗手段。
- 　没有其他不涉及欺骗的替代性方法。
- 　研究人员应在研究结束后立即向参与者进行事后情况说明；他们知道了情况以后，有权收回这些数据。[89]

事后情况说明

　　在很多情况下，在数据采集阶段之后向参与者做出情况说明是非常重要的。研究人员要考虑到，参与研究的经历有可能会影响参与者的一生。有时候，如果参与者学到了一些新东西，他的人生就可能发生细微的变化；如果参与者改变了对自我的认知，他的人生就可能发生一定的变化；如果参与者被导向了某种意想不到的行为，他的人生就可能会发生重大的变化。事后情况说明让参与者有机会了解到研究的真正目的，知晓研究的结果和结论，也可以提出他们的疑问。因此，事后情况说明的主要目的是尽量减少对参与研究的影响，并纠正参与者可能会产生的误解。[90]

保密

在面对研究参与者的时候，向他们解释你将会怎样处理和保存他们的数据也很重要。有些情况下，你得将参与者的数据和身份信息严格保密。这也就是说，你得有一个安全可靠的系统用于存储数据，这个系统能够防止未经授权的人员进行不当的访问。这也意味着，你不会将参与者的数据公之于众。但你还是可以把这些数据分享给其他合格的研究人员，他们会验证你的发现，但不会将数据挪作他用。如果是这样，你就需要把身份信息和数据本身分隔开来。有些机构设有数据储存的政策，规定数据需保密五至七年，之后数据则会得到专业的处理。[91]

匿名

匿名与保密有所不同。在保密的情况下，你是知道参与者的姓名和其他个人信息的（只不过你不会将这些信息泄露给别人）；而在匿名的情况下，就连你也不知道参与者的身份。这也就是说，参与者在受邀参与研究时无须自报家门。在处理敏感话题时，参与者会因害怕被人知道而不敢坦诚作答，此时匿名就非常有必要了。然而，有时为了参与者真正的福祉，保密和匿名可能会受到法律的挑战，而相关信息也理应被透露给第三方。例如，有关儿童与青少年的研究，可能会发现参与者们有心理健康问题，自残、家庭问题、非法活动，或其他危害儿童健康的有关行为。这类信息在法律上是不能保密的，研究人员有责任报告这些事情。拉森还指出，研究表明，在研究期间有此类问题的青少年往往很期待到帮助或救援。因此，在从弱势群体那里采集数据前，研究人员要明确自己的伦理和法律义务，以及如何处理此类情况。[92] 知情同意书中也应该包括一份声明,指出如发现存在虐待、自残、伤害他人等情况,研究人员将采取哪些步骤。[93]

请留意,研究中的伦理要求其实远比我在本书中所说的多得多。如果你在大学中进行一项研究,你的大学会有一套你必须遵守的伦理规则。这也就是说,每次在进行有参与者参与的研究前,你都得写一份伦理申请,得到大学伦理委员会的认可后,才可以开展研究。大学设置这样一种"安全机制",是为了确保你的研究及其传播不会对参与者造成破坏、伤害和困扰。

4.3.4   数据分析

在进行民族志研究时,数据收集和数据分析往往是同时进行的。及时做田野笔记,并对田野工作进行归档十分重要。你在田野笔记中所包含的信息越多越好。不过你得小心,这其中常常牵涉到预估。要数清你所观察的人群有多少人,搞清楚他们在做什么,这并不简单,但你还是要尽最大努力去做。因此,除了做田野笔记以外,你还应考虑运用画图、摄影、摄像等视觉手段。这也就是所谓的"视觉民族志"。但你要记住,图像、视频,甚至音频、文字稿,都不能代替详细的田野笔记,而只是田野笔记的补充。如果没有田野笔记的上下文,音频、视频的价值都有限,对你自己、对其他试图理解你的研究的人都是如此。[94]而且,数据分析几乎总是与数据收集的过程同时进行,有鉴于此,你还要记住以下三个步骤:

第一步:对数据进行描述
第二步:对数据进行分类
第三步:对数据进行阐释

首先,要将采集来的数据以逻辑的架构组织起来。你可以采用很多方法。例如:

- 以时间顺序来描述事件。
- 描述该群体的日常一天，或者群体某一成员的日常一天。
- 关注群体的某一重要事件。
- 讲述一个故事，用情节和角色来充实这个故事。

组织完这些数据后，你就要明确它们的意义，并对它们分门别类。类别可以是基于行为、规则和重要事件来界定的。最后一步是做阐释——什么是这个群体及其实践的基本特性？你可以使用既有的理论框架来构建和支持你的阐释过程。[95]

4.3.5 准备一份报告

78 大多数的研究报告都是以非个人的方式写成的，但民族志报告与此不同，常常使用一种个人的、文学性的叙述方式，以此来吸引读者的关注。你得记住这点，这样，你的民族志研究报告就应包括下列信息（图4.2）：

1. 引言
2. 基本原理
3. 语境
4. 场景描述
5. 研究方法描述
6. 群体分析
7. 结论

首先，报告的一开始要提出研究议题。然后你要描述一下研究的特性，并且解释一下该项研究与议题有何关系。你可以将构建研究时所使用的理论框架都纳入进来。接下来，你可以指出该项研究对该知识领域的重要性何在。这些内容应涵盖了引言、基本原理和背景。之后，你应

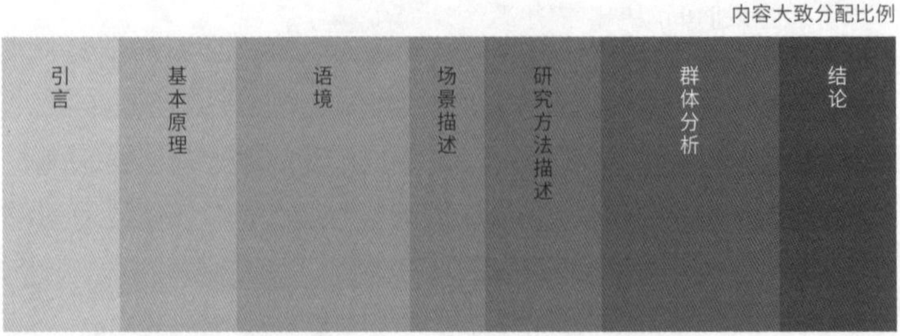

内容大致分配比例

| 引言 | 基本原理 | 语境 | 场景描述 | 研究方法描述 | 群体分析 | 结论 |

图 4.2 民族志研究报告的结构

描述你所研究的群体、你在研究过程中所使用的方法。请详细地说明人群的行为和言谈、他们互动的方式、他们所使用的系统和仪式，等等。

报告的目的在于让读者设身处地地处于那一场景中，并且让读者尽可能真实地体验到那一情况。此外，你还要特别指出你所留意到的某些行为模式或主题。还有，请提出证据来支持自己的主张。这当中应包括对人造物的描述、与群体成员的谈话，以及视觉文件。有时候，为了能精准地呈现报告，你还要使用参与者描述某些内容时所使用的语言。将文化方面一些特定的术语、方言、俗语记录下来是非常有用的。最后，你还要解释你的发现与研究议题、与你所在学科的概念和理论有什么关系，以此作为结论。[96]

除此以外，我还要指出，你可以选用音视频材料或影像式论文（将图像、声音和文本结合起来，能够使你更好地呈现自己的发现）来支持自己的报告。这类材料能产生两种效果：分析和唤起。为实现其中一种或两种效果，你要考虑文本与音视频材料的关系。[97]

4.4   现象学
Phenomenology

79   现象学研究试图理解参与者面对各种社会现实时所采取的视角和观点。[98]简单点说，如果你想要理解人是如何体验事情的，你就可以使用现象学研究。现象学研究也收集有关人们生活的信息，这是与民族志研究类似的，二者主要的区别在于，前者关注的是个体，而后者则关注群体。现象学研究的视野仅限于与某些特定情况或事件相关的经历，主要关注的是人们对某些特定现象的观点。这类研究提出的主要议题是：做某事或经历某事到底是什么感觉？

这其中可以包含大量的事物。举例来说，你可以用这种方法来研究人们在照看老人、住用保障性住房、管理酒店、为麦当劳工作、使用 iPad 等诸如此类事情时的经历。采用多个视角来观察同一个情境，你可以从局内人或用户的角度来了解某件事情是什么样的。[99] 研究这些现象，是为了检验那些被视为理所当然的经历和情境，并试图揭示一些新的或被遗忘的意义。[100] 而这与设计又有什么关系呢？

在很多情况下，今天的人们在购买产品时，关注的不再仅仅是其审美价值或物理性能；他们所要寻求的是新的身份认同、新的生活方式、新的享受、新的消遣和娱乐方式。我们处在一个历史节点上，此刻的我们若没有产品，难免怅然若失。在现今我们所生活的这个个体化社会里，我们利用产品和经历来"设计"自己的身份。我们相信，无论有意还是无意，我们的座驾、手表、牛仔裤、墨镜、鞋子、珠宝、手机、笔记本电脑的组合定义了着我们的人格，甚至是我们的个性。我们常常使用产品来更好地表达自己，表明自己是怎样的人、想要成为怎样的人，以及希望在别人看来自己是怎样的人。新的消费潮流应运而生。如今，作为消费者的我们甚至想要自己来"设计"自己的产品和交互。因此，今天的产业界正在重新调整生产方式，从原有的大规模标准化生产转变为所谓的"大规模定制"(mass-customization)。消费者想要拥有和操作看似个性化的定制产品，这种新潮流便试图满足这样的需求。[101] 于是，各种新类别的产品出现了，它们是人们美好生活的物质体现。产品变得越来越"去物质化"，因为它们的价值是由其所实现的体验、其所讲述的故事来决定的。这些新的消费需求营造出了一种氛围，在这其中，产品背后的经历和叙事比产品本身还重要。到头来，产品成了故事的载体，而设计师成了讲故事的人。[102]

　　　如果你对"体验设计"(experience design)这一新兴概念有兴趣,那现象学研究就是助你开展研究的最佳平台。现象学研究可以独立进行,如果需要更多有关某一特定用户群或客户体验的信息,也可以与民族志研究一起进行。

4.4.1　进行现象学研究

　　　现象学研究可采用多种研究方法,如参与式观察、焦点小组,但主要的方法是深度访谈。[103] 这是一种历时较长的访谈,一般耗时一至两个小时。受访者都是精心挑选出来的,样本数量从5至25人不等,无论你的研究对象是什么,所有受访者都得对其有直接的经历。有时候,研究人员本人也会对其所研究的现象有个人经历,研究人员也要尽力将因这些经历而产生的想法搁置一边。这确实非常困难,但对于研究人员来说这很重要,只有这样不带偏见,他们才可以理解他人对这一现象的经历。这种情况常常面对的问题是,研究人员可能会按其所期待的那样来对回答进行阐释,或者,可能会忽略某些将讨论引向另一个方向的小线索。[104]

　　　代表商业组织来进行的现象学研究常常深入浅出,也让人听到一些通常被忽略的声音。但这有时会令客户感到不悦,因为这类研究常常表现出"想当然"的假设,挑战"舒适的现状"。不过,现象学研究也能提出深入的见解,从而使企业更好地构思全局战略。[105]

4.4.2　数据收集

　　　正如上文所说,在现象学研究中有多种方法来收集数据,其中最主要的是访谈。挑选受访者的标准并非统计学意义上的,关键是看他们是否有过该项研究所关注的经历,而最重要的是,他们得乐意讲述这段经历。受访者也得足够多样化,如此便能尽可能地收集到丰富而独特的故事了。[106]

　　　在大卫·W.史密斯(David W. Smith)看来,访谈所关注的应该是以下这些问题:人们是怎样经历这些事物的? 他们如何看待这些经历? 在这些经历中，事物有怎样的意义？它们的重要性为何？[107] 这是一种非结构性的访谈，研究人员和参与者应通力合作，如此方可到达问题的"核心"。研究人员首先要请受访者描述与所研究的现象相关的日常经验，然后仔细聆听，找出其回答中的重要线索，而这些线索往往非常隐蔽。这类访谈中还有一点也很重要，就是得找出什么是受访者未曾明示的，听出他们的"言外之意"是什么。[108]

与民族志访谈类似，研究人员需要留心参与者的表达，记录下他们所问的问题，如果他们在访谈过程中分心了，那也要检验他们分心的原因。一般的现象学访谈看起来就像非正式谈话，主要是受访者在说，研究人员在听。[109] 研究人员与受访者的访谈会持续进行，直至达到饱和。所谓饱和，也就是研究人员感到与受访者的讨论已经不能再提供新的重要信息，也不能使其对该项经历有更清晰的理解之时。[110] 你有三种类型的访谈可以采用：焦点小组、口述历史和深度访谈。

焦点小组

研究人员在焦点小组中想要观察这几件事情：在面对同样的问题时，一个小组中的人是怎样互动的；他们怎样调整自己的观点；他们对不同的观点会有怎样的反应；他们怎样表示不同意。好的焦点小组访谈基本上是小组讨论的每一个人都同时参与和评论。在这种情况下，研究人员就充当讨论的主持人，确保每一个人都能说上话。一般情况下，焦点小组讨论的范围涵盖三至四个相关话题。再多的话，所获得的信息就有可能深度不够。而摩尔强调说，一个成功的焦点小组应只讨论三个话题，比如：人们需要哪些健康信息？他们得到了什么？他们还会喜欢什么其他的信息？[111]

小组的规模也很重要。理想的情况是五到八名受访者。受访者如果少于五名，那研究人员获知的观点会太少；如果多于八名，研究人员就很难处理，兴许有的受访者也会觉得自己的参与度不够。焦点小组活动一般持续一个半小时至三个小时，有时候也会再长一点。[112]

口述历史

有时候,你可能需要做一项有关过去所发生的事件的研究。你想要采访的人有目击证人、经历过或参与过此事件的人,或许还有事件的组织者。你的受访者未必会说一些有意思的内容。无论什么情况,你都要在访谈开始前做妥准备,要阅读尽可能多的相关资料,也要尝试着去理解相关的主要话题和讨论。这也能使你更好地找到自己的主要研究议题,以及其他一些你想与受访者讨论的次要议题。事前请先把要提的问题列好,发给受访者,给他们准备的时间。开始访谈时请先让受访者们回答一些事实性问题,比如他们的姓名、职位、工作年限,还有其他一些与访谈的主题相关的细节。不要指望他们能知道诸如政府法规、事件发生的日期等可能与你研究相关的具体细节。他们有可能只记得一些细节,但他们未必需要知道这些细节才能进行访谈。要充分地尊重受访者,不要与他们争辩,也不要顶撞他们。主要让他们来说,而你只在需要澄清的时候,或让他们不要偏离话题的时候,才打断他们。请确保你在获得受访者的许可之后,才对访谈过程进行录制。[113]

深度访谈

深度访谈是建立在一系列预定的提问之上的。然而,提问的顺序却不一定要按照预先设置好的来。受访者知道了访谈的主题,也知道了要讨论的话题之后,研究人员应该在访谈开始时先与参与者寒暄,再进入正题。这样的做法能让受访者们逐步地深入谈话,而不会觉得是在接受审讯。这也让参与者们感到更放松,给出的回答也会更自然。随着访谈的进行,你也应该给他们时间来思考这些提问。你也应该鼓励他们对话题相关的动机、态度、信念、经历、行为和感受等方面进行详述和解释。你还要注意的是,深度访谈相当花时间。这其中不光包括完成访谈所耗费的时间,也包括分析数据所需的时间,如果收集来的数据缺乏结构,又难以量化,耗费的时间就更久了。[114]

深度访谈是非常繁重的任务,应该由技巧娴熟的研究人员来进行。

摩尔认为,有以下几种障碍可能会干扰研究人员收集可靠信息。首先,参与者可能想要把自己描述得比平时更理性。这可能会妨碍他们表达真实的情感、观点和信仰。大多数人常常对自己真正的态度和信念无所察觉,因为这属于他们的潜意识。对研究人员来说,要让人讲述自己平日思想之外的东西,是非常需要技巧的。大多数人都不愿承认,也不愿揭开与自己所投射的自我印象相反的那一面。而且,人也会仅仅给出礼貌性的回答,来迎合研究人员的期待。若想要克服这些障碍,你就得尽量中庸一点。甚至连访谈时的穿衣打扮也得中规中矩,不要让参与者感到突兀。你也不应该让参与者感到你和他们是不同的人。[115]

示 例 与VSA Partners的首席执行官黛娜·阿内特（Dana Arnett）的深度访谈

本示例基于我对黛娜·阿内特进行的深度访谈文字稿编辑删节而成。阿内特是VSA Partners的创始人兼首席执行官。VSA Partners是全美乃至全球最具影响力的设计及品牌咨询公司。作为首席执行官，阿内特率领了一支超过180人的团队，为哈雷戴维森、耐克、IBM、可口可乐、卡特彼勒、宝洁、通用电气等许多客户贡献了诸多的设计方案、数字交互方案及品牌营销方案。

本次访谈的主题是研究和战略在设计与品牌中的角色，尤其是在为那些大客户服务的时候。本访谈于2012年5月22日的商业设计国际研究会议（International Research Conference: Design for Business）期间进行，该会议是澳大利亚墨尔本国际设计周的一部分。本访谈还有一个较长的版本，登载于《商业设计》第一卷（Design for Business, Volume 1）。访谈并不是严格地按照大规模研究项目的标准进行的，但也遵循了同样的标准，可以使人能进一步了解世界顶尖的设计咨询公司是如何进行研究实践的。从中你也能看到，访谈的提问可以怎样构思，谈话可以怎样进行。

访谈主题：研究和战略在设计与品牌策划中的角色

穆拉托夫斯基：黛娜，你把战略放在公司很重要的位置，而好的战略总是建立在研究之上的。你能告诉我们，你是怎样将研究付诸实践的吗？还有，你是怎样开发设计和品牌战略的？

阿内特：嗯，首先我们的流程的前半部分关注的是战略性的一句话——"品牌是什么"。也就是说，关注品牌的宗旨和意义是怎样构建和定义的。这种路径要求人要有研究的能力，对事实了如指掌，而且要有渊博的知识。以此获得的数据可以帮助我们解决设计问题。然后，市场部人员就可以更好地定位品牌，吸引顾客。

根据项目的所属范畴和规模，研究可以调用各种可行的资源，以此来理解客户的行为、习惯、偏好，市场条件，渠道等其他影响因素。对这些方面有所了解，就能使我们更好地装备自己，然后就有了设计方向，能够表达并回答后半句话——"品牌做什么"。

随着社会和数字信息资源的发展，我们也能够利用好数据，将其整合为解决方案。如果我们理解客户的行为，就能向他们做出好的推荐，从而影响他们的购买。现今这个情况特别有意思，因为导致购买行为的因素有很多是非线性的。

移动和社交媒体技术的兴起使得企业有了无限的方式来接近消费者，刺激他们的需求。如果能更好地了解人们是如何、在哪里互通有无的，我们就能通过影响这些因素来影响和衡量购买行为。

在简单的点击量背后，我们还能通过社交和移动媒体发现更多的数据。我们能发现人们身处何处，喜欢什么，讨厌什么，对品牌有怎样的观点，有怎样的偏好，会做怎样的选择。这有助于我们找到新的可能性和新的购买模式。对信息有了这样的深入了解，我们就能将数据个人化，并利用设计来塑造和表达独特的品牌体验。

穆拉托夫斯基：你能谈谈目前的操作流程吗？

阿内特：我工作中最重要的一方面就是要想方设法令策划者和创作者亲密无间地并肩工作。在我们公司里，有各种各样的策划者参与战略制定，上百个创意人员参与设计实践，有开发者、信息建构师、撰稿人、技术人员共同参与技术活动，还有各方面的市场专家在从事消费者市场方面的工作。我的工作就是为这些各种各样的人提供最好的环境，让他们可以聚在一起。我们始终强调合作，如此才能为面面俱到而又鼓舞人心的方案提供滋长的土壤。

我们也鼓励决策者要从创意的角度思考，而创意者则要从决策的角度思考。在我们的工作场景中，决策者并不是坐在办公室的一头，简单地将自己的研究和想法抛给设计师，然后就希望他们把自己的想法付诸实现。我们特意模糊了职责界限，强调整个团队的互动与合作。这真的是要以整体的方式来执行的。此外，我们也鼓励客户以同样的方式与我们互动。我们非常欢迎客户也参与进来，和我们一起解决问题。这样做的结果一般也非常好。我常常把这样的操作流程称为"创造意义"。

穆拉托夫斯基：在你看来，设计师除了创造意义，也创造价值吗？

阿内特：保罗·兰德(Paul Rand)曾经分享过一个关于设计师的终极角色和责任的观点，他说："为大量不相干的需求、想法、话语、图像赋予意义——设计师的工作就是挑选这些材料，把它们组合起来，使之变得有趣。"这样的理念帮助了好多像 IBM 这样的公司。在这种理念影响下，他们鼓励设计师在更大的策略层面思考、创作、做贡献，挖掘了设计师的真正价值。兰德的观点是具有提升性的，而且也为设计师和组织扫清了障碍，让他们认识到，设计有着酵母般的作用，可以引起改变，加速竞争的新陈代谢，创造令人难以抗拒的市场吸引力，将企业的潜力发挥到极致。

与很多20世纪的同时代设计师一样，兰德所处的时代，设计开始变得重要，这是前所未有的情况。不论他自己有没有意识到，他都在为设计的价值"正名"。这可比简单地得出一个结论、推出一个新产品要重要得多。但他之所以成功，之所以有那么大的成就，最根本的原因还是另一种同等重要的能力：创造力。他有两个最看重的客户——IBM 的小托马斯·沃森 (Thomas Watson Jr.) 和苹果的史蒂夫·乔布斯 (Steve Jobs)，对他们俩来说，创造意义并从商业投资中得到回报，比"卖出更多的商品"要重要得多。

穆拉托夫斯基：说到这些大公司、大品牌，你能谈谈哈雷戴维森、耐克这样的公司的品牌开发流程吗？

阿内特：首先我要说，这两个公司都很幸运，他们的领导都高瞻远瞩。他们的首席执行官对自己的品牌都充满热情和信念，而且他们也有强大的资金支持。让员工产生文化认同也同样重要。耐克和哈雷戴维森已经培养了许多敬业的员工，他们对品牌及其价值和使命都有很强的认同感。

单纯从功效的层面来看，这两个公司也都知道顾客想要的是什么，他们特别期待的是什么。而从情感的层面来看，像耐克和哈雷戴维森这样的品牌都要表达出顾客和他们的生活方式体验是不匹配的。这两个公司能够让两者匹配起来，能够以正确的方式、最佳的意向为代理伙伴打好基础。综合以上这些因素，我们就能够建立起长期可持续的品牌资产。

从代理商的角度来说，我们总是先提一个简单的问题：可以怎样为顾客创造一种体验，让他们感到哈雷戴维森是独一无二的呢？这个问题看起来很简单，但如果你真的采用以客户为导向的品牌推广，这也是非常基本的问题。

从这个问题出发，你的团队就能受到启发，用许多有力的方式来呈现品牌——超越传统和意料之中的思维方式。我们从不忽略这一点，也不会低估个人因素和情感因素的影响力。你得抓住顾客的头脑，也得抓住他们的心。

耐克对于品牌也有类似的观点，但他们的产品世界要广大得多。在近期一次访谈中，耐克的首席执行官马克·派克(Mark Parker)告诉《财富》杂志说，与顾客沟通在以往是"我们有产品，我们有广告，我们希望你们喜欢"，而现在是"对话"。因此，我们在为耐克所做的这个案例中，我们的挑战从来都不是简单的交流，可以说是以新颖而有力的方式去找到顾客，与他们沟通。用这样一种"由外而内"的思维方式，我们就能形成一种鲜活而又独特的沟通方式，让人感到既亲切又新鲜。

穆拉托夫斯基：你怎么界定情感和财务影响的最大回报在哪里？你是怎么来定义的？

阿内特：有很多准则可以量化和鉴定结果。每一种准则都是不同的，视客户自身情况而定。在广泛的层面上，我们一般会使用一些研究和测量技术来确定影响和回报。一开始我们先开展研究，找出顾客的主要行为和转折点。分析这些数据，我们可以更好地创造体验，激发行动和动力，并对结果做出测量。有一点要牢记，我们的目标要么是激发消费者的购买行为，要么就是让他们对品牌产生更浓厚的兴趣，而不是简单地做测量。自始至终，理解行动和行为都是至关重要的。

今天，我们很有幸，有了更好的方法和机会来利用数据和电子信息。我们对研究进行挖掘和综合分析，就能确定怎样影响购买过程中的关键因素。之后再采取行动，也能让我们有机会取得更好的商业效果，创造更高的商业价值。这种回报应该是超过投资的，并且最终会重新定义品牌在当今世界市场中的角色和价值。

穆拉托夫斯基：在你看来，设计师所做的研究发现和建议如能在情感上更吸引客户，就能把事情做得更有生气吗？

阿内特：设计师有这样的才能，也有这样的能力来涉足人类需求。最好的设计师明白怎样超出理性的指导来构建内容。设计的核心要义就是组合文字、图像和信息，以此来构建理解。当这些元素都能在最大程度上发挥作用时，那最终所产生的创造性解决方案就能够激发人的激情、欲念、好奇心和兴趣。利用好先前的研究，设计师就能把自己装备好，最终的产出就能直接影响人们的偏好，创造巨大的价值。

接近顾客，能使你对人类情感有深入的理解。多年来，我花了很多时间和哈雷戴维森的车主们在一起，有时候是在公共场合，有时候是在私人场合。我观察他们是怎样在经销商那里下单的。我看

88

他们穿什么，吃什么，怎样与人交谈。我们还听取了哈雷戴维森的拥趸们的观点。因此，在市场部人员通过研究和分析收集到的数据和信息之外，设计师能以简单"在场"的方式挖掘到大量情感性的信息。我能证明，这种实打实的经历对于我们更好地理解和定义品牌的无形价值至关重要。这是一种幕后的辛苦活，能完善设计过程。

穆拉托夫斯基：你怎样向客户呈现你的研究呢？

阿内特：我们一般会呈现事实和分析，再结合一些建议。我们呈现研究，把它包装好，把内容整合成一系列的建议，再用创造性、战略性的立场作为支撑。没有两个项目是一样的，如果我们能清晰地呈现出品牌在市场中将有的优良表现，那么我们的客户就会看重我们。这也是我们能脱颖而出的原因，因为很多的公司只关注研究，只把自己的发现呈现出来。

穆拉托夫斯基：如果做的是大型的企业项目的话，那在设计开始之前是必须要先做研究的。但这类品牌也需要一定程度的真实性。那你是如何通过设计营造出这种真实性的呢？

阿内特：我采取的是一种考古学的方法，当然也不是真的考古学，而是说我会挖掘。我挖得很深。我们的发现是有研究工作来配合的，我们的办公室里也有一面墙，我们可以随性地在上面涂鸦。我们什么东西都挂在上面，有图画、文字、当下事件和历史事件，还有竞争对手的设计和品牌案例。这共同组成了一幅拼贴作品，活生生地把品牌所传达的感受呈现了出来。深入地挖掘这些内容，我们就能勾勒出品牌最终的形象和文案。

　　真正的挑战在于，要深入这些内容，而且要正视它们所造成的影响，如此才能将创造力发挥到极致。我们尝试找出在文字、图像、色彩等方面都别具一格的元素。我们也会做大量的竞争性分析。我们将自己的作品放到竞争的环境中，要让它在每个方面都极尽独特。

我们也会特别留意设计是怎样提升品牌形象和声誉的。如果把设计看成一种创造力、一种策略力的话，公司就能树立起经久不衰的品牌形象。我们的客户中，越来越多人重视设计师创造独特性和竞争力的能力。结果就是，我们可以看到设计正在经历一场复兴。

穆拉托夫斯基：黛娜，你提出了一些很有意思的观点。你把研究看作商业战略的基石，而设计则是将战略转化为一种独特的用户体验。你说你已经成功地在研究和设计之间建立起了关联，并且将这种关联作为VSA企业文化的一部分，这点很有意思。在实践中引入设计研究已经被证明是一种非常有效的方法，这点在你的客户哈雷戴维森、耐克、宝洁和IBM身上也清楚可见。你的经验表明，对一家公司来说，研究是最有效的方法之一，不仅可以帮助他们理解顾客的需求，也能明白顾客的情感偏好。不过，公司最终的目的还是要产出真正有创造性的方案，而VSA也没有忽视这一点。

黛娜，谢谢你接受访谈。[116]

4.4.3　数据分析

现象学数据分析的主要任务是，辨清人们在描述自己的经历时共同的主题是什么。把访谈转化为文字稿以后，你就要遵循以下四个步骤：

第一步：数据分割
第二步：数据分类
第三步：比较数据
第四步：描述发现

首先你要找出那些与主题相关的陈述。你可以把访谈中的相关信息和无关信息区分开来。然后你要把这些相关信息分割成句子这样的段落。每个段落都应该反映一个单独的想法。完成之后，你要把这些段落分类，所做的分类反映的是该现象的不同方面（意义），就像参与者所经历的那样。下一步，你要识别并比较这些参与者在经历这一现象时的不同方式。最后，你要对该现象做出全面综合的描述，就像是亲历者所见的那样。尽管参与者各异，场景也千差万别，你关注的重点应该是这些经历中共同的主题。[117]

4.4.4　准备一份报告

现象学研究报告并没有一种特别的结构。不过，和其他研究报告一样，你也可以采用以下列出的结构（图4.3）。

90
1. 引言
2. 研究议题
3. 研究方法与方法论
4. 总结
5. 建议
6. 附录：访谈实录

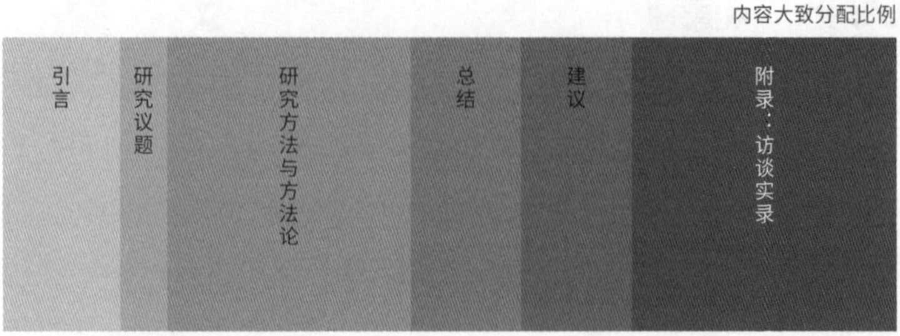

内容大致分配比例

图 4.3　现象学研究报告的结构

首先你要对你研究的现象做一个引言，然后提出研究议题。接下来，你要介绍你的方法论，包括你收集数据的方法，再解释数据分析的流程。在总结部分，你要对研究的现象做出一些总结，这部分可以是对这些参与者经历的综合论述。接下来，你要将你的发现同某一现有的研究理论关联起来，并探讨你所做的研究有什么实践意义。[118] 报告成功与否，就看其是否生动而准确地描述了这些经历。如果做得好，读者就可以把这份文本看成是对经历本身的叙述。[119] 如有必要，你还可以把访谈的文字稿作为报告的附录。

4.5　历史研究
Historical Research

历史是一条川流不息的长河，充满了各样的重大事件，各种琐事也在其中不断变化。历史研究处理的就是事件和变化，它考察当下和以往事件中的思潮和反思，希望从中找到能将它们联系在一起的方式，以此来赋予它们意义。不过，历史研究并非等同于研究历史。研究历史主要做的是收集并组织与某一重大事件相关的事实，或与某一人物、某一群体、某些机构相关的事件，或者某些思想或理念的起源。这类研究通常的目的在于做出一种"历史叙事"，描述的是尚需探讨的事件。而历史研究则不同,它讨论的是研究历史所不讨论的东西。历史研究也关注对事实的积累和组织,但它主要关注的是对事实的阐释。[120] 作为设计师,你可以有两种方式来进行历史研究:与设计史相关的研究;预测设计的趋势。前者关注的是过去,而后者关注的是未来。

设计史

在丹尼尔·J.胡帕茨(Daniel J. Huppatz)和格雷斯·利斯-马菲(Grace Lees-Maffei)看来,设计史就是"对设计而成的物品、活动、行为,以及相关学说的研究,旨在理解过去,建构当下,谋划将来"。[121] 无独有偶,克莱夫·迪尔诺特(Clive Dilnot)也将设计史视为对专业设计活动的历史的检验,更确切地说,是对设计活动的结果的检验。这其中包括设计而成的物品和图像,也包括设计活动背后的人和理念,比如设计师、设计运动、设计流派、设计哲学等。[122] 对维克多·马戈林来说,设计史研究的不仅是设计的历史,而且也将各种影响汇总起来,研究设计本身。据他所说,历史不过是设计史研究的一部分。[123]

对专业设计师来说,对设计的社会、文化、历史语境有深入的理解是非常重要的。迪尔诺特认为,没有这样的根基,设计就只能是"意外"产生的,是注定要失败的。[124] 而当下的设计新趋势也告诉我们,一个物件、一幅图像即便看来漂亮,甚至还满足了某些需求,但如果它不是以解决问题的思路来层层推进的话,就称不上是一种设计,只能算得上是某种艺术或工艺。[125] 设计史(或设计研究)最终是要回答"我们是谁?""我们做的是什么?""我们从哪里来?",还有最重要的——"我们要往哪里去?"这样的本质性问题的,以此让我们对设计领域和设计专业有基本的理解。

预测趋势

遵循相同的原则,我们就能对其他感兴趣的领域有相同程度的理解,甚至还能为其建立起一种探索将来的方式。如果我们想要预测某一领域的趋势和未来,这种方法尤为有用,当然这也适用于设计领域。[126]
不过,首先我得澄清一点:趋势并不等同于时尚。时尚指的是当下流行
的着装、行为、生活方式或其他表达方式。而趋势则是对社会和未来的
筹划。时尚是可以被制造出来的,但趋势却不能。你只能跟着趋势来,就
像你只能跟着天气预报来一样,所以我用的词是"预测"。[127]

预测趋势的方式和历史研究的基本上是一样的,不过有一个主要
的区别。后者检验的是过去的信息,事情发生了,才能收集数据。而预
测趋势的专家则在全球范围内寻找刚刚出现的趋势,并将其记录下来。
具体的操作方式是观测并检验在时尚、艺术、文化、色彩、消费习惯、建
筑、纺织等各个方面,包括政治、商业、技术等领域出现的新发展和新变
化。收集到了信息以后,就要仔细地分析数据,以确保其准确性、有效性
和影响力。然后要找出未来的主题,并且用"宏观趋势"(macro trends)的形
式来呈现分析。全球顶尖的趋势预测公司 WGSN 认为,这些趋势可能
会影响今后两年的商业界,也能全面地预告未来的消费情况。[128]不过话
说回来,如果你有意要做长期的战略规划,就需要将你的研究拓展到过
去和当下的趋势中,并且找一找未来可能会有的模式。而这些模式就被
称为"大趋势"(mega trends)。分析大趋势能让你筹划未来 50 年,而且这
种方法也能让你预测今后生活中可能会发生的巨变。主要的大趋势有
工业革命、消费社会的兴起,以及近来以迅速变化为特征的数字时代的
出现。在当今这个时代,全球规模的信息及通信技术频繁更新迭代,大
大改变了人们获取知识和彼此互动的方式。[129]预测大趋势不能同预测
宏观数据那样,确切地给出当下商业活动的细节,不过却能帮助一个组
织规划好未来的蓝图。一个公司就算再大,如果不提前做妥准备,也可
能会在未来的趋势变革中惨遭淘汰。因此可以说,大趋势变革对小公司
和大公司的影响是同等的。

93   近年的大趋势变革有一案例,就是摄影的介质从胶卷转为了数码。
克里斯蒂安·桑德斯特伦(Christian Sandström)认为,许多曾风光一时的公
司——如宝丽来、勃朗尼卡(Bronica)、康泰时(Contax)、爱克发(Agfa)、柯尼

卡美能达(Konica Minolta)、伊尔福(Ilford)等,都因数码成像的出现而被时代所淘汰。摄影产业的其他一些优秀企业——如柯达、哈苏(Hasselblad)、宾得、玛米亚(Mamiya)、徕卡、富士则损失惨重,险中求生。还有一些,如佳能、尼康和奥林巴斯,则为这场变革做好准备,仍和以往一样经营有道。桑德斯特伦指出,令人吃惊的是,恰恰是那些以往在摄影产业没有经验的公司反而在这一变革中获得了成功。电器企业,如卡西欧、索尼、惠普、三星,都是在数码变革之后才进入了摄影产业,它们迅速填补了市场的空白。如果将手机摄像头也纳入考量范围,那我们甚至可以说,这一趋势还将继续下去,直至数码技术完全饱和。[130]

如果说预测趋势意味着思考未来,那它也隐含着一种系统性或战略性的路径,让人们可以对未来做出预测,为乱象做好计划,为变革做妥准备。有很多方法可以促使我们思考未来,包括历史研究,可以让我们进行数据和趋势分析的历史研究;还有模式识别(pattern recognition)、直觉和想象。前瞻性是一种迭代的、结构性的过程,思考的是各样的可能性和角度,其目的是为了找到各种令人满意的、可持续的行动步骤。因此,预测趋势并非是对未来的预言,而是对"如果……会……"的追问。提出好的问题最终能帮助社会和组织更好地理解今天所做的决定、所采取的行动将有怎样的潜在影响和后果,也能为今后铺好道路。[131]

4.5.1　进行历史研究

很多事情表面看来是偶然发生的,但实际却很少如此。如果你仔细研究事件发生的先后顺序,以及事件所处的背景,就能看出,事件之间是存在着某种模式的,这些模式将事件勾连起来,并赋予其意义。因而,开展历史研究的任务就不只是描述发生"什么事","何时"发生,也得给出有事实支撑的根据,说明这些事情"为何"会发生。[132]

好的历史研究提出的议题涉及长期存在的相关问题,这些问题要么是能够造福学科内外知识整体的;要么能够为你提供与实践相关的信息。你构思好问题后,就要确定当前相关历史研究的空白之处。这也就是说,你要熟知与这一课题相关的文献,找出新的研究可能性。你不一定非得发现文献中存在着"缺失的环节",如果你能重新思考现有历史数据的阐释方式,并且为历史证据给出新的其他阐释方式,那也是同样有效的。[133]

94 　　你还要考虑的一点是:不应以今日的价值和标准来判断或评价早前的人物、事件和概念。而是应该尽力理解事物发生时的周遭环境。[134] 要做到这一点,你在考察这些事物时就不仅要以时间顺序来看,而且还要将其放在"历史时间"的语境中来看,也就是说,要观察差不多同时发生的其他类似事物;并且要考虑"历史空间",即发生在其他地方,但未必在同一时期发生的类似事物。[135]

　　这么做的原因有几点。与很久之前发生的特定事件相关的历史数据往往会营造出一种幻觉,让人误以为事物是紧密联系在一起的,但事实并非如此。另一个原因是,事件的发生往往不是孤立的,还有其他间接相关的事件,而这些事件则可能引发了你所研究的那些事件。例如,某一种设计趋势之所以出现,可能并不仅因为是流行,更有可能源于某种外部影响,比如某地资源匮乏或丰富;本地或全球性的经济危机;战争;特定时间内的社会、政治、环境问题,等等。[136] 诸如此类的例子有英国的标志性汽车设计——Mini,这是莫里斯(Morris)设计团队为英国汽车公司(British Motor Corporation, BMC)设计的一款产品。这款高效的小型汽车产品并不是时尚的产物,而是由1956年苏伊士运河危机引发的能源短缺的产物。Mini于1959年问世,后来它成为那个时代汽车设计的标杆。[137] 这个例子很好地解释了一个地区性的问题是如何影响其他地区的设计的。

4.5.2　　数据收集

　　历史研究以采集相关历史材料为手段,旨在对历史事件进行重构或阐释。这些材料的来源既可以是一手的,也可以是二手的。

一手资料

一手资料是你在考察过程中得到的数据。这常常包括见证人或亲历者的声明或口头访谈。除此以外，你还可以将各类文档、人造物也作为支撑性的一手资料囊括进来。这包括报纸文章、书信、个人日志或日记、照片、影片、个人物品，或其他有文化含义的物件。一手资料也包括由政府或非政府组织发布的公开的录音录像。[138]

研究公共或私人档案馆收藏的文档、文物往往收获颇丰。如果你研究的档案是先前没有人研究过的，那收获就更大了。好的档案能让你对先前没有接受过学术考察的事物产生深入的洞见。这类研究能使你从一手资料中产生一手数据，并最终对你所研究的知识领域做出原创性的贡献。[139]文献证据在数据收集的过程中扮演着重要角色。如果结合其他信息，如档案录音录像、访谈、观察等，你还能将某一时期的某一情况绘声绘色地描述出来，并且对真实发生过的事件做出可信的假设。[140]这种研究非常重要，能够成为大量检索和分析的对象，但也并非每次都如此，有时候这种研究的相关性很小。因此，在将档案或文献记录用于研究之前，你先要确定这类研究是否适合你的项目，如果合适，你也要先理解这些记录所处的语境、所面对的受众。[141]口述历史访谈虽能制造出新的一手资料，但你也得留意，受访者对事件的复述未必总是准确的。因此，你需要对好几个人进行访谈，对他们的声明做交叉引证，然后再看看受访者们讲述的故事是否同样或近似。如果确实如此，那么你就可以自信地说，这些访谈为你提供的是事实，但你也要小心，千万不要对个人经验做过度概括。[142]

二手资料

另一方面，二手资料则是对过往的研究所做的阐释或历史总结。其形式包括书籍、期刊文章、纪录片等。二手资料在研究的初期很有用，因为它们能为你提供有关某一课题或某一时期的已有知识，为你提供研究起点，还能帮助你找到自己的一手资料。[143]

定位了研究议题相关的历史数据后，你就要确定数据有效与否——也就是说，要看看你找到的数据是否真实可靠。[144] 在此过程中，你要回答以下两个问题：

- 你找到的材料是真实的，还是捏造的？
- 如果材料是真实的，那么它所呈现的观点是带有偏见的、片面的，还是客观的？

采集历史数据是一项艰巨的任务，因为你就一个课题收集到的信息是海量的。因此，重要的是，你得建立如何采集数据、如何利用数据的系统。一个好方法就是设置各种类别，比如课题、文件类型、日期、作者、地点，等等。然而，你会看到，你的发现会同时出现在多个类别中，所以你得为同一份材料制作多个副本放在相应的类别中。处理方式之一是，应用分类系统，并以时间顺序、地理位置、历史任务、次级主题等为依据罗列材料。[145] 这种工作系统确实很繁琐，要花费大量的时间，但它能大大简化之后的数据分析过程。

4.5.3　数据分析

分析和阐释是所有历史研究都具备的关键元素。若没有这些，你要么是在堆砌事实，要么就是在讲故事。在分析时，你需要考虑以下三个步骤：

第一步：解释信息所处的语境
第二步：确认事实的有效性
第三步：找出事件背后的原因和动机

历史研究分析需要在多个语境下思考信息，衡量事实的有效性，也要仔细考虑所研究的事件或相关事件背后的所有原因和动机。[146]

4.5.4 准备一份报告

历史研究报告的风格和形式多种多样。一份好的历史研究报告是引人入胜的，与大多数研究报告不同，很多写得好的历史研究报告常常能位列畅销书榜单。[147] 以下是构思报告时可以用到的建议（图4.4）：

1. 引言
2. 示例
3. 讨论
4. 反思
5. 结论

你应该在报告开头就声明自己的立场。之所以要这么做，是因为你不只要呈现数据，也要阐释数据。要开宗明义地提出你的发现，不要让读者揣测。然后，你要给出几个案例研究，用来支持你在引言中提出的立场。这将增加研究的可信度，也能就此提升你本人的可信度。如果你的阐释与其他研究人员的都不一样，这并不罕见。你很有可能是发现了一些不为人知的元素，这些元素对事件产生了不同的影响。无论是哪种情况，你都要将所有的相关阐释都描述一番，并且给出支撑或质疑这些阐释的证据。以此类推，你还应该确定并指出与你的发现相关的所有顾

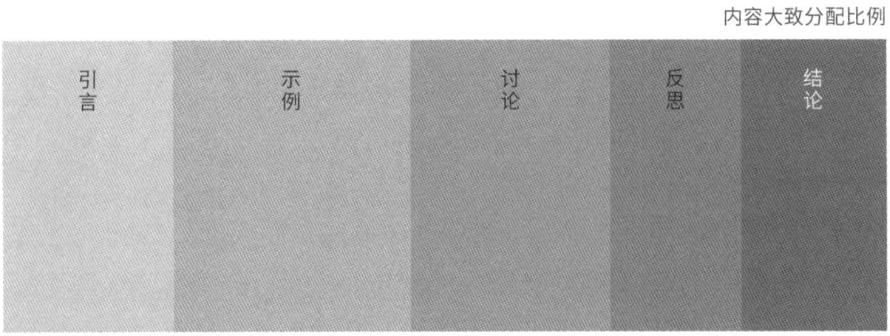

内容大致分配比例

| 引言 | 示例 | 讨论 | 反思 | 结论 |

图 4.4　历史研究报告的结构

虑和弱点。你最好能够找出所有潜在的问题，直面这些问题并解决它们，而不是等别人来做。由此，你将自己塑造成一个可靠而客观的研究人员。只要你还在系统地进行工作，找到你研究中的空白或问题就未必是件坏事。很多优秀研究报告的结尾都为之后的进一步研究打开出路。借此，其他研究人员就能够在你工作的基础上开展同一课题的研究。[148]

4.6　扎根理论
Grounded Theory

98　　　扎根理论是最不可能从某一特定的理论框架着手的研究。扎根理论从采集数据出发，研究人员利用这些数据，就某一问题发展新理论。术语"扎根"指的是这样一种理念：从研究中产生的理论是基于各种来源的数据的。[149]

扎根理论是一种高级的研究形式，需要对各类研究技巧有深入的了解，也需要对与研究课题有着直接或间接联系的诸多领域都有跨学科的知识。因此，这种研究路径用于超学科研究最合适。开展扎根理论研究的研究人员倾向于关注那些先前未经过深度研究的领域，或者是那些尚无明确相关理论的领域。实际上，正是因为缺少相关的既有理论，才会有扎根理论，其目的就是建立一种新理论。[150] 扎根理论本身很复杂，涉面又广，因此研究新手最好不要使用这种路径。

开发新理论，将其作为某种形式的"蓝天"研究，[1] 这样的做法在产业界并不常见。因为在实践中开发和完善新理论需要花费大量的时间和财力。除非一个组织准备好要在研究和开发过程中投入大量资源，不然扎根理论最好还是先在大学和各类研究中心，或在博士阶段进行，之后再应用在产业界和政府。还有，在所有研究路径中，扎根理论或许是最适合用于设计领域的研究工作，因为这是个不断改变的领域，没有明晰的定义。[151]

---

[1]　blue-sky research，"蓝天"研究，指的是不能立刻应用于"真实世界"的研究，也可被称为"无明确目标的研究"或"好奇心驱动的研究"，有时也相当于"基础研究"。——译注

4.6.1　　进行扎根理论研究

扎根理论旨在开发新理论,其手段是使用多种形式来收集和阐释数据。[152] 在大多数情况下,这类研究关注的是某种流程,其最终目标是开发有关这一流程的理论。这种类型的研究能够检验很少有人研究的超学科领域(如:如何使用宗教和政治宣传手段来开发有说服力的品牌战略)。[153]

4.6.2　　数据收集

在扎根理论研究中,没有特定的数据采集方法,你可以采用各种可行的方法。因此,研究过程也就很有弹性,很有可能会颠覆整个研究流程。这种研究路径的与众不同之处在于,其数据分析过程是与数据收集过程同时开始的。进行扎根理论研究的研究人员一有数据就要开始做分类。随着数据收集过程的继续,每个类属(category)下新的数据进一步饱和(尽可能地了解每一个特定问题),你还要找寻否定性的证据,看看那些类属及其彼此间的关系是否需要修正。随着工作越来越深入,状态越来越提升,数据分析就会开始驱动数据收集。数据收集和数据分析之间的循环还需继续,直到形成清晰的理论。也就是说,新理论是基于无数的概念及其互相间的关系的。[154]

4.6.3　　数据分析

在扎根理论中,用以进行数据分析的方式数不胜数,究竟哪种方式最好,专家们常常对此意见不一。最常见的一种方式包含以下五个步骤:

第一步:开放式编码(open coding)
第二步:轴心式编码(axial coding)
第三步:修正数据
第四步:综合发现
第五步:建立理论

遵循这一路径，首先你要做的是将数据切分成段。接下来，你要找出各类或各主题间的共性。完成这一分类之后，你就要开始找出各类属的"特性"，比如某一属性或某一子类属（subcategory）。这就是所谓的"开放式编码"。开放式编码将数据转化为一系列的主题，用以描述所调查的现象。而轴心式编码的作用则是建立类属与子类属之间的联系，它关注的是以下几个与类属相关的问题：

- 有哪些条件促成了这一流程？
- 这一流程是处在怎样的语境中的？
- 人们用什么策略来管理这一流程或实行这一流程？
- 这些策略会导致什么结果？

这一阶段你需要在数据收集、开放式编码和轴心式编码之间循环往复，不断地对类属及其互相之间的关联进行细化，直至饱和。接下来，如果你认为收集的数据、类属及其相互关联已经足够，你就可以依此形成一条故事线，用来描述这一流程的机制。而这接下来就可发展为一种理论，用以解释这一流程。这一理论可以采用陈述、视觉模型，或一系列假设的形式。理论应该描绘流程的演化特性，并且解释某些特定的条件是如何导致某些特定的行为或互动的。[155]

据利迪和奥姆罗德所说，这些步骤是以严谨且系统的方式架构起来的，对于将庞大的数据缩减为简明的结构化框架非常有用，但有些研究人员认为这种处理扎根理论的方法"过于结构化"，会限制研究人员的灵活性，甚至会过早地将类属确定下来。[156] 确实这是一种极为复杂的研究形式，我建议读者在进行此类研究前对其做进一步的延伸阅读，并且向熟悉扎根理论的资深研究人员或导师请教。

100

4.6.4　准备一份报告

扎根理论的报告风格一般来说是正式、客观、中立的。你可以按以下所列结构来准备报告（图4.5）：

1. 引言
2. 研究议题
3. 文献综述
4. 方法论及数据分析
5. 呈示理论
6. 意义
7. 结论

在引言中你应当设置好你研究的语境，接下来开始描述研究议题。之后，你应当解释一下，你在研究的过程中是如何将议题细化的。在进行文献综述的时候，请确保你在使用文献时，并不是将其作为一种提供概念或理论的手段，而是将其作为构建基本原理和语境的方式。然后你要描述你在研究开始时就采取的路径，并要解释你的研究路径是如何随时间演化的。你还要概述所有采用过的方法和方法论。你还可以解释各个类属及其各自的属性，以及数据分析是如何驱动数据收集的。最

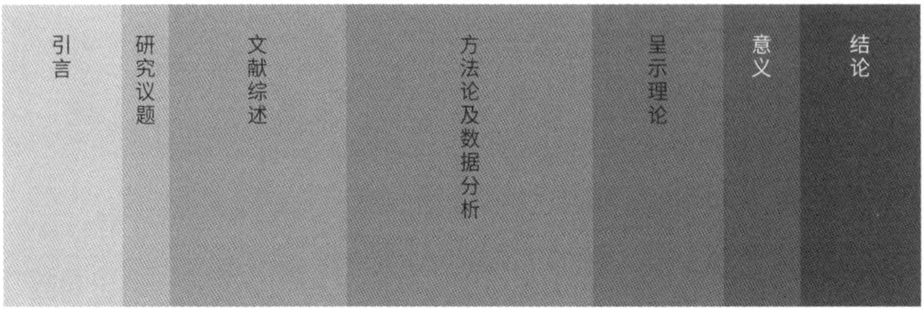

内容大致分配比例

引言　研究议题　文献综述　方法论及数据分析　呈示理论　意义　结论

图 4.5　扎根理论研究报告的结构

后，你要呈示你的理论。你可以摘录一些数据来说明和支持你的主张，

101   并在其后解释，你的理论与其他理论性的观点有何相似和不同之处，你的理论与该领域中的现有知识有何关联，你的理论对于实践以及进一步研究有何潜在的意义。最后，你可以对研究做一个总结，重申研究发现中的要点，以此作为结论。[157]

4.7   优秀定性研究的特征
Hallmarks of Good Qualitative Research

研究人员大都同意，优秀的定性研究有九个基本特征：

- 有目的
- 公开
- 严谨
102
- 开明
- 完整
- 连贯
- 有说服力
- 有用
- 有共识

在优秀的定性研究中，研究议题能够凭借数据收集和数据分析的方法论，驱动研究的目的。研究方法必须是严谨、准确和透彻的。并且，在研究的一开始，研究人员就已经开诚布公地表明自己的假设、信念、价值和可能的偏见。此外，研究人员也能够在整个研究过程中保持客观的立场。

除去这些，研究也能够显示出，如果新的数据与先前收集到的数据相冲突的话，研究人员是愿意对其所做的假设和阐释做出调整的。研究工作本身也能显示出，研究的对象已经在各方面都得到了考察。这也就

是说，研究人员已花了大量的时间来研究问题的所有细节，因此这项研究是完整的、多面向的。还有，这项研究的发现是前后一致的，而数据中所有的自相矛盾处都已得到了检验和调和。并且，该研究的论点是以逻辑的、有说服力的方式提出的，而且有实证性的证据来支撑。结论则起到了以下三种作用中的一种：

- 更好地理解了所研究的现象
- 对未来的某一事件或某一系列事件做出长效的预测
- 列举一些能够改善生活质量的干预手段

最后，该项研究还通过了同行的评审或利益相关者的检验，研究所做的阐释和解释被认为是有效和有用的。[158]

4.8　小结
Conclusion

定性研究是一种深度的研究方法，在你需要对一个课题加深理解的时候，就可以使用这种方法。这种研究首先是基于开放性的议题和对数据的阐释。因此，这种研究包含了各种形式的数据，其来源也多种多样，并且从各个角度都得到了检视。与任何形式的研究一样，定性研究需要周密的计划和大量准备工作，这包括要对先前同一或近似课题的研究有深刻的理解。

如果你想要理解某些情况、场景、流程、关系、系统或人，你就可以使用定性研究；也可以在真实世界中用它来检验某些假设、主张、理论和分类的有效性；或者用来判断某些政策、实践或创新是否具有效用。由于定性研究有能力处理复杂的问题，对于设计师来说非常有用，尤其是在构建对当代问题的理解时。

4.9　总结
Summary

在本章中，我解释了在设计中使用定性研究有哪些好处，也介绍了设计领域最常见的一些定性研究路径。这其中包括案例研究、民族志、现象学、扎根理论和历史研究。

案例研究这种路径为你提供一些工具，让你可以利用各类数据来研究一些复杂或鲜为人知的现象。这种路径可以让你对特定时期内、特定语境中的某一任务、项目、事件做深度考察。案例研究中的数据收集来源多种多样：直接观察、参与式观察、访谈、文档、报纸文章、官方记录、实物，以及各类音像材料。在分析数据时，可以遵循五个步骤。你将案例相关的细节组织起来，对数据进行分类，找出其中的模式，对信息进行总结和分类。案例研究的研究报告没有既定的格式；你可以讲述一个故事，也可以按时间顺序做报告，还可以系统地陈述各个组成部分。这取决于你要说的是什么，你的报告对象是谁，他们希望看到的是什么。

民族志研究的是发生在各类人群和社群中的社会性互动、行为和观念。民族志研究人员的主要目标是阐释其所研究的文化。因此，民族志研究在设计领域中的角色非比寻常。通过研究课题所处的社会和文化语境，我们可以为设计受众营造出更佳的日常体验。这类研究是一种深度的系统研究，其方式是观察或参与所研究人群的生活。在民族志中，与人交谈是十分关键的。不过，尽管了解你所考察的社群的语言很重要，但也不是说你非得使用这种语言，要看情况而定。你还要留意，如果你长时间地进行田野工作的话是会有风险的，你可能会在情感上被牵扯进去，继而失去了对情况进行准确判断的能力。由于工作性质使然，民族志研究中的数据收集和数据分析过程往往是同时进行的。因此，及时且详细地做田野笔记非常重要。除了做田野笔记，你还应当考虑是否要进行一些拍摄，比如录制一些视频或音频，以此来作为笔记的补充。

现象学研究路径旨在理解与各类现象相关的参与者体验。换言之，这种研究关心的是人们如何经历各类事物和事件。这种路径可以被单独使用，也可根据所涉及的整体问题，结合使用其他研究路径。现象学研究的主要方法是深度访谈。典型的现象学访谈看上去应形同非正式谈话。不过，你还得注意，即使你对所研究的现象有个人经验，你也得保持公正客观的立场。

从本质上来说，历史研究的目的是对过去做出阐释，其方法是检验早前成型的各类理念、信念和价值。进行历史研究时，你的工作并非仅仅是描述"什么""在何时"发生，而是要呈现有事实证据来解释这些事情"为何"会发生。这类研究是基于一手和二手资料的证据，以及对其的分析。如果你研究的是设计史，历史研究就会是你主要的研究路径。不过你也可以将历史研究用在其他地方。了解过去，也能帮助我们探知未来。好的历史研究提出的议题，所关心的是造福学科内外知识整体的相关长期存在的话题，或者能为你的实践提供相关信息。通过历史研究，你可以了解当下行为的因果关系和模式，以此，可以预测你目前所在的领域或其他你可能会研究的领域的未来趋势和可能发生的事情。历史研究报告的风格和格式是多种多样的。

扎根理论需要研究人员使用各类研究技巧，也要求他们对研究课题直接或间接相关的诸多领域有广泛的理解。扎根理论的主要目的是为一个尚无理论基础或缺乏清晰的理论关注点的领域开发一种新理论。在扎根理论研究时，没有既定的数据收集和数据分析方法，各种方法都是可行的。其研究过程也相当有弹性，可以随着研究的进行而不断演化，但始终都要保持严谨。这类研究与其他研究的不同之处在于，其数据分析过程是与数据收集过程同时进行的。扎根理论的研究报告一般来说是正式、客观、中立的。

第五章 定量研究

关键词

106   如果你有意在企业里工作,或者要为企业的潜在客户准备一份设计计划书,那么你就需要培养足够的定量研究能力。许多商业领袖都更乐于看到关于各类市场报告或商业报告的定量研究,而非定性研究,因为后者常常被误认为是一种揣测。

在红点设计奖主席彼得·泽克(Peter Zec)看来,对企业界的设计价值做出量化,其目的是为了更好地衡量设计可能带来的经济风险和回报。泽克进一步指出,对设计进行量化,能帮助企业更好地开发概念和设定目标,由此更明确自己的战略性设计管理。人们常常将定量研究作为一种基础,在此之上对经济目标和未来规划做出计算。此外,这类研究也用来对各同行和各行业做比较。[1]不过,要做定量研究并不容易。以统计学的术语来衡量设计成本高昂,又很成问题,这主要是因为我们不能简单地将设计的产出从广义的商业语境中剥离出来讨论。[2]不论如何,定量研究还是有一些基本类型的,比如调查和实验,这些是你可以在设计实践中采用的。首先,让我们看看定量研究的本质。

5.1   什么是定量研究
What Is Quantitative Research?

定量研究是一种通过数值和可量化的数据来得出结论的实证研

究。换言之,这类研究所使用的数据是可以测量的,也是可以被单独验证的。定量研究中的结论或基于实验,或基于客观系统化的观察和统计。因此,这类研究常常被视为是"独立"于研究者的,因为它依据的是"对现实的客观测量",而非研究人员的个人阐释。[3]定性研究是用于构建新理论的深度研究,定量研究则与此不同,主要用于简化和归纳事物,描述特定现象,以及找出"因果关系"。[4]

定性研究用于开发新理论,而定量研究则主要用于两件事:测试或验证现有理论;采集统计数据。[5]由于这样的特性,定量研究主要关心的是,根据系统观察或数值数据的收集来衡量态度、行为和观念。使用收集来的数据来证实或推翻一些理念或假设。分析和结论都是基于理性推理的,这是一个逻辑过程,需要人反复地观察某一现象,基于事件发生的高概率或可预见性最终得出结论。[6]

定量研究可用于多个方面。例如,你可以用定量研究来进行各类用于设计或市场研究目的的调查,也可以用来为新产品或新应用(视觉的或实物的皆可)进行用户测试。例如,一些定量研究会提出如下的疑问:

- 青少年使用手机的习惯是怎样的?
- 年长者对于退休住房的态度如何?
- 品牌在脸书页面上收到的"赞"的数量和品牌产品本身的真实销售情况之间有怎样的关系?
- 一个新的网页交互对一般用户而言有怎样的效果?
- 人们怎样看待新的产品特性?

和定性研究的议题相比,定量研究专注于更具体的事物,也就是能被衡量或量化的事物。例如,我们可以量化青少年使用手机的频率,出于何种目的,使用时间的峰值等信息。我们可以通过调查来了解老年人对于退休住房的态度,调查能告诉我们有百分之多少的老年人反对或接受将退休住房作为一个选项。我们能测出一个品牌在脸书页面上得到的"赞"数量与产品的实际销售情况间的关系。我们也能进行用户测试实验,以此获悉一个新的网站交互对典型用户的影响是积极的还是消极的。同样,我们也能衡量新的产品特性对老款产品有何影响。

运用这些考察方式,我们就能为所研究的话题制作一幅"快照"。根据我们想要获知的内容,我们可以在研究的各个阶段都使用定量研究:在最初(如果我们想要界定问题);在设计开发阶段(如果我们想要测试设计的当前状态及其在目标市场的接受情况);在最终阶段(如果我们想要衡量某一设计的接受度或其产生的效果)。

定量研究有很多方法。不过,此处我要讨论的是进行定量研究最重要的两种方法:调查和实验。这两种方法都需要你留心两个关键事项:场景,也就是你在何处,以何种方式进行研究;抽样,也就是你怎样选择参与者。你对场景和抽样的选择都会对你的研究结果产生很大的影响。

5.1.1   场景

定量研究可以在外部进行(在田野工作的自然场景中),也可以在内部进行(在研究机构内的可控环境中)。就有效性而言,两者各有利弊。内部场景的有效性是很容易在实验室中建立起来的,因为研究人员可以控制实验中所有可能会影响效果的因素。这类研究的问题在于,测试条件是理想的,但不太可能像真实的世界。因此,这类研究不容易推广,也不容易运用到实践中去。

基于实验室的研究常常被科研人员视为"黄金标准";不过,在实践应用中,外部研究才更有价值。话说回来,外部研究是在真实世界的环境中进行的,研究人员也就无法控制所有可能会影响结果的变量。"变量"这个术语指的就是"可变的事物",也是一个技术性的术语,指的是人可以测量的事物。

这也就意味着,由于环境本身的不可预测,外部研究的结果常常不尽人意。研究结果要能够在本项研究之外的群体和场景中被归纳和应用，只有这样，外部场景中的有效性才能得到保证。因此，外部研究需要重复多次，有时还要在多种场景下重复，直至研究人员确信结果是有效的、有普遍性的。[7]不论是外部场景还是内部场景，测试一旦完成，研究人员就要测定并分析结果，然后以统计学的方式，做出与参与者相关的普遍性结论。[8]

5.1.2 抽样

另一个需要考虑的重要因素是对参与者的挑选。这个流程称为"抽样"。你在进行定量研究的时候，要从一个特定的人群（也就是与你研究相关的群体或社群）中挑选参与者。你不可能测试每一个人，你只能从该群体中随机挑选出来一些人来测试。这些随机挑选出来的参与者在群体中具有代表性。但你永远无法确信你找到的是理想的代表性样本，而且可能也真的做不到这点，不过，你的参与者样本越多，研究的有效性就越高。[9]在研究计划和之后的研究报告中，你都需要给出下列信息（图5.1）：

1. 引言
2. 人群描述
3. 规模
4. 个体特征
5. 分层
6. 切入点
7. 过程
8. 样本规模
9. 仪器
10. 总结
11. 附录：说明信

109

内容大致分配比例

引言　人群描述　规模　个体特征　分层　切入点　过程　样本规模　仪器　总结　附录：说明信

图 5.1　抽样报告的结构

　　首先，你应该先简要地介绍你的研究，以此来设定语境。接下来你要确定并描述自己要研究的人群。然后，如果这一人群的数量是确定的，你也要提供相关的信息。此外，你还要说明你是怎样确定这个人群的，他们的个体特征又是什么。你可以用定量研究来获知这些，如果已经有相关信息，你也可以文献综述为依据。之后，你还要确认，在挑选样本前，是否要先对人群进行分层。"分层"意味着，个体的具体特征（如性别、年龄、收入水平、受教育程度）都呈现在了样本中，这样就能看出所挑选的样本是否反映了这些个体在整个人群中所占的真实比重。你还要说明各种样本的人数。接下来你要说明自己是怎样接触到这一群体的。例如，如果你考察的是一个少数民族群体，你可能会去探访他们的社群中心。给出了这些问题的答案之后，你就要描述一下自己抽样的过程。你需要想好如下几个问题：

- 你会公布你的研究项目吗？
- 你是直接与这些人接触的吗？
- 你怎样确定合适的参与者？
- 你会用哪种调查工具来收集数据？

　　完成这些以后，你要对以上内容做个总结。最后，你应该在附录中附上一封你用来邀请参与者的说明信。[10]

5.2 调查
Surveys

110　　　调查是统计学研究中最为人所知的形式,而且有可能是定量研究中最被广泛使用的形式。调查的目的是为了记录人们的特征、观点、态度或以往经验。[11] 这类研究向某一特定人群提出一些问题,以此来获取信息,然后将他们的回答以结构化和系统的顺序组织起来。

　　　从一群街坊所发起的简单请愿、一个意在探知人们对某些政治候
111　选人的态度的民意调查,到由政府发起的全国人口普查,调查是我们日常生活中常见的活动。调查的设计貌似简单,但实际上,要正确地完成调查需要研究人员具备渊博的知识。不过,一个研究人员虽不可能对整个人群进行调查,却能利用精心挑选的样本来进行有效的调查。

5.2.1 进行调查

　　　在进行调查研究时有几件事需要留意。乍看之下,调查好像在设计上很简单,但筹划调查中的提问却并非易事。这类研究一点也不比其他类型的研究要求低,也一样不容易。尽管你的初衷是提出清晰明了的提问,你仍有可能提出模棱两可的、有误导性的问题,或者得到的回答是很难处理的。甚至很多时候,有些提问对研究目标来说毫无用处。例如,你不应试图在一个提问中获取太多的信息,因为这样你得到的答案可能会令你摸不着头脑。因此,要把每个提问都限定在一个点上。一个好的调查在筹划和执行方面都有很高要求,构思好的提问需要花费相当多的时间。调查研究的基本流程是:研究人员准备一系列提问,找出有意参与的参与者(他们得在调查人群中具有代表性的),向他们提问,总结他们的回答,计算出在每个提问或每个个体特征(如年龄、性别、所在地等)中每类回答所占的百分比,然后基于收到的回答对该人群做出结论。[12]

　　　调查研究的核心在于提问。调查的可靠性和有效性取决于其筹划和执行的方式,其最本质的部分则是提问形成的方式。[13] 在进行调查研究

的时候，你要考虑的事情和进行定性访谈时是一样的。在准备提问、设定调查时，你应该遵循的流程同准备访谈时是一样的。两者的主要区别在于，在调查时你提出的问题所得到的回答应该是可以量化的。你还要考虑到，你得将他们的回答编好编码，然后再对这些编码进行统计分析。因此，你得先制定好一套合适的编码方案。不过，这也不是说你非得把每件事都量化。一些开放性提问会给你一些新的角度，或者能让你更有洞见。定量研究和定性研究相结合的研究方法被称为"混合方法"研究。

你要留意的是，这类研究攫取的仅仅只是"一瞬间"，这点就和拍照片一样。这也就是说，调查结果的有效性仅限于特定的时间，不能视作恒常。人的态度一般随时间而改变，同样一个群体在今后面对同样的提问时，很可能会给出不一样的回答。而且，你还得注意，你依据的是所谓"自我报告"的数据。这也就是说，这些人告诉你的是他们所认为的真相，或者是他们以为你想要听到的答案。你要牢记，人们的观点常常是基于某一立场的，对于你的提问，他们未必有足够多的思考。还有一些时候，人们可能误解了你的提问，甚至可能歪曲了事实，尤其在他们想要好好表现自己的时候。你还要留意，很少有人愿意承认自己曾参与过一般公众不接受的行为。[14]

还有一些注意事项。如果你要问一些有争议或敏感的问题，就请把这些提问放在调查的后半部分。这样可以先给参与者一些时间来进入状态，与你建立起融洽的关系，然后你在进行后面棘手话题时就会容易很多。一个追加性的提问，如"你能对此再说一些吗"，常常会让你得到一些附加的信息。最后，你还应当找一些志愿者做预演，这样你就能在正式调查前先对调查进行测试。这给了你完善提问的机会，从长期来讲也能为你省下大量的时间。[15]

5.2.2   数据收集

定性研究的访谈是相当具有开放性的，与定性研究截然相反的是，调查研究的访谈却是高度结构化的。在结构化的访谈中，研究人员不

图 5.2　为调查做计划时需要考虑的几个方面

仅要提出一整套的问题，还要给出回答的选项，让参与者可以从中做出选择。在半结构化的访谈里，除了有一整套提问，研究人员一般还会向参与者提一个或多个量身定制的问题，以便进一步明确信息。除这些以外，在为调查做计划时，你还应考虑以下这几个方面：简洁、清晰、焦点、选项、偏见、一致、设计（图5.2）。

简洁

对许多人来说，完成一份问卷常常既烦人又浪费时间。所以你要将问卷做得尽可能简短。要做到这点，你的提问就应该围绕着研究项目的关键信息。要知道什么才是至关重要的，你可以问问自己两个问题：

- 为什么我需要知道这点？
- 这能怎样帮助我解决我的研究问题？

请不要在问卷中使用三个以上的开放性提问。这对参与者和你而言，都是种压力。如果你觉得有必要深入讨论，那你就应改而使用定性研究。还有，如果你在问卷的一开始就说明此问卷将耗时多久，那也是有帮助的。当然这只是一个估量，实际耗时未必如此，但还是能帮助潜在的参与者们决定马上就接受调查还是以后再说。最常见的情况是，人们担心做问卷会花太多时间，所以如果他们一看问卷很短，就会比较乐意去完成。你可以在做试点问卷的时候就估算一下完成所需的时间。

清晰

你要确保问卷易于阅读和回答，每个人都能以同样的方式理解这些提问，所以你要使用简单、没有歧义的语言。因此，请避免使用复杂的术语、含混不清的用词和行话。也不要使用无明确意义的词语，如"若干""一般"，这样的词对不同的人而言意思是不同的。请在每个阶段都给出明确的指引。参与者应能确切地明白你的意思。不要假定他们已经知道怎样回答问卷了。提问越短越好。冗长的提问会令参与者感到困惑，有时候，人们读到提问的结尾时甚至已然忘了提问的开头是什么。

焦点

　　提问应该聚焦在单一的、具体的话题或主题上。这事情说起来简单，但做起来并不容易。比如说，你可能想确定并衡量参与者的购买偏好。你很可能会提这样一个问题：你最喜欢什么品牌？

　　不过，这个问题并不恰当。人们常常喜欢自己买不起的品牌，下单时，他们会买承担得起的品牌。因而，正确的提问是：你在购买（某物）时，通常会选择哪个品牌？或者也可以提这样的问题：这些品牌中你最倾向于买哪个？

　　这两个提问都有明确的焦点，表明你想知道的是什么。类似的提问还有：你通常什么时候去上班？这种无焦点的提问会让你得到多种回答。比如，一个人可能会这么回答你：

- 我上午9点开始上班。
- 早上。
- 我上午8点离开家门。
- 我坐上午8:30的列车去上班。

　　因此，提问可以改成：你通常几点出门上班？紧接着的提问可以是：你总是这个时间离家上班吗，还是看情况而定？

　　在这种情况下，如果参与者并不遵循普通的工时制（如周一至周五，9:00—17:00），你就要让参与者们有相应的选项，可以解释自己的工作模式。另一个容易犯的错误是所谓的"双管(double-barrelled)提问"。两件并不必然相关的事物被捆绑在了同一个提问中,这样的提问就叫作"双管提问"。比如这样的:你经常去看电影并且买爆米花吗?

一个人可能确实经常去看电影,但并不经常在影院买爆米花。那参与者能怎么回答?所以你的提问最好改成这样:你去影院看电影的时候,会买爆米花吗?如果回答是"是",那频率如何?每次、有时,还是很少?

选项

不要假定或暗示任何事情。在开始问某活动的具体细节之前,请先让参与者们有选项可以表明自己是否参与了这一活动,如果是,再问频率。比如说,在你问别人他们通常会将什么东西发在脸书主页上前,你先要确定这个人是否使用脸书,如果是,再问频率。如果你不先问这两个问题,你得到的回答很可能是误导性的:首先,这个人不一定使用脸书,但他还是会回答你的提问,因为你没有给他其他的选项;其次,活跃和不活跃的脸书用户会表现出截然不同的线上行为。将他们混在一起会将误导你的调查结果。

偏见

如果问卷表现出对某件事物的偏爱或厌恶,就会将参与者导向特定的方向,那我们就可以说,这份问卷是有偏见的。两类提问会使问卷有偏见:导向性(leading)提问和暗示性(loaded)提问。导向性提问指的是,将参与者导向特定回答的提问。比如:你同意A选项比B选项好吗?

这个提问想让参与者"同意"研究人员的观点,有些人会同意,因为他们想留下一个好印象。正确的提问方式是:以下几个选项中你偏好哪个?

有时候,暗示性提问也是以同样目的来建构问题的,这是一种不端的行为。比如说,某一赞助商委托别人进行一个调查,以期证实某个观点,或得到某个能令他们利益最大化的结果。为了确保调查能得到他们想要的结果,有些赞助商可能会掺插一些导向性,或者在调查中使用某些特定的措辞。这可以视作一种欺诈行为，研究人员如果照做了，就有身败名裂的风险。暗示性提问与导向性提问类似。导向性提问会将参与者导向某类特定的回答，或者建议他们做出特定的回答，而暗示性提问则相对隐蔽。暗示性提问会将之所以做某事的"原因"包含在提问中。比如这样：你会支持安装更多超速摄像头，以此挽救人命吗？

挽救人命是非常好的事，如果参与者给出否定的答案，看上去就好像他不重视人的生命。如果我们以如下的方式提问，我们就会得到截然不同的回答：你会支持安装更多超速摄像头，以此增加州政府的道路经费预算吗？正确的做法是将情感因素从这样的等式中移除，以客观的方式提问：交通安全需要更多超速摄像头吗？尽管没有哪个调查是完全没有错误和偏见的，但如果错误和偏见被刻意地安插在提问中，且问题也确实有错误、有偏见，那么研究人员所收集的数据也是完全无效的。

双管提问有时也会导致偏见。比如：驾驶时系上安全带令人感到更安全，你系吗？这个提问已经表明安全带会增加安全感，但忽视了有些人之所以系上安全带只是为了免受惩罚。所以，如果以这样的方式提问，则结果就能这样解释：那些说"是"的人系安全带是因为他们想要更安全，而不是因为必须这么做。

一致

在很多情况下，人们在面对有争议的提问时，他们会本能地给出一个社会普遍接受的回答，而非他们的真实想法。因此，在有些涉及复杂心理特征（如个性特征、动机、态度等）的研究中，研究人员会构思几个提问，专门用来从不同角度测试同一件事。这些"跟进"的提问之间会相隔一段距离；比如，在这些提问之间放几个其他提问。这样的策略能让你测试出回答的一致性。将这些提问隔开，使得参与者在回答第二或第三个提问时，不太可能回想起自己回答第一个提问时的思路。只有在对敏感话题进行冗长复杂的问卷时，我才会建议你使用这种策略。

设计

请注意问卷的设计，尤其是易读性、排版、色彩。问卷如果看来美观又专业，就能吸引更多的参与者作答。[16]

你还要留意，进行研究调查的方式有好几种。不过，无论你怎样调查，原则都是一样的。但你也要留心每种形式的调查都有其优缺点。你可以使用几种数据收集的方法：面对面访谈、电话访谈、书面问卷、在线问卷，以下我将逐一讨论。

面对面访谈

面对面访谈的优点在于，研究者可以与参与者建立起融洽的关系，因而也就有了更好的合作。面对面访谈的答复率（即同意参与调查的人的百分比）是最高的。这类研究的缺点是，需要耗费的时间和金钱较多，如果研究人员需要出差与参与者会面的话，情况尤甚。

电话访谈

电话访谈所耗的时间和金钱会少很多（因为不需要出差了）。如果使用 Skype，进行电话访谈的开支就会大幅减少，因为不需要打昂贵的长途电话了。这类访谈的答复率也许没有面对面访谈那么高，但相对于发问卷邮件还是要高很多的。小小的不足之处在于，研究人员无法像进行面对面访谈那样与参与者建立起融洽的关系。还有一点，就是样本本身也会有失偏颇，因为受访人如果没有电话或不能上网，就无法参与这类访谈。在有些情况下，调查的目标人群不涉及这个问题；但如果研究人员觉得这确实是个问题，就需要考虑其他的沟通方式，或者采取分发书面问卷的方式。面对面访谈和电话访谈还有一个共同的优点，就是可以在恰当的时候要求参与者对模棱两可的回答做进一步澄清。

书面问卷

而另一方面，书面问卷可以被分发给大量人群，包括那些居住在遥远地方的人。这也就是说，研究人员不需要出差，但寄送这些问卷确实会产生一些开销。在这种情况下，研究人员还需要附上已包含邮资和地址的信封，方便参与者寄回他们的回答。

研究人员和参与者之间的距离既是缺点，也是优点。因为没有个人的接触，也就不太会有融洽关系，因此，只要匿名性得到保证，有意愿参与的参与者给出的答复就会较之个人访谈时的更真实。在涉及敏感话题或有争议性的话题时，就尤其如此。这类研究有一个短处在于，大多数人其实懒得将问卷寄回，而那些寄回问卷的人未必在样本中具有代表性。还有一个短处是，采集来的数据需要手工处理。所以，如果收回的问卷很多，就需要耗费相当的时间。[17]

在线问卷

在线问卷和书面问卷基本相同，主要的差别在于分发方式。较之书面问卷，在线问卷可以分发给更多的人，发送时不会产生费用，答复率一般也比较高，因为这样提交答复比较容易。这类问卷还有一个好处在于，其结果较易处理；有些情况下，软件还能自动生成结果。

在招募参与者时，你可以通过各类社交媒体平台（如脸书或领英），或各类利益相关机构组织提供的群发邮件来定位目标群体。有时候，你需要设置一些奖励来鼓励参与者，比如用礼品卡或奖项。

在实际采集数据时，你可以开发自己的调查工具（如果你有这种技能的话），也可以使用现有的。最流行的研究调查在线工具是"调查猴子"。[1]诸如脸书、飞利浦、三星等公司都用这个工具来进行市场研究或采集客户反馈。

在你采用在线问卷之前，首先要确定的是你关注的人群是否能上网，以及那些能上网的人是否在该人群中具有代表性。如果是，那么你就可以采用在线问卷的形式。

[1]   Survey Monkey，调查猴子，网址为 https://www.surveymonkey.com/。——译注

示 例　99designs.com 的在线调查

118　　这个示例呈现的是一个在线调查的案例研究，有删减。不过，在这个案例中设计师并没有开展研究，而是成了研究的课题。关于怎样进行调查，我已经在上文中讨论了不少，而本示例则是为了让你坐在桌子的另一边，来看看设计师在被调查时是什么样的。其实，如果我只是想让你看看调查如何进行，那我大可以随意挑选一个案例，但我选了这个特别的，因为我相信，你一定很好奇，很想看看平面设计师到底如何回答调查中的提问。

调查主题：客户—设计师关系

引言

这个调查由99designs.com 网站于2012年发起，该网站是一个众包[2]平面设计的在线市场，在这个网站上销售的产品其实就是设计师本身，良好的客户体验是这种新型商业形态的主要资源。99designs 业务模式的根基是，他们能够又快又平价地为顾客提供原创设计。要做到这点，他们就得依靠一个来自192个国家／地区、超过180 000名设计师组成的网络。这种业务还包括帮助设计师培养专业技能，建立牢固而持久的客户关系。

研究议题

对于99designs这样的在线商业来说，增加零售商（在本案例中也就是平面设计师）的数量和增加顾客基数同等重要。要实现这点，就得令设计师们保持愉悦。他们看出，这种商业形态有一个主要问题，就是设计师和客户往往很难理解对方。有鉴于此，他们的研究议题也非常直接：怎样赢得一个设计师？

---

[2]　crowd-sourced，众包，是一种特定的获取资源的模式。在这种模式下，个人或组织可以利用大量的网络用户来获取需要的服务和想法。——译注

数据收集、分发和数据分析的方法

为了更好地理解这个案例，也为了改善设计师与客户的关系，99designs 使用了调查猴子，从美国境内超过 250 名的平面设计师那里，收集了可量化的数据。根据调查猴子为他们提供的一条公式，他们需要至少 200 个参与者，获得的结果才符合统计学的正确标准。他们还需要开发一种教学内容，设计师可以用它来建立起与客户的沟通桥梁，也可以用来分析数据。

结果总结

设计师是否具备与客户有效沟通的能力，是 99designs 商业形态成功的关键。他们的调查确认了，在客户的需求和设计师的想法之间确实存在着一定的差距。例如，矛盾的主要来源之一是，设计师认为他们的客户未能给出明确的指引，对项目的理解不透彻，他们的期许也不太现实（图 5.3，问题一）。在被问及他们喜欢与哪类客户共事时，差不多有 60% 的设计师更偏爱会积极响应的客户——这种特质在细化设计的重复工作过程中非常关键。知道自己想要什么的客户是第二受欢迎的，乐意给设计师足够创作自由的客户也得到了相当的票数（图5.3，问题二）。在被问及怎样获得新客户时，参与调查的平面设计师中，大部分都选择了相对传统的方式，主要依靠的是私人介绍和人际关系网（图5.3，问题三）。然而，在"获得新客户时的最大挑战"这个问题上，将近 50% 的人回答说自己的市场能力堪忧。这一半的参与者感到自己缺少自我营销的技巧，这使得他们未能揽到足够多的新生意。之后才是专业性的问题，比如缺少经验、缺少关系网、薪酬低，甚至还有缺少正规设计资质、缺少设计作品。对美国的平面设计社群而言，获得新生意时遭遇的最大挑战，就是他们缺少自我营销的能力（图5.3，问题四）。

图 5.3（右页）   99designs 在线调查问卷

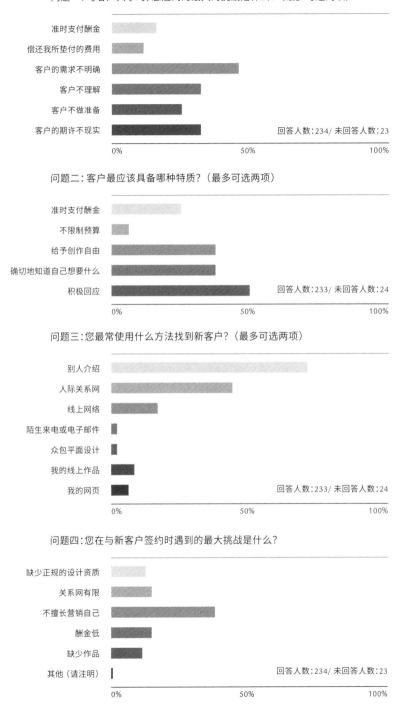

问题一：与客户共事时,您遇到的最大的挑战是什么？（最多可选两项）

- 准时支付酬金
- 偿还我所垫付的费用
- 客户的需求不明确
- 客户不理解
- 客户不做准备
- 客户的期许不现实

回答人数:234/ 未回答人数:23

0%　　　　　50%　　　　　100%

问题二：客户最应该具备哪种特质？（最多可选两项）

- 准时支付酬金
- 不限制预算
- 给予创作自由
- 确切地知道自己想要什么
- 积极回应

回答人数:233/ 未回答人数:24

0%　　　　　50%　　　　　100%

问题三：您最常使用什么方法找到新客户？（最多可选两项）

- 别人介绍
- 人际关系网
- 线上网络
- 陌生来电或电子邮件
- 众包平面设计
- 我的线上作品
- 我的网页

回答人数:233/ 未回答人数:24

0%　　　　　50%　　　　　100%

问题四：您在与新客户签约时遇到的最大挑战是什么？

- 缺少正规的设计资质
- 关系网有限
- 不擅长营销自己
- 酬金低
- 缺少作品
- 其他（请注明）

回答人数:234/ 未回答人数:23

0%　　　　　50%　　　　　100%

建议

对 99designs 来说，优秀且长久合作的设计师十分重要。这也就意味着，他们需要帮助设计师改善与客户的关系，也要丰富设计师的作品。这项调查帮助他们了解到，平面设计师对于自己的专业有怎样的观点，他们的主要问题有哪些。他们得出的结论是，做好一个项目的关键在于与客户顺畅地沟通。如果客户清楚地知道自己想要什么，设计就能做得更好、更快，而这对双方来说都更有效率。结果就是，99designs 采用了这些信息来开发教学内容，并将这些内容放在了博客上，以此为自己的设计师—客户网络提供专业的建议。

（调查猴子，2012）

5.2.3   数据分析

数据分析与调查的构建方式密切相关。你首先要考虑的事情有两件：你怎样构思提问，你怎样采集回答。

准备提问

有时候，要了解人们在特定的情况下会做什么，对某个话题怎么看，最好的方法就是提直接的问题。然而，构建一份问卷却要比看上去的困难得多。在起草问卷的时候，我们要做的是将一大群人放在一堆变量中做比较。正如先前所说，"变量"这个术语指的就是"可变的事物"，是你可以测量的东西。在大多数情况下，变量是用来区分人与人的特征，比如年龄、性别、出生地、收入水平、每天看电视的时长，这些都是我们可以确定和量化的事物。同所有涉及提问的研究一样，调查所得到的回答未必总是真实的。参与者可能会因为各种各样的原因误解你的提问，然后给出错误的回答。比如，参与者想要掩盖某事，或想要更好地表现自己。你在准备问卷的时候，在分析回答的时候，都要考虑到这些。[18] 以下六个步骤，是你在制作问卷时可以参考的：

122

第一步：确定问卷的目的

第二步：准备提问

第三步：确定提问的顺序

第四步：构思分发流程

第五步：决定处理回答的方式

第六步：如有必要，预先测试并评估问卷

你确定了自己想要知道什么（换言之，就是你的主要研究议题），并且确定了怎样管理或分发问卷（如面对面、电话、邮件或线上），之后，你就要开始思考怎样提问、怎样收集回答。你有很多方式可以采用。提问的格式未必是固定的，在一份问卷中也可以使用好几种。

图 5.4　问卷类型

构思提问的方式取决于就某个话题或问题而言，你想要知道的是什么。提问的种类各式各样，有二分法、单项选择、多项选择、分类、发生频率、排序、数量、规模和开放问题等（图5.4）。

二分法

二分法意味着在两件事物之间做出划分，而这两者是彼此对立或截然不同的。这类提问一般要给出两个回答选项，参与者需要从中选出一个。这类例子请见表5.1。

单项选择

123　　单项选择只允许参与者从多个选项中选出一个。在有些情况下，这种形式比开放问题更受青睐，因为量化答案对研究人员来说处理起来更方便。虽然情况并非总是如此，但在大多数情况下，研究人员都可以预见某个提问可能会有哪些回答。接下来要做的就是把所有可能的选项都列出来，让参与者选择其一。这类例子可参见表5.2。

多项选择

124　　而另一方面，多项选择则允许参与者就一个提问选择多个选项。在这种情况下，参与者需要阅读问题或说明，然后选出他们认为最适合的选项。参与者可以选择一个选项，也可以选择多个，或者告诉研究人员列出的选项都不适用于自身。这类例子请见表5.3。

分类

125　　有些提问的答案只能以类划分。这类例子可见表5.4。

表 5.1 二分法提问

您的性别是?	您是否拥有汽车?
○ 男　　○ 女	○ 是　　○ 否

表 5.2 单项选择提问

下列哪个品牌的运动鞋是您最有可能购买的?

○ 耐克
○ 阿迪达斯
○ 锐步
○ 匡威
○ 彪马
○ 其他（请注明）

表 5.3 多项选择提问

您拥有下列物品吗?

○ 台式电脑
○ 笔记本电脑
○ 平板电脑（如 iPad）
○ 智能手机（如 iPhone 或安卓手机）
○ 以上物品我都没有

表 5.4 分类提问

请选出您有意购买的汽车类型:

○ 掀背车
○ 四门轿车
○ 双门跑车
○ 敞篷车
○ 旅行车
○ SUV
○ 厢式货车
○ 轻型卡车

发生频率

如果你研究的目标是建立某种行为模式,你设置的提问就可以是有关行为风格的。有一种好方法,就是问某一个人活动的发生频率。这方面的例子可见表5.5。

另一种方法是跟进提问。这也就是说,参与者已经在之前的提问中声明自己有脸书账号。所以,跟进提问的目的是让你确定参与者使用这个社交网络的频率。如果参与者已经声明自己不使用脸书,那么你也应该设置选项让这个参与者可以跳过这个提问。

排序

127

在有些情况下,你可能想要确定参与者对某些事物的偏好。要做到这点,最好的方式就是让参与者对自己的回答做个排序。比如说,你要对大都市的中学生做个调查,你想要了解他们的互联网使用习惯。那么你就可以如表5.6所示来构思提问。

数量

还有一些情况,你需要知道的是某件事物的数量。与数量相关的提问,其回答是简单的一个数字。这方面的例子请见表5.7。

量表

在有些情况下,对于一些用于测量人们对某件事物的态度的提问,是不能简单地回答说“是”或者“否”的。这样的提问需要用某种量表来进行评级。最常用的量表有:李克特量表(Likert scale)、数值量表(numerical scale)、分项量表(itemized scale)、图示量表(graphic scale)、语义分化量表(semantic differentiation scale)、常量和量表(constant-sum scale),以及行为量表(behavioural scale)。

128

这些量表各有不同,但其本质大体相同。他们只是在视觉效果上有所差异。因此,你决定要在调查中采用哪种量表时,得将这个因素考虑

表 5.5 发生频率提问

您锻炼身体的频率如何?	您使用脸书的频率如何?
○ 每天	○ 我很少使用脸书
○ 每周 5—6 次	○ 我每周至少 1 次使用脸书
○ 每周 2—4 次	○ 我每天使用脸书的时间不到 1 小时
○ 每周 1—2 次	○ 我每天使用脸书的时间在 1—2 小时之间
○ 少于每周 1 次	○ 我每天使用脸书的时间在 2—4 小时之间
○ 少于每月 2 次	○ 我每天使用脸书的时间为 5 小时或以上
○ 我完全不锻炼	

表 5.6 排序提问

您在哪里使用互联网最多?
请按重要性对下列地点做出排序 1、2、3……,1 表示最重要,0 表示您完全不会在这个地方使用互联网。

___在家

___在教室

___在学校图书馆

___在公共图书馆

___在公共交通工具上使用移动设备

___在朋友家

___在其他地方（请注明）_____

表 5.7 数量提问

您现在雇用了多少名全职员工?

请写明数字 _____

在内。你不必在问卷中始终使用同一种量表。比如说，为了展示报告之用，你可以制作各样的信息图（infographic）来丰富量表的种类。信息图可以高效地将数据可视化，在书面报告、互动媒体中，在呈示研究时，都相当有用。以下是上述量表的说明：

- **李克特量表：** 李克特量表以研究人员伦西斯·李克特（Rensis Lickert）的姓氏命名，是最常用的量表。这种量表由一系列的观点或物件组成，参与者可以按五分制量表来评判，从"非常同意"到"非常不同意"。你在设计李克特量表时也可以做一些变化。表5.8是李克特量表的一种。

- **数值量表：** 数值量表上对提问的回答，是态度的两极及其之间的一系列表述。同李克特量表一样，参与者也要选取数字作为自己的回答。例见表5.9。

129
- **分项量表：** 分项量表与上一个量表非常类似。主要的区别在于参与者是从一系列既定的回答中做出选择。例见表5.10。

130
- **图示量表：** 而另一方面，图示量表则让参与者用划分线段的方法来对一件事做出评估，而不是选数字。例见表5.11。

- **语义分化量表：** 语义分化量表也与上一个量表十分类似。主要的区别在于，上一个是在直线上打叉，这一个则是用七分制量表来给出评级。例见表5.12。

- **常量和量表：** 常量和量表要求参与者将一个常量分割成数份，以此做出对每一属性重要性的评估。例见表5.13。

131
- **行为量表：** 行为量表通常用于测定参与者参与某一活动的可能性，或将来起到某种作用的可能性。例见表5.14。

表 5.8 李克特量表

以下是有关您刚才所尝试的产品的各类观点。
请选出合适的数字，表明您对每一种观点是否同意。

	非常同意	同意	不确定	不同意	非常不同意
很好用	1	2	3	4	5
看起来不错	1	2	3	4	5
质量很好	1	2	3	4	5
价格合理	1	2	3	4	5
我会购买	1	2	3	4	5

表 5.9 数值量表

请为您对刚才所试用产品的满意程度打分。

极为满意 ｜　1　2　3　4　5　6　7　｜ 极为不满意

表 5.10 分项量表

您觉得刚才试用的产品怎么样？	您会怎样描述这个产品给您的体验？
1. 太差了	1. 太可怕了
2. 差	2. 不好
3. 不好不坏	3. 还行
4. 好	4. 好
5. 非常好	5. 很好
	6. 太棒了

表 5.11 图示量表

请将您对本产品的观点以打叉的方式画在以下的线上。

可用性	很差 ●━━━━━━━━━━● 很好
视觉外观	很差 ●━━━━━━━━━━● 很好
质量	很差 ●━━━━━━━━━━● 很好
价格	很差 ●━━━━━━━━━━● 很好

表 5.12 语义分化量表

请将您对本产品的观点以打叉的方式画在以下的线上。

易于使用 ┣━━┿━━┿━━┿━━┫ 很难使用
看上去很好 ┣━━┿━━┿━━┿━━┫ 看起来很差
质量很好 ┣━━┿━━┿━━┿━━┫ 质量很差
买得起 ┣━━┿━━┿━━┿━━┫ 价格高

表 5.13 常量和量表

请就刚才您所试用产品的各项特性给出评分，分值表明该项特性在您购买此产品时所占的重要性，总分为 100 分。

请务必确认分值总和为 100。

可用性	＿＿＿ 分
视觉外观	＿＿＿ 分
质量	＿＿＿ 分
保养支出	＿＿＿ 分
用电量	＿＿＿ 分
可循环利用性	＿＿＿ 分
包装	＿＿＿ 分
价格	＿＿＿ 分
	100 分

表 5.14 行为量表

您有多大的可能性购买刚才试用的产品？

○ 我一定会买
○ 我很有可能会买
○ 我说不定会买
○ 我很有可能不会买
○ 我一定不会买

开放提问

132　　有时候我们需要提一些答案不能被简单量化的问题。这些提问就是所谓的"开放式"的。尽管这类问题要引出的是定性的回答,但有时候我们需要用这类问题来丰富从参与者处所获信息的层次。这方面的例子可见表5.15。

表 5.15 开放提问

如果品牌是一个人,您会怎样描述这个人?

请描述您在看到这个商标时的感受。

133 　　第二个例子表明，视觉提示（本案例中是商标）也可以被包含在问卷中。在这个案例中，商标应该紧跟在提问之后，或置于提问之前。还有一些案例，支撑性的视觉材料可作为附录置于问卷末尾。而且，如果设置了开放性问题，就请务必确保参与者有足够的空间写下回答。

分析回答

　　收到回答以后，你就可以根据提问将回答分组。分组的方式有很多。例如，你可以按性别、年龄、所在地来分组，或按其他你觉得重要的特征来分组。然后你就能发现回答与每个组别之间的关系，也能看出每个组别的整体情况。你能看出每个组别有怎样的偏好，他们的回答有怎样的模式。参与者各种特征的相互组合能让你获得各种数据，如果你想要找到某种特定行为模式或社会模式的话，这种方法相当有用。如果你还设置了一些开放提问的话，就请将回答做个总结，看看你是否能就这些回答做出某些归纳。

5.2.4 　　准备一份报告

　　在准备调查研究报告时，你可以采用下述结构作为指引（图5.5）：

1. 引言
2. 研究议题
3. 数据收集方法
4. 分发流程
5. 数据分析
6. 结果总结
7. 建议
8. 附录一：问卷
9. 附录二：回答

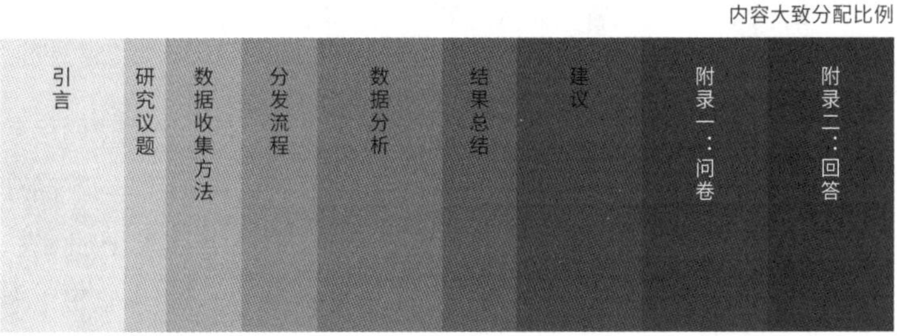

内容大致分配比例

引言 研究议题 数据收集方法 分发流程 数据分析 结果总结 建议 附录一：问卷 附录二：回答

图 5.5 准备一份调查报告

和所有研究报告一样，你首先需要就你所考察的话题做一个引言，之后再给出你的主要研究议题。然后，你要解释一下你所开发的问卷的大致情况，原因何在，分发方式如何，以及所要用到的分析回答的方式。你还需要表明问卷的回应率是多少，是否有你不得不考虑的限制，比如时间和资源。接下来，你要总结调查的结果，指出你找到的有意思的模式或未预期到的回答。呈现调查结果的最好方法是将结果视觉化，把它们变成信息图。在之后的建议部分，请在回答和研究议题之间建立起关联，并就最适合采取的行动给出建议。你还要声明是否需要进一步研究，如需要，明确是怎样的研究。在大多数情况下，在报告之外你还要以附录的形式加上问卷和回答。这不仅有利于保存记录，也能够让你的导师或其他外界研究人员对你的研究做出检验和评估，因此也就能提升你工作的可信度。

5.3　以用户为中心的设计（UCD）研究
User-Centred Design (UCD) Research

技术常常营造出一种幻象，让你觉得技术让生活变得更简单。然而，我们的周遭却充满着各类使生活更复杂的产品，它们要么很难使用，要么让人捉摸不透。要理解这类产品的运作方式，我们常常要花费大量的时间和耐心，以此来迎合某个产品的功效。如果你有类似的体验，这也就意味着你面对的是一项糟糕的设计。一个设计得好的产品应该迎合你的需求，而不是反过来让你去迎合它。

以用户为中心的设计(UCD)是一种由设计用户方生成的信息来驱动的设计流程。设计驱动的公司使用 UCD 研究来发现人与产品互动的直观方式，他们关注的一直是如何解决产品的使用问题。因此，在 UCD 研究中，研究参与者是研究的主题。这类研究使企业能一以贯之地设计出有吸引力且便于使用的产品、界面、环境等。使用 UCD 研究的企业懂得，提高产品的可用性能提升客户的满意度，进而提高用户的忠诚度。但这是一项永无止境的工作，研究需要长久不断的省察和更新。[19]

作为战略性商业资源，UCD 有着诸多的优势：有助于商业机构开发出便于使用的产品；提升客户满意度；减少技术支持和培训方面的开支；助力产品营销；增加公司市场份额。虽然有这么多优势，很多公司还是没有进行 UCD 研究。他们假定自己对普通用户的需求已经有了直观了解，当前的产品中已经包含 UCD 了。对产品开发方式的误解通常会导致由新技术或市场趋势来驱动产品开发，而不是用户的真实需求。[20]

将 UCD 用作战略性商业资源对于终端用户和公司双方都有好处。据IBM所述，在 UCD 上每投资 1 美元，就能得到 10 美元至 100 美元的回报。IBM解释说，如此高的投资回报率之所以可能，是因为"好用的产品就是人们想要的产品"。若产品处在高度竞争的市场环境中，这点就尤其值得注意，因为好用的产品会鹤立鸡群。不过，增加销量并非UCD带来的唯一好处。如果全方位地使用UCD，就能为生产商、客户和终端用户节省大量的金钱和时间。

IBM 声称，未在产品开发的阶段采用 UCD 研究的公司，之后会耗费多至80%的服务成本在他们未曾预见的用户需求上。记住这一点，就能看出，投资 UCD 研究对于生产商而言更经济实惠。UCD 研究能在设计的早期阶段就找出用户相关的潜在问题，并及时做出调整。如果不使用 UCD 研究，这些问题就会在市场的压力下暴露出来，这时来解决问题所要花费的可就多得多了。因此，对一个公司而言，保护开发投资的

最好方法之一就是，在整个设计开发过程中都将客户和终端用户包含
进来。[21]

　　而另一方面，对客户来说，产品的可用性越好，效率和生产力就越
高。如果企业的商业流程需要员工便捷地使用有着直观的导航系统的
产品，情况就尤为如此。这些好处有财务方面的，还有心理方面的。可
用性为终端用户减轻了操作的压力，能提升用户的满意度。不过，尽管
有这些好处，很多生产商还是没有在 UCD 能力上投资，在开发产品的
时候，他们仅仅依靠自己的知识来做出反应，要么就是参照当下的市场
趋势（这种趋势常常是昙花一现的）。换句话说，他们是在模仿自己的竞
争对手。这些公司很容易辨认，因为他们表现出以下迹象：客户不满意；
用户效率低；培训和支持费用高；市场份额减少；市场增长停滞。[22]

147

5.3.1　　进行 UCD 研究

　　首先，UCD 研究是一种关注人的实验性研究。从定义上来说，实验
是指努力确定并控制除一个变量之外的所有变量的系统性的工作。[23]
实验性研究常常是在纯粹科学领域（如数学、物理学、化学）中进行，但
在社会科学领域（如心理学、经济学、政治学）中也可以见到。纯粹的科
学实验主要是在实验室中进行，研究人员可较易控制环境。而另一方
面，社会科学的实验主要是在真实世界中进行，在其中，环境是不可预
知的，研究的对象本身也会受到各种外界因素的影响。[24] 设计中的实验
性研究，比如说 UCD 研究，既可以在实验室场景，也可以在真实世界中
进行。主要视研究的目的而定：是否需要测试设计原型，或者是否需要
评估最终的设计成果。无论哪种情况，研究参与者都是随机指定的，要
么就是在自然产生的群组中找到的。[25] 现在我要介绍一下 UCD 中的四
个关键原则：团队组建、问题辨识、原型制造、产品评审。

团队组建

UCD 研究以组建一支多学科团队为开始。在整个的设计流程，甚至

以外，这支团队都会与潜在的终端用户并肩工作。理想的情况是，UCD
研究团队的成员来自各个学科。IBM 指出，找到有着各类技能的各类人
才是重中之重。在不同的组织里，UCD 研究团队的结构也有所不同，要
视项目或可获得的资源而定。使用 UCD 研究的公司会定期开发产品、
网页、软件、应用程序，以及其他界面，IBM 就有自己特有的 UCD 结构
（图5.6）。

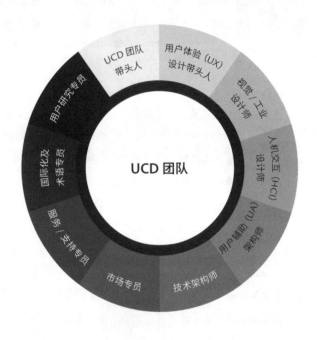

图 5.6   IBM 的 UCD 团队

图 5.7

UCD团队带头人

职责：UCD 团队带头人整体负责 UCD 的产出及其融入产品的开发计划。

所需技能：掌握项目管理技能、熟悉UCD流程、熟悉产品开发流程（图5.7）。

图 5.8

用户体验（UX）设计带头人

职责：UX 设计带头人负责项目的整体用户体验设计。

所需技能：有远见、有领导力，掌握专业技术，兼备项目管理及人员管理能力（图5.8）。

图 5.9

视觉／工业设计师

职责：设计师们负责整体的产品外观、视觉输出，以及广告、包装、产品设计的统一视觉标识。

所需技能：拥有团队工作的能力，掌握设计知识，有创造力，具备模型制造和原型构建的技能（图5.9）。

图 5.10

人机交互（HCI）设计师

职责：HCI 设计师负责落实软件任务流，管理整体界面和互动设计，将任务分配给用户和计算机。

所需技能：掌握 HCI 知识，熟悉概念建模，具备综合信息的能力（图5.10）。

图 5.11

用户辅助（UA）架构师

职责：UA 架构师负责落实可行的、最合适的用户辅助机制。

所需技能：掌握信息架构知识，具备团队工作的能力（图5.11）。

图 5.12

技术架构师

职责: 技术架构师负责落实项目所需的基础性技术。

所需技能: 拥有相关领域的技能, 熟悉开发过程, 掌握编程或工程知识, 具备团队工作的能力 (图5.12)。

图 5.13

市场专员

职责: 市场专员负责落实目标市场和用户受众; 找出主要竞争对手、市场目标、主要促销信息及沟通渠道; 为包装提建议; 落实销售条款及条件。

所需技能: 掌握市场知识、市场资讯, 熟悉市场趋势, 具备综合信息和团队工作的能力 (图5.13)。

图 5.14

服务 / 支持专员

职责: 服务和支持专员负责落实产品提供的支持和服务。

所需技能: 掌握服务和支持技术的知识, 熟悉产品选项 (图5.14)。

图 5.15

国际化及术语专员

职责: 国际化及术语专员需要确认产品是否满足国际受众的需求, 并且负责落实最适合用于产品报价的术语。

所需技能: 熟悉国际化及本土化流程, 掌握相关术语及语言 (图5.15)。

图 5.16

用户研究专员

职责: 用户研究专员负责设计, 促进、分析、解释UCD研究, 并且根据应用研究提出建议。

所需技能: 掌握UCD研究方法, 具备技术性能力, 熟悉人的因素与可用性架构方面的知识 (图5.16)。

问题辨识

团队组建好以后，要找出需要解决的问题，你还要遵循下列七个基本步骤：

第一步: 找出商业目标和目的
第二步: 进行用户分析
第三步: 进行竞争对手分析
第四步: 开始设计过程
第五步: 评审设计过程
第六步: 给出一份用户体验概览
第七步: 继续观察

你首先要做的是设立正确的商业目标，方法是确定目标市场的特性，明确终端用户，识别主要的竞争对手。因此，首先的任务以一个内部问题开始：谁会使用这个产品？确定了目标受众，并且完成抽样后，就要邀请参与者与团队共同工作。

对一个成功的UCD来说，在设计过程中理解用户，并且将用户包含进来是非常有必要的。因此，你得有能力理解和确定用户的核心需求，只有这些需求得到了满足，产品才有可能成功。要做到这一点，你就应该要求参与者就一个新产品或一项产品改进的感兴趣程度做出评分。为此，IBM的UCD研究人员使用了下列提问：

· 你希望这个产品为你做什么？
· 你会在怎样的环境中使用这个产品？
· 你在使用这个产品时有哪些方面是最重要的？

或：
· 你最常使用哪些功能？

- 你今天怎样执行这些任务?

- 你在执行这些任务的过程中有哪些喜欢和不喜欢之处?

最后两个提问关系到产品竞争。这些问题并不一定指向其他公司的产品。这些提问的目的在于,辨识出参与者在完成这些任务的过程中是否还采用了其他手段。例如,人们常常会为了其他目的即兴地做一些调整。[26]

优秀的设计要求设计师持续地关注竞争对手和客户。因此,我建议你在测试参与者怎样使用你的产品完成任务的同时,也应当测试一下他们怎样使用竞争对手的产品来完成同样的任务。在这个阶段,你应该让参与者按主次列出他们的需求;辨识出他们当下所使用的产品;列出他们想要用来更换的替代品。接下来,你应该让他们用你的产品来执行任务,也要用其他竞争对手的产品来执行同样的任务。你还应当让参与者按重要程度列出各项产品各自的优缺点。这么做很重要,能帮你为新产品的设计和开发设定好标杆。完成这项任务后,你应该就能看出你的产品与其他竞争对手的产品相比有怎样的优劣势。

149   从用户分析和竞争对手分析中采集完信息后,你就要提出设计方案,并且征集新一轮的用户反馈。一般来说,在这个阶段你应当引入低保真度的原型,并开始评估环节。你应当在设计开发的各个阶段都收集反馈,在常规的间歇期也应当这么做。根据你所收集到的信息,你就可以开始更新设计方案,并且进行进一步的评估了。这样的流程应当持续进行,直到你有了完整的工作原型。然后,你也要用竞争对手的产品反馈对自己的产品进行一系列的测试,看看你的产品是否达到了目标。如果测试由第三方进行,并且其结果是令你满意的,那么这些素材就可作为市场营销之用。

你还要留意的是,无论在开始时,还是在结束时,用户体验都不仅仅只是关于产品本身。设计团队一定要对用户和产品的互动做一下概览并给出相关信息,无论这些互动是直接的还是间接的。这其中包括产品的广告、下单、支付、包装、维护、安装、管理、存档、升级、支持等。UCD研究人员需要在产品的整个生命周期持续地监控产品。同时，他们也要采集市场资讯，监控市场中的变化和竞争对手的行动，并且始终听取用户反馈。这些知识都会被用于下一代产品的研发。[27]

原型制造

找到了用户对任务的需求，并了解了竞争对手的手段，设计流程就可以开始了。这其中就包括了原型开发。随着研究不断推进，不同阶段的研究原型也会越来越复杂，还会随之衍生出新的原型。一开始你可以使用基础的低保真度的原型。这些基础原型可以简单到只是几张纸折成的产品模型。如果设计的是屏幕显示的界面，那么原型可以做成只是看起来像界面。随着测试继续进行，你也不断收到反馈，后面的测试中就需要日趋成熟的原型。成熟的原型应该尽可能地像成品。在大多数情况下，原型或许没有最终成品那么完整的功能，但一定有足够的功能让研究人员可以测试设计的某些部分。

在原型测试的阶段，研究人员就应该使用观察研究了。参与者们使用原型，而研究人员则记录下他们的任务执行情况、反应和评论。这些数据能帮助设计团队决定有哪些元素需要保留，又有哪些需要改进。知道了这些，团队就可以在设计上细化后面的原型，并对其进行测试。这一改进与重新测试的循环应该不断重复，直至最后的结果满足了功能和可用性的标准。

在这个时候，就需要引入产品的测试版（beta version），并且将此版本共享给有限的用户供其评估。与原型不同，测试版应该是一个有着完整功能的产品。从测试版收集来的信息能帮助UCD研究人员发现设计上未曾预料到的问题，从而对产品进行完善，再发布到市场上。不过，这并不意味着由用户输入的数据就到此为止了。

产品评审

150　　　　UCD 团队应持续地监测产品,并邀请用户参与到"基准测评"(benchmark assessment)环节中,对产品与用户需求、竞争对手产品进行比较和评级。与此同时,企业的客服应该记录下用户反馈的所有问题。这些信息能帮助设计团队改进下一代的产品。[28]

5.3.2　　数据收集

UCD 研究中的数据收集通常是以问卷与观察研究相结合的方式完成的,因为二者是互为补充的。例如,在大多数情况下,你会在进行观察之前、之中和之后,设置一系列结构化和半结构化的提问,这样你就能确定参与者的态度和观点。

你还要留意,定量研究中的观察研究与定性研究中的观察研究是有所区别的。定性观察研究是探索性的,倾向于利用田野笔记或记录事件、现象、行为的方式,事无巨细地将事物记下。而定量观察研究在本质上就是描述性的,有清晰明确的关注点,其目的在于测量人类行为的某些特定的方面,并对其进行某种程度的量化。例如,在有些情况下,出于测定频率的目的,研究人员需要监测某类行为。还有些情况下,研究人员可以就行为的精准性、强度、成熟度或其他重要维度来对其做出评分。为了记下这些信息,研究人员需要准备图表,利用这些图表对各类行为做出定义和分类,这样就能以准确可靠的方式开展研究。这帮助研究人员以系统性的方式记录下行为发生时的特征。在设计相关的观察研究中,设计研究人员常常会开发一种,或一系列的设计原型交给参与者们进行测试,并从旁观察。

和大多数形式的研究一样,观察研究也要求研究人员做大量的事先计划,关注细节,投入大量时间。和其他形式的研究不同的是,观察研究常常需要一个或多个研究助理的协助。如果对你来说这确实是必要的研究方法,那么我要强烈建议你先进行试点观察。试点观察能帮助你测试出你是否对你计划要监测的行为做好了定义和归纳,也能看出你是否已准确预料了每一个行动、环节、时间顺序等。[29]

　　从本质上看,UCD 研究中的数据收集过程需要研究人员有娴熟的研究能力。比如说,除了组建优秀的研究团队以外,大型企业还会在世界各地搭建一系列有着前沿技术的 UCD 实验室。IBM 就设有可用性测试实验室 (Usability Test Lab)、电子群体实验室 (Electronic Group Lab) 和原型设计实验室 (Prototype Design Lab)。

151

- **可用性测试实验室:** 可用性测试实验室是 IBM 里历史最悠久的 UCD 实验室。不论小型测试还是大规模产品测试,这个实验室都会亲自进行。实验室由两间房间组成: 参与室和观察室。参与室尽可能地模拟产品最有可能出现的环境。房间内设有摄像头,用于捕捉参与者的面部表情,他们的手势活动,还有他们的说明书使用情况。摄像头是隐藏的,或至少是在视线之外的,因为如果将摄像头放在参与者面前,他们的行为就会不太自然。这个房间和观察室之间用单向玻璃和隔音墙隔开。这样,研究人员就可以在测试过程中观察参与者,而又不造成过多干扰。观察室的研究人员利用麦克风与参与者进行交流,向他们提问,并指引他们开始任务。

- **电子群体实验室:** 为了对各类人群进行实验,IBM 使用了所谓的电子群体实验室,这个实验室装备了基于局域网(LAN)的群件(groupware),能够从各类用户群体中收集各类信息。他们收集的数据涵盖了诸如任务需求、任务流、当前产品、早期原型反馈等各类信息。在这些实验室中,IBM 可同时收集来自 20 个用户的信息,所有用户可在同一时间匿名地给出意见,与此同时 IBM 也能听到所有用户的意见。这种实验室还使用了远程技术来研究用户。测试完成后,信息就能自动地被收集起来,并且被安全地储存在数据库中以作日后之用。

- **原型设计实验室:** 在原型设计实验室中,IBM 使用了快速原型制造技术,可根据参与式设计环节中的用户反馈来生产出迭代的设计。他们一开始先使用低保真度的纸制原型,并让参与者用铅笔和彩色便签条对设计进行修改。这些反馈意见经过处理，就反映在了之后的原型中。IBM 的设计研究人员有能力迅速地制作出实物模样的原型，与此同时，他们也看出参与者在面对基础原型时更乐意提出修改意见。据他们观察，参与者们不太愿意对有着实物外观的原型提意见。和其他实验室一样，原型设计实验室也记录下用户反馈，并将其安全地储存在数据库中以作日后之用。

在IBM，UCD研究测试是定期进行的，各个团队每周或每两周收集一次用户反馈。此外，IBM 也利用移动实验室来进行田野研究。此类实验室可以从各类供应商处直接购买现成的，也可以定制。IBM 会使用移动实验室来探访客户的工作场所，或在会议中做呈示。[30]

当然，此处我所呈现的IBM的研究路径堪称是一个绝佳的案例，但这绝不意味着小公司就不能用较小的团队和基本的设施开展 UCD 研究了。其实IBM在刚开始做UCD研究时，规模也是很小的，只有几间房间用来开展研究。[31]随着 UCD 对公司越来越重要，UCD 的研究预算才有了逐渐增长，相关设施也逐渐增多。

5.3.3   数据分析

152   此类观察研究中数据分析的关键是客观，数据收集的过程得是客观的，也应当得到客观的评估。你为监测的行为准备好了图表以后，就可以着手将观察期切分为各个环节和间隔期，并且记下在各个环节和间隔期发生的行为。环节可以根据参与者表现的特定的一系列行动而定。间隔期则可以是任何适于观察行为的时间段。除此以外，你还要制作一份评级表，用它来为参与者的行为评级；比如说，从无聊到激动，从快乐到悲伤。如果你有两三名助理或研究伙伴的话就再好不过了，他们之间互不干涉，各自对同样的行为进行评级。接下来，你在对报告做比较的时候，能看出各个结果之间是否一致。这项工作应该持续进行，直至你就同一个行为收到了几份基本一致的评级。[32]

5.3.4 准备一份报告

准备 UCD 研究报告的过程和准备调查研究报告的没有太大区别。因此, 类似的内容分配也同样适用(图5.17):

1. 引言
2. 研究议题
3. 原型描述
4. 数据收集方法
5. 数据分析
6. 结果总结
7. 建议
8. 附录一: 问卷与回答
9. 附录二: 观察研究记录

同所有研究报告一样, 首先你要对自己所考察的话题做一番引言, 然后给出你的主要研究议题。接下来, 你要解释你开发的是怎样的原型, 原因为何。而后你要解释你是怎样收集数据, 怎样分析数据的。此外, 你还需要对结果进行总结, 并且指出你找到的有意思的模式或未曾预料的回答。呈现调查结果的最好方法是将记录行为和回答的图表呈

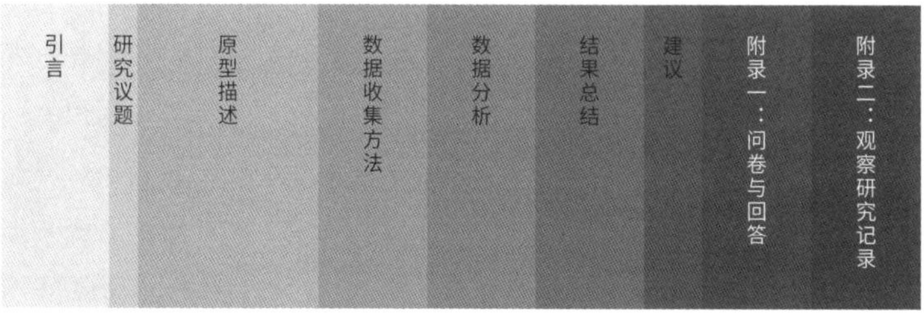

内容大致分配比例

| 引言 | 研究议题 | 原型描述 | 数据收集方法 | 数据分析 | 结果总结 | 建议 | 附录一: 问卷与回答 | 附录二: 观察研究记录 |

图 5.17　UCD 报告的结构

示出来。只要条件允许，就要将结果可视化为信息图。在建议部分，请
153　将回答和研究议题关联起来，并且就如何改进设计给出建议。在大多数
情况下，除了报告以外，你还应该将问卷、回答、观察研究中的记录都以
附录的形式囊括进来。同调查研究一样，这不仅有利于记录的保存，也
能让你的导师或其他外界研究人员对研究做出检验和评估，由此提升
你研究工作的可信度。

5.4　　优秀定量研究的特征
Hallmarks of Good Quantitative Research

对新手来说，定量研究有一项极佳的拇指法则，就是遵循所谓
的"科学方法"——这是一种基于五到七个步骤的经验性科学探究。[33]
这些步骤是（图5.18）：

154　　• 　观察

　　• 　提问

　　• 　假设

　　• 　预测

　　• 　测试（实验或附加观察）

　　• 　负面结果（引入新的假设）

　　• 　正面结果（证实）

首先，你应该观察某种未知的、全新的或尚未得到解释的事物。这
155　样，你就能找出进一步考察的议题。在观察的基础上，你要形成一个议
题，使之成为你考察的关注点。接下来，你应该阅读议题相关的现有理
论，形成假设，为观察提供解释。在假设的基础上，你可以对产出做初步
的预测，并构思计划，看看怎样用实验或进一步观察的方式来验证这些
预测。你在收集和处理数据的时候，要看看你做的预测是否正确。如果
初步预测是正确的，就回到第四步（预测），再做一些预测，再测试一下

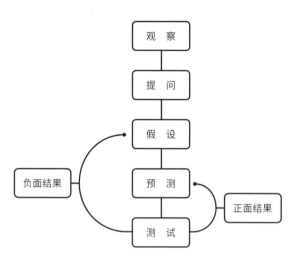

图 5.18　科学方法

这些预测是否也正确。如果也是正确的，就意味着你已经证实了自己的发现。接下来你要下最后的结论，并且将发现呈现在报告中。如果预测是不正确的，就意味着你的假设已经被推翻了，那么此时你就要回到第三步（假设），并且在新知识的基础上形成新的假设。然后再重复这个流程。你也要留意变量是在多大程度上确定下来的，看看它们是否与议题相关，是否可控。你要把每件事都考虑进来，并且将所有可能影响你研究的变量都记录在报告中。

5.5　　小结
Conclusion

　　与用来构建新理论的定性研究不同，定量研究常用于生成新的统计数据、描述特定的现象，或辨识因果关系。定量研究常常被描述为"独立"和"客观"的，因为它依靠的是实证的流程，使用数值数据和可量化的数据来得出结论。这点与定性研究截然相反，因为定性研究的结论常常是基于主观阐释得出的。[34]

开展定量研究的方式有两种：外部的，也就是在田野工作的自然场景中；内部的，也就是在研究设施内部的可控环境中。无论你选择哪一种，你都要从与研究相关的特定人群（或社群）中随机地选择参与者。对定量研究的新手来说，有一条绝佳的拇指法则，就是在研究过程中遵循所谓的"科学方法"，也就是一种基于五到七个步骤的经验性科学探究。

这类研究常用于市场营销，在设计领域中也获得了广泛的认可。如果你要在企业环境中展示你的设计方案，这种研究就特别有用，因为大多数的企业客户都习惯于看到来自各类市场或商业报告的定量研究，这类研究是他们最乐于接受的。以数值的形式将定量研究呈示给企业客户，常常能让商业机构更好地理解设计，并将设计视作一种战略投资。[35]

5.6   总结
Summary

156

在本章中，我描述了定量研究的概况，讨论了定量研究与设计师的关系，也说明了怎样进行定量研究。除此以外，我也展示了设计中最常见的两种定量研究路径：调查与实验性研究，更确切地说，也就是 UCD 研究。

调查研究是最常用的定量研究之一。这类研究需要人系统性地向某一人群提问并组织他们回答，以此来获取统计信息。调查的目标是记录下人们的特征、观点、态度、过往经历等。与定性研究相反，定性研究的访谈是非常开放的，而调查研究的访谈则是相当结构化的。你可以用面对面访谈、电话访谈、书面问卷、在线问卷等方法来开展调查。[36]

实验性研究则力图在一组变量中建立起因果关系。设计中的实验性研究既可以在实验室场景中进行，也可以在真实世界中进行，这取决于你所要测试的设计是什么样的，会起到怎样的作用。真正的实验性研究遵循的是系统性的过程，这种过程能够在各种程度上控制变量，并且测量出变量所引发的效果。[37]

这类研究对 UCD 来说是很基本的，通过 UCD 这种设计路径，研究人员可以获取使用某一产品、环境或服务的人群的信息,能改善计划、设计和开发过程。实验性研究中的数据收集常常是以问卷与观察研究相结合的方式进行的。定量观察研究在本质上就是描述性的,有着非常明确的关注点。定量观察研究的目的在于测量人类行为的某些方面,并以某种方式对其进行量化。观察研究中数据分析的关键在于客观,数据收集的过程必须客观,而且还要得到客观的评估。

将UCD作为一种战略性商业资源引入,不仅能够造福终端用户,也有利于企业。UCD能使商业机构有能力开发出方便用户使用的产品,能提升客户满意度,能减少技术支持与培训方面的开支,也能助力产品营销,增加市场份额。未在产品开发阶段使用UCD研究的公司,后期则可能会耗费高达80%的服务成本来解决未曾预见的用户需求。

第六章 视觉研究

关键词

158　　　我们生活在一个充满图像和物件的社会。无论我们记不记得身边的事物，我们都得承认，这些事物不是通过回忆，就是通过期待，刺激着我们的想象，哪怕只是一瞬间。[1]批判性地检验图像和物件对人类生活造成的影响，对所有设计师来说都是至为重要的能力，无论哪个学科的设计师都是如此。因此，在本章中我要介绍的视觉研究是对图像和物件的研究与阐释。这也就是说，这项研究从本质上就是"解释学"的。解释学是一种哲学探究，关注的是对语言学和非语言学表达的阐释，而这些表达一般可见于符号传播、符号互动，以及文化中。[2]

6.1　　什么是视觉研究
What Is Visual Research?

　　　视觉研究的方法有很多，但就本书的写作目的而言，视觉研究是一种在视觉和物质文化中对图像、形式、物件进行考察的研究。出于同样的目的，文化也可以被描述为"艺术及其他人类知识成果的集合"。[3]形式是一种"事物的可见形状或形态"；[4]物件是一种"可见并可触摸的物质事物";⁵ 而图像则是"对人或物的外在形式的艺术表现",或"用镜头,……或其他设备获取的,或在计算机、屏幕上展示的可见印象"。⁶

因此,这类研究也就涵盖了从字体、插图、广告,到产品设计、建筑等各个方面。之所以将视觉文化和物质文化都绑定在视觉研究的大标题之下,是因为无论处理的是二维图像还是三维形式,我们将这两种文化都视作视觉性的。

本章关注的是对研究人员已经发现或确定的现有图像、形式、物件的研究。有一种传统的视觉分析(或批判)方式被称为"好眼力"法则。这类分析既不是方法论的,也不是理论明确的实践。因此,称这种实践为"视觉鉴赏"最为合适。⁷视觉鉴赏关注的是生产图像、形式、物件的社会形态的各个方面,从以下几个切入点着手:

159

- 谁委托了这一作品?
- 为什么要委托这一作品?
- 谁是作品背后的创作者?
- 这一作品如何被使用?
- 谁在使用这一作品?

视觉鉴赏也审视图像、形式、物件制作过程的构图和技术形态,但其目的是找出其他创作者对该作品的影响。使用这种方法的专家掌握了大量艺术及设计作品的知识,能够胸有成竹地辨识出作者是哪个艺术家或设计师,作品归属哪一流派和风格。他们可以确定作品的来源及其背后的影响,因而他们可以对作品的品质进行评价和批判。培养"好眼力"需要有大量的经验,还要有所研究领域广泛而专业的历史和文脉知识。⁸这种方法在艺术史及艺术理论中早已确立,而且也早就被设计史及设计理论所借鉴。不过,本书并不讨论这种看待事物的方式,因为它需要读者具备大量该领域的知识储备,其产出也更多是一种批评,而不是研究。

但是，在本章中我会介绍一些看待图像、形式、物件的其他方式，这些方式更多是基于实践的，不需要读者有大量相关的知识储备。这三种研究方法是：构成阐释（compositional interpretation）、内容分析（content analysis）、符号学（semiotics）。在视觉与物质文化研究的框架下，你可以用这三种方法来进行系统性、经验性的视觉研究。

6.2   视觉与物质文化研究
Visual and Material Culture Studies

视觉与物质文化不仅仅是我们日常生活的一部分，它们就是我们的日常生活。视觉文化关注的是人们日常生活中图像的重要性。因而，它考量的是诸如图像的制作过程、图像在形式上的组成部分，以及图像在文化中的接受度。[9]而物质文化考量人与物件的关系，观察这些物件所投射出的象征意义。[10]此处"形式"一词则指代很多事物，其中包括了静物和物件，可以是一支铅笔、一把汤匙，也可以是一栋建筑、一部手机。

许多年以来，西方文化都将语言及书写文字视作最高级的知识实践形式，而将视觉表达视为"理念的次级呈现"。[11]不过，我要澄清的是，观察视觉文化并不等同于理解视觉文化，后者才开启了视觉文化研究。"文字是知识实践的高级形式"这一假设，也因视觉文化研究的出现而受到挑战。西方哲学和科学已然认识到了视觉表达的价值，认为其地位并不低于文字对世界的表现。既然视觉经验并不能以纯语言的方式得到完全的解释，视觉解读就很有必要。从这一点出发，我们可以说，视觉文化并非一个独立的研究领域，而是一个处于更广泛的社会、历史、文化语境中的交叉学科课题。[12]

物质文化研究领域将一系列学科都汇总到了一起，把它们变成了对形式的运用与意义的研究，而且还提供了理解人 — 物关系的新角度。[13]正如伊安·伍德沃德（Ian Woodward）所说，通过物质性的物件来研究文化，可以让我们更好地理解社会结构和社会差异，也能更好地理解人类活动、情感和意义。[14]物件表明了人的亚文化亲缘关系、职业、个人兴趣和社会地位。除此以外,物件被纳入并代表了与社会规范和价值观有关的更广泛言论。不止于此,物件也承载着个人和情感意义,能够链接起人际间的互动,甚至能够定义一个人的社会认同。因此,物件能帮助社会团体或阶层形成一种团结感、归属感、认同感;物件也能有助人自我认同的形成;甚至还能帮人实现自尊感。[15]此外,物质文化对于研究消费社会和消费行为尤为有用,因为人们需要建立并协调好消费物对于自己本身的意义,然后才能将它们纳入自己的个人文化中。[16]

6.2.1　　数据收集

作为视觉与物质文化的研究人员,你需要检验真实世界中的图像、形式和物件,这些是你要收集的数据。研究中的采样过程既可以是高度严格的,也可以是非常主观的。不过,无论怎样,我都建议你确立一个意识形态平台,并在这个平台上构思你的选择。你能考虑的意识形态路径可被置于一系列的语境(历史的、地理的、商业的、政治的、文化的、社会的)之中。而这反过来也能给你明确的研究关注点,让你可以更好地分析图像、形式、物件。在视觉研究中,数据收集和数据分析的过程常常紧密地结合在一起,因此下文中我会一并介绍数据收集和数据分析。

6.2.2　　数据分析

你得有能力在意识形态之上找到并选出图像、形式和物件的样本,除此以外,你也得有能力批判性地检验自己的选择。在此过程中,你需要考虑的有五点,下文会详细地讨论:

161

- 我的选择描绘了什么?

- 受众是谁?

- 人们怎样看待它?

- 这些事物如何内嵌在更广阔的文化语境中?

- 图像、形式、物件与相关文本(如有)彼此之间的关系是什么?

我的选择描绘了什么

图像、形式和物件常常描绘出社会差异。社会科学家认为，社会归类并非自然形成，而是人为构建的，而这些构建采取的是视觉或物质的形式。[17] 你要留意的是，要研究这些事物，可供采用的意识形态平台是很多的。比如说，女性主义及后殖民主义的学者研究性别与种族在西方文化的语境中怎样表现并进行视觉传播，这既有历史学的意义，也有当代的意义。

这方面的例子可以参见琼·基尔伯恩（Jean Kilbourne）所做的研究。基尔伯恩是一位杰出的广告批评家，她的批判研究推动了广告业中性别表现研究的发展与普及。她的著作，如《如此性感，如此迅速》（*So Sexy So Soon*, 2009），以及她的获奖影片，如《温柔的杀害》（*Killing Us Softly*, 1979）和《仍旧温柔的杀害》（*Still Killing Us Softly*, 1987），都极大地助推了广告与多个公共卫生话题之间联系的确立，其中包括针对妇女的暴力、进食障碍、成瘾等。在影片《骨感希望：有关纤瘦的广告与执念》（*Slim Hopes: Advertising and the Obsession with Thinness*, 1995）中，基尔伯恩使用了超过150份杂志和电视广告，对营销意象描绘女性躯体的方式进行了深入分析。她也讨论了这类意象对妇女健康所起到的负面作用。她详述了这些图像怎样与妇女对节食与纤瘦的执念相关，由此，她给出了一种新的思考，让人重新思考致命的进食障碍（如厌食症和贪食症），也提供了一种新的视角，让人可以详细地考察和批判广告对社会的影响。在影片《温柔的杀害四：女性的广告形象》（*Killing Us Softly 4: Advertising's Image of Women*, 2010）中，基尔伯恩考察了近20年广告中的女性形象所发生的变化。她使用了超过160份各类广告，来批判其所刻画的女性形象。借由这种极富创意且高效的对话，她邀请观众用全新的方式来看待熟悉的图像，而这种新方式能推动他们采取行动。[18]

另一个值得留意的例子是坦纳·希金（Tanner Higgin）的研究。[19] 希金研究的是诸如《无尽的任务》（*Ever Quest*）、《无尽的任务二》（*Ever Quest II*）、《魔兽世界》(World of Warcraft) 等大型多玩家在线角色扮演游戏(MMORPG)[1]中"种族的消失"问题,尤其是黑人种族的消失。在研究中,希金认为黑人的缺位在当今幻想类角色扮演游戏中很常见。MMORPG 给了白人特权,在游戏当中,玩家只能选择白人角色,还不能改成其他肤色或种族。希金认为,在游戏的虚拟世界中,黑人的形象一般来说过于男性化,而且地位低下,因此玩家和游戏设计师都认为黑人不适合出现在英雄幻想中。造成的结果就是,尽管幻想类游戏的服务器移除了其他破坏性的种族主义描述,却滋生了欧洲中心主义。[20]

162

这种分析文化的方式让我们得以反思图像、形式和物件是如何描绘诸如性别、种族、阶级、性倾向、残疾等社会分类的。据吉莲·罗斯(Gillian Rose) 所说,理解事物所处的社会语境,能帮助我们批判性地检验以下问题:

- 这些事物起到了什么样的社会功能?
- 此处隐含着什么接纳和排斥的原则?
- 分配情况怎样?
- 在传达意义时使用了什么密码、标志和能指? [21]

受众是谁

图像、形式、物件的生产一般来说要考虑特定的受众,或者要想到会对观众造成怎样的影响。你要留心的是,每个观众都会对某一件事物有自己的阐释,但并非所有观众都有能力或乐意按你所期待的那样做出回答。要理解观众,可以采用文化图像分析的方法。这种研究过程使用的是诸如访谈、民族志观察等研究方法,目的在于研究人和他们的反应,或视觉和物质性物件,更确切地说是它们的内容、物理性质、呈现形式;以及技术人类学(展现图像、形式和物件的传播技术)。[22]

---

[1] massively multiplayer online role-playing games 的简称。——译注

人们怎样看待它

视觉与物质文化的批评家们不光要关心图像、形式和物件看起来如何，谁会观看它们、使用它们，而且也要关心是如何看待它、使用它的。例如，罗斯就认为，视觉之物在被观看或被使用的时候发挥作用，产生效果。[23]但约翰·伯格(John Berger)认为，我们从不会仅仅观看一件事物，我们所观看的总是"物"与我们自己之间的关系。[24]他指出，我们观看的方式受自己的知识或信念的影响。[25]

视觉之物与观众之间有潜在的联系，物件与用户之间也一样。严肃地思考图像、形式和物件，涉及要思考如何定位观众、用户与图像、形式、物件的关系，无论这种关系是历史的、文化的、商业的，还是哲学的。

这些事物如何内嵌在更广阔的文化语境中

观看图像或使用物件总是发生在特定的文化语境中，语境也会影响观看和使用行为——语境可以是画廊、私人家中、公共空间、博物馆，或者商店。每个地方都有它自己的经济、规范和规则，所有这些营造出了一种文化，以此影响个人行为，而个人行为会影响到个人观看、体验图像及使用物件的方式。[26]正如上文所述，处在语境中的文化可以说就是"某一人群或社会的理念、习俗和社会行为"。[27]

图像、形式、物件与相关文本（如有）彼此之间的关系是什么

图像、形式、物件常常与其他表现形式（如书面文本或口头文本）结合在一起使用。事实上，没有文本的东西非常罕见。即便是画廊中的绘画和雕塑也有文本的标牌挂在墙上，用以说明相关的信息或价格。我说的不是诸如报刊中的图片、建筑物上的标识、商店中的产品这类明显的例子，我要说的是，实际上所有的图像、形式、物件都需要伴以某种形式的文本。图像、形式、物件与文本之间的相互关系常常能形成一种附加的语境，供人们进一步的研究。[28]

163

除此之外,你在分析视觉与物质文化的数据时,还有很多的方法可以使用。然而,如果你尚处在研究生涯的早期,那最好使用以下三种方法:构成阐释、内容分析和符号学。

构成阐释

从专业学习的第一年开始,设计专业学生就开始接受训练,培养描述和讨论自己作品和他人作品的能力。因此,设计师应该能用正确的术语和词汇,批判性地审视和描述图像、形式和物件,构成阐释就可以用于这样的目的。[29]不过,我们也不可望文生义,因为构成阐释实际上是一种阐释力有限的描述性研究方法。

这种方法的最大益处在于,其固有的词汇让你能够以正确的术语来描述自己所观看的东西。这种方法主要关注视觉外观,也非常留意构成,但也会留心生产方面(不过只在生产技术的知识有助于更好地描述图像或物件的某些特征时)。但构成阐释也确实有其局限。这种方法侧重于作品的视觉方面,但却忽略了观看和体验事物的社会特定方式,也忽略了社会的视觉和物质表征。在视觉研究中,图像和物件不能被看作是孤立的事物,还需要根据它们的生产方式、对象和原因来对其进行观察和阐释。[30]也因此,我们还需要诸如内容分析和符号学等其他方法,以便开展进一步的探索。不过,尽管存在局限,构成阐释还是提供了一种特有的方法来看待内容与形式。[31]

构成阐释是一种审视图像、形式、物件的方法,其手段是将这些对象切分成一系列的成分,如内容、颜色、形式类别、空间组织、光线、运动、表达内容等等。但是,这些成分实际上是彼此相关的,而"构成"一词也说明应该将所有成分视为一体。[32]

在构成阐释的过程中,你可以提很多问题。首先,你一开始应该先提一些基本的问题,然后再问具体的细节。这些提问都是为了获取有关图片的纯描述性信息,回答不应当包含价值判断、分析或阐释。你可以

164

使用以下这些提问来描述图像或物件的关键元素，但请留意，并非所有的问题都可运用于所有情况：

- 你看到了什么？这个作品表现的是一种形式的艺术、建筑、设计、广告、影片，还是别的什么？你能辨认出其中的标志性(iconographic)元素吗(比如说，这个图像或物件是否是基于某一历史事件、某一历史时期、某种风格或其他什么事物而产生，或受其启发的)？

- 你能否提供该作品制作的地区、日期和制作者？

- 该作品以什么介质呈现？是绘画、摄影、电影吗？还是用石头、金属等制成？

- 该作品生产的过程中使用的是什么技术和工具？该产品生产的过程中是否使用了特制的或特殊的工具和技术？

- 作品的尺寸、规模，或时长是多少？根据你想要分析的内容，你可以按比例来评估作品与人的关系；如果研究的是一个产品或建筑物，你可以给出实际的尺寸；如果是电影，你可以给出时长信息。在有些案例中，你也可以从语境的角度来检验。

- 图像中表现了什么物件或形式？反过来呢？你能辨认出构成中的元素、结构系统或一般形状吗？

- 构成遵循的是什么方向？是垂直的、水平的、中心集聚的，还是斜向的？如果是斜向的，中轴线是从左至右，还是从右至左？

- 什么样的线条占据了主导？是软的、硬的、厚的、薄的、可变的、非常规的、平面的、锯齿状的、断续的、模糊的、弯曲的，还是别的什么？

- 作品中形状之间的关系是什么？是按大小分组吗？是否互相重叠？还是按渐变排列，等等？

- 你能说明作品表面的质地吗？如果作品不涉及质地，你能对作品的制作给出其他意见吗？

- 你能描述一下作品的主色或配色吗？有三个术语可供你描述配色：
色调，指的是图像中的基本主导性色彩（如红、蓝、绿）；饱和度，指的是色彩纯度与色谱的关系（如高饱和度指颜色鲜活，低饱和度指颜色较暗淡）；色值，指的是颜色的明暗（如颜色接近白色，色值就高；接近黑色，色值就低）。

- 你能描述设计的构成吗？是稳定的、重复的、有节奏的、统一的、对称的、和谐的、几何图形的、变化的、混乱的、水平的、垂直的，还是其他什么？

- 你能描述空间组织吗？作品怎样被放置在空间或环境中？若作品是一幅图像，你就能回答以下几个方面的问题：图像中的元素互相之间呈现出怎样的关系（从某一特定角度观看时的高度、宽度、深度、位置）？造成了怎样的距离感？在回答这些问题的时候，你还可以描述一下图像是以什么样的视角呈现的，是"鸟瞰"（从上而下的视角，也叫"俯瞰"）？是平视视角（也就是图像透过图像制作者的眼睛来呈现）？是"虫眼"视角（与鸟瞰视角相反）？还是其他？与二维图像相关的第二个提问，则应该涉及那些试图给人留下深刻印象的图。[33]

　　在给出过程阐释的时候，你可以考虑的疑问有很多，这只是其中几个。随着你的知识和经验不断长进，你就有能力使用额外的描述性元素来详细描述图像、形式和物件。假以时日，只要你用这种方法来培养能力，你还能培养出视觉鉴赏的技能。

内容分析

　　内容分析与构成阐释截然不同。内容分析这种定量方法涉及要计算和总结图像或文本中的现象。和其他定量研究方法一样，这种方法可用来支撑你的定量研究。内容分析的主要优势之一，就是能使你在开展初步研究时产生原创性的新数据，你可以把它们作为立论的依据。[34]这种方法基于一系列的规则和程序，研究人员只有严格遵守这些，才可以对图像做出分析，这其中也包括了物件和形式的图像，但不包括物件和形式本身。[35]

内容分析最适用于与大众媒体（如电视、报纸、杂志等）相关的视觉文化研究。作为设计师，你可能需要研究的是某类图像出现在媒体中的频率。比如说，你在进行一项关于时尚杂志广告的研究，你也想知道高级时尚有多么多元的文化，某个电视节目上投放了什么产品，等等。你可以通过比较该电视节目中投放的产品数量，也可以通过调查一段时间内的杂志，数出其中出现的各个种族的模特，得到一个明确的回答。如果研究的是电视节目，你就可以把每一集都看一下，然后对产品投放做个分类。如果研究的是时尚杂志，你可以选定如《时尚》(Vogue)、《世界时装之苑》(ELLE)、《大都会》(Cosmopolitan)这类杂志的某个代表性时期，数出每个分类（如"黑人""白人""亚洲人""其他"）模特的数量。除此以外，你还可以做一些其他的分类，在电视节目中选一些代表性的产品品牌，在时尚杂志中则选一些代表性的时尚品牌。用这个原则，你还能看出每个产品品牌究竟得到了多大程度的呈现，每个时尚品牌又有多大程度的多元文化性。研究完成后，你就掌握了事实证据，就能对你的研究对象提出有根据的主张了。[36]

不论哪种情况，都请记住，上述的例子不过是一种概括。如果你要进行这类研究，你可能就需要开发出更具体的分析系统。比如，你可以基于对某些图像或某些图像样本中某些视觉元素的出现频率的计算，来开展内容分析。这种方法也包括对频率的分析。为了让研究过程可靠且可重复使用，研究过程的每个方面都需要遵守特定的要求。[37]简·斯托克斯(Jane Stokes)在她的《怎样做媒体与文化研究》(How to Do Media & Cultural Studies, 2011)一书中已经详细描绘了这类研究的各项具体细节，我们能够轻松地运用在视觉研究中的内容分析上。[38]以下是你可以用来照做的十二步骤研究过程：

第一步：建立你的研究议题或假设

第二步：对课题进行广泛阅读

第三步：确定分析的对象

第四步: 确定分类

第五步: 制作编码表, 用来记录发现

第六步: 测试编码分类

第七步: 收集数据

第八步: 总结发现

第九步: 阐释发现

第十步: 将发现与研究议题联系起来

第十一步: 呈示发现

第十二步: 讨论发现

同其他研究过程一样, 你首先需要建立起你的研究议题或假设。这么做很重要, 因为你在开始寻找之前, 需要对想要找到什么有清晰的认识。接下来要阅读那些近似课题的前人研究。你所研究的课题是否已经有人研究过了? 这些研究中有没有使用了内容分析? 如果没有, 请检验是否使用了类似于内容分析的研究, 这样你就能看出这种方法是如何被使用的, 原因是什么。然后, 你可以确定你的研究议题和假设, 以此来完善你的二手发现。[39]

接着, 你就需要将你要研究的材料剥离开来, 也要想一想你的选择可以怎样帮助你回答你的研究议题或验证你的假设。要声明你要研究的图像是什么, 原因是什么。你也要估计你要研究的图像究竟有多少。和其他定量研究一样, 你的样本应该尽可能地多, 有代表性, 而且便于管理。[40]对于研究生来说, 在做研究计划前, 最好先就图像的数量向导师请教。

你接下来要做的, 是决定在分析中采用哪些类别对内容进行分类。这个过程叫作"编码"。对分类进行编码一定是与一系列的特征相关联的。罗斯提出的三条评判标准是你在对分类进行编码时需要考虑的:[41]

· 彻底性: 你所研究的图像的每个方面都应该在相应的分类之下。

- 排他性：每个分类之间不应重叠。
- 启发性：各分类分析起来都应该有意思，而且一以贯之。

将这些评判标准纳入考量着实不易，但却很有必要。此处你还要警惕，面对同样的编码，不同的人可能会采用不同的阐释方式。所以你编码时一定要定义明晰，不带歧义。为了让这个过程行之有效，你的内容还得是可重复使用的。其他研究人员应该也能够以同样的方式、用同样的分类，对类似的图像进行编码。测试编码有一种好方法，就是先进行一个小规模的试点研究，让共事的研究人员独立地按照同样的工作原则开展研究。这个过程需要不断细化，直至达成共识，形成最终的编码。然而，这也不意味着编码是不可更改的。随着研究的深入，只要你觉得有必要，都可以对分类进行细化。[42]完成这个过程之后，你需要继续细化你的研究议题或假设。还有，你要仔细地记录下你所做的任何调整，之后你需要在研究报告（或论文）中讨论这一过程。要在报告中展示出你思想的发展历程，这么做非常重要。[43]

分类确定下来并经过测试以后，你就可以自信地说，你的编码参数会为你提供所需的信息，让你可以回答自己的研究议题，或者让你可以证实或推翻自己的假设，然后你就可以开始处理图像了。请确保自己已将例外和难以判断的情况记录下来了。然后你得开始总结自己的发现了。请记下每个分类都出现了多少次。接下来你需要将这一初步数据转化为百分比。这就让你可以较轻松地在样本之间做比较。这步骤完成之后，你要观察每个分类之间的关系模型，看看它们是否能够解答你的研究议题，或确证你的假设。[44]

如果你的研究议题还未能解答，你提出的假设也未能得到确证，也不用担心。请想一想为什么会这样，如有必要，再让数据来引导你提出新的议题或假设。这是学习的一个过程。反思一下，你本可以做些什么，是不是还能做些不一样的事情。如有必要，请重复你的研究。无论哪种情况，请以清晰、有条理的方式呈现你的发现，使用合适的图表、表格、信息图。在做结尾的时候，请讨论该研究的优缺点，想想还有其他什么方法来开展这项研究。解释一下你从该项研究中学到了什么。[45] 此处你还要考虑到，数字并不能轻易地被转化为意义。如果有件事经常发生，也不意味着这件事就一定比较少发生的事更有意义。有时候，未能进入视线的事物也可能意义重大。[46] 这也是为什么，内容分析是一种强有力的方法，用来找出那些内容隐晦的事实。[47]

符号学

符号学，亦称语义学（semiology），是一种关注符号及其阐释的研究。这种方法既非描述性的（构成阐释的方法），亦非可量化的（内容分析的方法）。这是一种阐释性的方法，让你可以分析图像或物件，并且理解它们是如何与更广阔的意义系统发生关系的。[48] 作为一种方法，符号学可以为你提供明晰的分析词汇，来说明符号是如何发挥作用的。从本质上来说，这种方法对平面设计、广告、品牌推广、时尚、摄影等创意工作尤为有用，对于其他设计师（如产品和空间设计师）也有很大益处。符号学能说明你工作中的各类元素是如何与文化知识互动，创造出社会意义的，由此，也就为你的工作提供了一种知识语境。[49]

在视觉和物质文化研究中，这种方法特别受欢迎。这种方法要求人从某一意识形态平台上观察图像和物件，说明它们是如何借此创造意义的。这种阐释性的方法所需的资源相对较少，与内容分析不同，它不需要应用在大量的图像或物件图像上。不过，这种方法却需要人对自己的研究课题有较高的知识水准。例如，你需要对各类视觉和物质编码代表什么事物十分了解，这样你才能完全地理解你所分析的习俗。[50] 不论哪种情况，你在开展符号学分析的时候都有七个步骤可以遵循：

第一步：确定你要分析的课题

第二步：决定你要采集何种数据

第三步：描述你采集到的数据

第四步：阐释数据

第五步：强调相关的文化密码

第六步：讨论你的发现

第七步：做出结论

开始采集数据之前，你先要决定你分析的课题是什么。这应该要与你的研究议题或假设相关。接下来，你得决定你要观察的是何种图像或物件，你要研究的是何种媒介（如电视、杂志、报纸、陈列室、博物馆等）。分析的第一阶段是描述图像或物件的内容。你需要提供图像或物件所代表的详细信息。下一个阶段则是讨论每一个符号的意义和内涵，对这些符号，既要各自单独讨论，也要集合在一起讨论。比如说你在研究一个广告，你就需要解释语言符号（文本）与视觉之物（图像或物件）之间的关系，还有它们是如何共同发挥作用的。此处你还要想一想，是否有一些文化符码和习俗是人期待从该媒介的受众身上看到的。换言之，这些图像或物件是为谁而有的？这些符码是否有其特定的目标受众，还是应当受到更广泛的关注？你是不是得先了解一些文化知识，才能理解这些事物背后的意义？还是说它们本身具有普适性？请讨论这些事物实际上所代表的是什么，对其受众又意味着什么。最后，请讨论一下，你的分析是否解答了你的研究议题，是否支持或驳斥了你的假设。然后，请在结论中对你的发现做一番总结。[51]

要进行一个符号学分析，首先你要透彻地理解什么是符号。据《牛津词典》所说，符号可以是"一个物件、一种性质、一起事件，其出现意味着另一事物的存在或发生"。例如，花朵常常被视作爱意的符号。而另一方面，符号也可以是"一种姿势或行动，用来传达信息或指示"，这类功效的例子是交通标志。[52]

符号常常由两部分组成。符号的第一部分是"所指"(signified)。这指的是一个对象或一个概念。例如，一个年幼的人，如果还没到足够的年龄可以走路、说话，那就可以被说成是一个婴儿。符号的第二部分是"能指"（signifier），这个元素附属于所指，而所指则能反过来总结符号的意义。在符号学的语境中，能指与所指的区别非常重要，因为两者的关联并非总是显而易见的。例如，在英语中，"baby"一词可能并不一定指实际的婴儿，如果一个人叫另一个人"baby"，也可以指"成人之间的昵称"。[53] 不过，区别还不止于此。你还要考虑三种符号：像似符号(icon)、指示符号(index)与规约符号(symbol)。[2]

像似符号

像似符号的能指可以让人即刻辨认出所指。这类符号对于各类设计形式和视觉图像都尤为重要。例如，婴儿的照片是该婴儿的像似符号。[54] 在有些情况下，某些设计物也可以获得像似符号的地位。例如，由伊姆斯夫妇于 1956 年开发的伊姆斯休闲椅与奥斯曼椅堪称现代设计的像似符号（图 6.1）。因为这是能让人一眼就能识别出的设计作品，是

图 6.1　伊姆斯休闲椅与奥斯曼椅（1956），由伊姆斯夫妇设计，最初由美国赫曼米勒公司生产。（照片由赫曼米勒公司友情提供）

[2] 此三分法源自美国哲学家皮尔士（Charles Sanders Peirce, 1839—1914），本书所采取的译名采用了目前汉语符号学研究领域中通行的译法。个别处需根据上下文采取其他译法，脚注中将予以说明。——译注

170　那个时代高度标志性的物件。这两张椅子的设计历经岁月沧桑,在超过半个世纪的今天仍令人着迷。它们甚至在纽约现代艺术博物馆、芝加哥艺术博物馆、德国维特拉设计博物馆等机构展出,而且一再现身于设计类出版物中。

指示符号

指示符号展现的是所指与能指之间的清晰关系。例如,在传达设计中,指示符号常常用作环境标识,以此向人提供指示或指明方向。象形图(pictograms)最好地说明了什么是设计而成的指示符号。无论用作展示还是用作发现,象形图都具有不易出错的普适性,能让人一眼辨识出来。[55] 最常见的象形图是洗手间使用的男女符号(图6.2)。同样,婴儿象形图则指的是为婴儿更换尿布的母婴室(图6.3)。

图 6.2　洗手间标识

图 6.3　母婴室标识

规约符号

规约符号一词的英文(symbol)来源于希腊语(*symbolon*),意思是契约、象征、徽章、辨认手段等。规约符号无论其形式是图片、符号、词语、

171　物件还是姿势(或全部,或其中几种组合),都需要与一种特定的、自觉持有的理念相结合,才能完全地表达其含义。一个规约符号需要一群人对其含义达成共识,因此可以说是一种约定,也是某种不太为人熟知的"契约"。[56]

如果我们考虑到了这点,婴儿就可以被阐释为一种代表了新开始或"未来"之意的规约符号。[57]其他还有一些被广泛接纳的例子,包括以下三个符号(图6.4、图6.5、图6.6)都代表了和平,而切·格瓦拉的版画头像则常被视为革命和反叛的符号(图6.7)。

一个词语或一张图像,甚至一个姿势都可以成为一个规约符号,只

图 6.4　和平符号　这一符号由英国艺术家杰拉尔德·霍尔通（Gerald Holtom）于 1958 年创作。该符号最初是作为反核战直接行动委员会（Direct Action Committee Against Nuclear War, DAC）的标志，也是英国核裁军运动（Campaign for Nuclear Disarmament, CND）的徽章。但在 1960 年的美国，该符号被用作了和平运动的符号。

图 6.4

图 6.5　和平鸽　这只由毕加索绘制的和平鸽是 1949 年于巴黎举行的第一届国际和平大会的标志，后来成为世界上最易辨识的和平象征之一。

图 6.5

图 6.6　V 字手势　这一符号的含义众多，有胜利（最著名的例子是丘吉尔在二战期间所做的）、羞辱、幸福等。不过，该符号最广为人知的含义之一是反战人士和反主流文化活动人士所使用的，代表了和平。

图 6.7　切·格瓦拉的版画头像　该头像的原图是阿尔贝托·科尔达（Alberto Korda）于 1960 年摄制的一张标志性照片，照片题为《英雄的游击队战士》（Guerrillero Heroico）。由于切·格瓦拉有着强烈的理想主义和革命性个人形象，他这张风格鲜明的头像就得到了广泛接受，成为大众文化中革命与反叛的符号。

图 6.6

要它所暗示的含义超出了它表面的含义。规约符号指向更广阔的对象，而且是"无意识"的，无法被精准地定义，也不能得到完全的解释。

172　规约符号之所以能起作用，是因为在日常生活语境中，我们无法全面地感知事物，也不能完全理解事物。我们可以看、听、摸、嗅、尝；但无论我们看得有多远，听得有多清晰，触觉告诉了我们什么，我们尝到了什么东西，这些全都是依靠我们感觉的质量，以及我们处理这些事物的意愿和能力的。我们的感觉限制了我们对

图 6.7

世界的感知。因此，也就可以说，我们在感知真实的时候，常常依靠无意识的诉求。即便我们的感官对真实的现象（如视野和声音）做出回应，这也是从真实的领域转译到观念的领域中。在我们的观念中，他们已经成为精神性的事件，而这些事件的终极本质是无法言说的。[58]

我们无法了解事物本身的终极本质，因此可以说，每一个经历都

图 6.8   基督教十字架   十字架是基督教的规约符号,代表耶稣基督被钉死。这个符号被完全地融入了崇拜的整个过程,出现在了教堂中、绘画、书籍、法衣和首饰上,并且作为仪式的一部分出现在了教会事务的各个阶段。甚至也有个人怀着虔诚的态度,非常投入地自己动手制作十字架,其中既有神职人员也有普通信众。

图 6.9   佛教法轮   法轮代表的是佛陀的教义。法轮的含义有很多,其中一个是生死的无限轮回。

图 6.8

图 6.9

包含了无限量的未知因素,而每一个具体的物件从某些方面来说仍是未知的。实际上,事件不断发生,常常隐匿于我们意识的门槛之下。因为人会用理性和知识来做选择,所以逻辑分析是意识的特权。而另一方面,无意识的思维则主要受直觉趋使所指引,并且由另一组相对应的思维形式——原型(archetypes)所代表。[59] "无意识"事件如果发生,就会在潜意识里被吸收。人们只有在直觉的一瞬间才能觉察到它们;通过高深思维过程得出无意识的结论;或作为事后思考,认为这类事件一定发生过,即便在一开始是被忽略的。[60] 如果我们没有意识到这一点,我们对潜意识信息的无意识感知就会影响我们对事件、对他人的反应方式。[61] 结果,如果人用自己的观念去探索一个规约符号,就会被导向超出理性之外的理念。因为超出人类理解范畴的事物太多,我们常常要借助于规约符号,才能传达出

174   我们无法准确定义、无法完全理解的概念。正如卡尔·荣格(Carl Jung)指出的,也正是因此,规约符号的语言和图像才如此广泛地应用在了所有宗教中。[62]

在历史的发展过程中,由于规约符号的使用,各种的分类和关系都被开发了出来。有些规约符号,比如宗教的规约符号,用于传达人与神圣事物的关系,如基督教中的基督教十字架(图6.8),以及人与社会物质世界的关系,如佛教中的法轮(图6.9);也有非宗教类的规约符号,为人类增添了意义。例如,在 19 世纪和 20 世纪,规约符号处理了人类与物质世界及其概念化的关系(如科技规约符号),表明了其在现代科

技中日益增长的重要性。这类"世俗化"的规约符号,在某种程度上也根植于宗教领域中的规约符号。它们发挥作用的方式和目的也与宗教的规约符号相似,都是将某些特定的含义与某些特定的符号相联系。宗教规约符号的概念里有多种形式的比喻和表示方式。其中包括了讽喻、拟人、修辞、类推、隐喻、寓言、图像(比如用图片的方式展示理念)、徽章,以及个人所做的具有口头含义的人造规约符号,还有用以区分个人的标志属性。它们都是规约符号的形式、历史、文学、人工分类。无论是不是宗教性质的,规约符号都主要是为了新加入者,需要让他们知晓符号所表达的经验。因此,规约符号的含义就不应该是隐藏的,而是应该具有揭示性。规约符号意味着人需要相关的沟通,但与此同时它也掩盖了细节和内容的最内在方面。[63]

175 　　从本质上说,符号学这种方法是分析那些具有社会意义的含义制造过程。因此,符号学能为你提供绝佳的基础,让你可以深入地理解视觉和物质文化的基本原理。如果想要更好地理解今日消费驱动型社会中人类的志向与动机,你用符号学来分析广告领域就很适合。因此,主流的符号学常常观察广告及其所传达的信息。而这些信息常常都是构成当代社会意识形态的核心。[64] 既然广告是一种品牌传播的形式,类似的符号学分析因此也就能够沿用到品牌推广的领域。下文中我将列举一些例子,让你看看可以怎样从符号学的角度检验这两个领域。

6.2.3　　准备一份报告

　　在准备视觉研究报告的时候,并没有既定的格式。和大多数研究报告一样,格式取决于受众,或作品的风格。不过,你还是可以采用下列格式作为指引或出发点(图6.10):

1. 引言
2. 研究议题或假设
3. 视觉分析

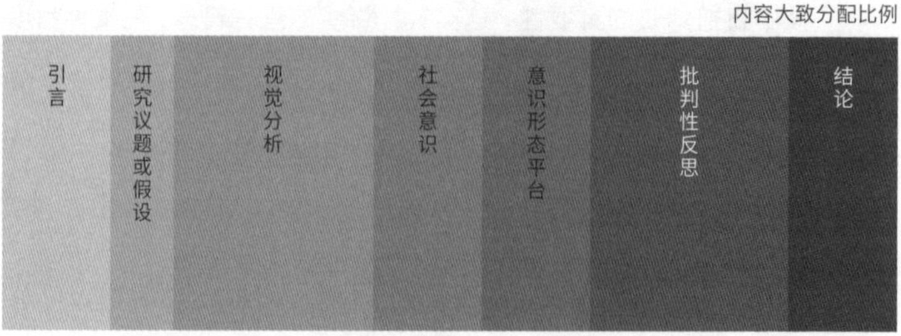

内容大致分配比例

图 6.10　视觉研究报告结构

4. 社会意识
5. 意识形态平台
6. 批判性反思
7. 结论

176　　你先写一个引言，说明自己研究的是什么，原因为何。之后，你要呈示自己的研究议题或假设，这是你研究工作背后的主要驱动力。然后你要展现你所做的选择，并回答：你看到了什么？图像、形式、物件往往都有着隐含的意义，需要你去辨别、承认、解码。无论大多数人怎么看待，图像、形式、物件都并不总是不言自明的，也并不总是能以简单笼统的方式得到检验。这也就意味着，除了要展示你所研究的东西之外，你还要加上描述，方法则是构成阐释和内容分析。接下来你还要从社会的接纳和排斥程度来看图像、形式、物件。最终，你要考虑的是，"观看"和"体验"的方式是多种多样的。因为意识形态之间存在分歧（观察世界的方式不同），同一件事物会有各种各样的检验方式和阐释方式。[65] 在这一点上，你就可以使用符号学分析对情况做进一步解释。因此，请将你的意识形态平台看作一个理念系统，它的目标是既能解释世界，也能改变世界。[66] 所有这些就为你设定好了反思的语境，然后你就能讨论如下的问题：

- 为什么要创作这个作品，它有什么含义？

- 期望在受众身上起到的效果实现了吗？

- 这个作品应该用怎样的标准来评判，有什么与评判标准相关的证据吗？

　　你根据自己设定的评判标准，对所选择的事物进行阐释和判断，在结论中请将此一一呈现。还有你所找到的证据，也请包含在其中。[67]

讨　论　符号学与广告

　　如果你有意研究广告是怎样反映社会或性别差异的,你就需要在开始前先确定三个关键点。首先,你需要对准备要观察的那类广告做出清晰的定义。第二,你要告知读者你采集数据的地点。第三,你要说明这些广告是如何构建的。[68] 要确定最后一点,你可以先问问自己以下几个问题:

- 这些广告表现了什么?
- 这些广告传达的是什么价值?
- 这些广告是怎么做的?

177　　广告会提升或增加产品的社会价值。广告中的符号一般都指向进取、积极的事物,如品位、奢华、健康、幸福、友情等。关键点在于,要将能指从这些符号转化到产品上。这对广告来说至为关键。[69]

　　广告中的符号将转义 [3] 赋予了我们文化的意义。有些转义很容易辨认,有些则是无意识的表达。例如,香水广告中女性模特的照片可以被看成带有年轻、纤瘦、美丽、健康等转义的符号。之所以大多数人都会这么看,是因为这名女性并不臃肿,年纪不大,身高没有低于平均值,身上也没有什么瑕疵。由于符号具有的积极转义是与广告相关的,广告就成为"女性美"这一神话概念的能指。这个概念在我们的社会当中,是被看作一种属于性感女人之正面神话的。广告展示了一个关键视觉符号——"女性美"神话(即这个模特),而这个符号被放在语言符号中,即香水的名字(常伴以香水瓶的小图)旁边,以此发挥作用。通过这种方式,符号赋予了产品一种神话意义,香水本身也成了女性美的符号。符号学就是这么运作的。人们辨别出广告中的符号,受到社会神话的感召,并且将神话意义转化为了广告中的产品。

[3]　connotation,又译作"内涵意义""隐含意义"等,在英语中与其相对的词是 denotation,即本义。——译注

下一步，我们要思考广告的神话意义是如何与我们对真实世界的理解相关的，然后辨认广告的意识形态功能。尽管香水广告并没有声称人们买了香水就会变美，但人们还是会买香水，因为他们想要拥有这个神话，或者想将自己与神话关联起来。这个例子就展现了广告是如何通过符号结构传达信息的。[70]

在让·鲍德里亚(Jean Baudrillard)看来，诸如"女性美"之类的神话利用了消费社会中个人的自恋精神。[71]这样的广告鼓励人纵情享受人生。在这个案例中，"女人"这个概念就是卖给女人的。这其中所传达的不只是人和其他人的关系，还有人和自己的关系。女人正在消费自己，也可以说，她是在"人格化"自己。而在类似场景下的男性模特则可能会被看成是在表现"特别"和"选择"。因此，针对男性的广告常常能看作是在表达"选择的规则"。这种现代男人通常被刻画成"与众不同"和"要求很高"的形象。他不容忍失败，也不会忽略细节。他的目标是变得与众不同。这些特质都与军人和清教徒的品格相关，如"坚韧不拔""有决断力""无所畏惧"等。广告中这个典型的男性模特是一种充满竞争力的模型，传达出高级的社会地位。基本上在大多数广告中，男人扮演的是战士，女人扮演的是玩偶。[72]

178　　　可是，你还要考虑到这类分析中有一个制约因素。由于文化与社会背景各异，不同的人会用不同的方式对符号进行解码，而这些方式可能与广告商的初衷相悖。这些神话与当代西方文化紧密相关，因此在其他文化中会得到不同的解读。举例来说，年轻、纤瘦、高挑在西方历史的语境中未必意味着理想女性美的表现，在当今的其他文化中也是如此。因而，我们要明白，有些概念只是针对特定的文化、传统或历史时期的。想要更多地了解对西方广告的符号学分析，更确切地说，是对美国广告的符号学分析，请查阅朱迪斯·威廉姆森(Judith Williamson)的经典著作《解码广告：意识形态与广告的意义》(*Decoding Advertisements: Ideology and Meaning of Advertising*, 1978)。这部著作反映的是美国20世纪70年代的广告业，这与今日的广告业有着颇多不同,但威廉姆森所使用的符号学分析的原则在今天同样适用。[73]

讨 论   符号学与品牌

广告是一种品牌推广的形式。品牌利用广告来销售产品,也同样利用广告来传达他们的价值和意义。因此,在受众眼中,品牌的首要角色(也许是最复杂的角色)就是要具备规约符号的性质,因为品牌能传达一种认同感。人经常将品牌视作一种个性的符号或标识。无论我们承认与否,我们在与别人第一次会面时,都常常是用他们的座驾、他们的衣着、他们所隶属的组织等来评价他们的;而品牌的规约符号性特质,总是比物质性的特质更容易先入为主。因此,在认同形成的语境中,规约符号的力量不容小觑。[74]

任何物件、词语、行动,只要它们代表了超出其本身含义之外的东西,就可以看作规约符号,而在企业中,规约符号最常采取的视觉形式的是符号(sign)或徽标(logo)。随时间流逝,有些徽标甚至成为一种规约符号,不过需要注意的是,徽标未必就一定是规约符号,之后也不一定会成为规约符号。[75]分析心理学的奠基人卡尔·荣格在其著作《人类及其象征》(*Man and His Symbols, 1964*)[4]中首次探讨了这一观点。荣格对规约符号的理解始于对日常口头及书写文字使用的简单认可。构成语言的听觉和图像模式代替了某些事物(不在场的指示物),因而使语言变得具有规约符号的性质了。说话者与写作者的社群持续地设计出新的模式,这些模式需在共识的系统中运行,不然是无法为人所知的。20世纪缩写词的使用就很好地说明了这点,这些缩写词是从词组中提取首字母而来的,如"UN"(联合国)、"UNICEF"(联合国儿童基金会)、"UNESCO"(联合国教科文组织)等。这些缩写词本身在词源学上并无意义(也就

179

[4] 书名中的"象征"(symbols)一词即规约符号。因英语与汉语的差异所致,symbol 在心理学和在符号学中的译名难以统一。——译注。

是说，它们不是从先前既存的词汇中发展而来），这些词之所以获得认可，仅仅只是因为得到了广泛使用。[76] 然而，正如瑞士语言学家索绪尔（Ferdinand de Saussure）提出的，这些缩写词并非规约符号，而是符号，它们并不超出其本义所指的对象。[77] 商标、专利药品名称、徽章、标识等都是类似的符号，但并非规约符号。这类符号总是少于其所代表的概念，因概念缺位才需要它们作为替代。荣格指出，符号和规约符号的区别在于，后者总是指代了更多，超出了前者所代表的显而易见、不言自明的含义，尽管两者是源于同一种方式：作为文化生产的自发过程，通过某一社群的使用，在一段时期内保持了其本义。[78] 据荣格所说，符号是可以轻易地为了某个目的而创造出来的，而规约符号却不能在短时间内被刻意地创造出来。[79] 规约符号需要大量的时间，也需要意图不明的相关行动，才能将符号转化为规约符号，因为规约符号所关联的事物应该是某一大群体都知道的。

　　因而，无论如何，从事视觉认同构建的设计咨询师都应把符号（徽标）置于创意过程和企业战略的核心。徽标的首要目标是以有冲击力、简洁明了的方式，呈现组织的核心理念，从而将企业认同融于其中。如果做得好，徽标就能提振整个组织的核心理念；如果做得不好，也会危及整个组织。企业传播专家也认为，徽标对于人的情绪、记忆、情感等有很大的影响，如果获得认可，就能令人愉悦；反之，则会令人回想起过往的可怕经历。在企业中，如为内部使用，徽标就表达一种坚固可靠的概念，意在提升人对机构的认同感。但如为外部受众使用，那徽标就要侧重于增强机构在人们心目中的识别度。[80]

　　这也就是说，许多企业都在找寻一种徽标，希望能借此激发自信、稳靠、舒适、同感等感受，徽标的含义没有争议、容易辨识，并且深植于受众的文化背景之中。不过，几乎所有机构都希望自己表现得具有现代感，强而有力，令人难以忘怀，而且也不得罪任何人。[81] 用这么一种混合的，甚至自相矛盾的理念来构思方案着实不易。然而也有些机构选择公然引起其他群体或个人的愤懑（如白人至上主义者采用了纳粹的钩十字符号), 或者单纯挑衅(如英国服装品牌 French Connection United Kingdom 使用的缩写词商标FCUK)的方式来强化其辨识度。[82]

示 例　广告的说服力

180　　本示例是一份针对广告的视觉研究报告, 有删节。本研究反思广告在我们的社会中所扮演的角色。为了方便讨论, 我会采取反消费主义的意识形态立场: 我将广告作为一种旨在将消费主义推为生活方式的当代宣传手段来予以检验。然而, 请注意此类报告的完整版本应包含深度的分析讨论, 还要加上各种类(如按历史分类或按主题分类)广告示例和案例研究, 并具体地对其加以阐释。

引言

借由一系列的诉求、规约符号和主张, 广告被设计了出来, 影响信息的接收者, 将他们导向广告商想要的观点。这么做的目的是推动接收者在接受信息之后, 以某种特定的方式行动。可以说, 广告之所以有说服力, 就是因为它混合了其他形式的流行文化, 故而大多数人都将广告视为一种娱乐和信息的形式。这一点在广告标语、品牌和像似符号的扩散现象中尤为可见: 人们乐意穿着、展示, 甚至花费高昂的价格购买"设计师品牌"。消费者如能获得这些品牌的东西, 就会觉得是一种"特权", 为此他们常常出手阔绰。在如此情况下, 也就难怪大多数人都没有意识到广告是现代最常见的宣传手段。[83]

这一主张支持了苏特·贾利(Sut Jhally)的观点。贾利是最杰出的文化理论家和广告批评家, 他认为, 当代的广告构成了人类历史中最强大、最持久的宣传系统。据他所言, 历史上从未有过任何一个时代像 20 世纪那样, 有如此多的思想、精力、创造力、时间、对细节的关注, 都被投入了广告中, 以图改变公众的意识。[84]

意识形态框架：资本主义的现实主义

美国社会学家迈克尔·舒德森(Michael Schudson)从广泛的社会学及历史框架中分析了广告，他将广告描述为一种宣传（其无所不在、循环往复的规约符号系统），其目标不只是销售产品，也在于推行一种"消费主义的生活方式"。[85] 在他看来，有一种力量试图将人们想象中的产品，与某些特定的人群、需求、场合关联在一起，而广告世界正是这股力量的本质性部分。例如，在某些情况下，最有可能消费广告产品的那一群体在广告中是被抽象地表现出来的；也有一些情况下，较便捷的做法是不在广告中包含任何人，这样做是为了不将任何一类人排除在产品之外。舒德森还认为，抽象在当代大众消费广告中至为关键，因为其目的是表现现实的另一种形式，他称之为"资本主义的现实主义"。[86] 这个概念指的是，人们在现实生活中"表演"，生活在广告的社会理想中，因而以刻板的形象向世界展示自己。广告受大众消费的需求驱动，已经转变成了一种"超仪式化"(hyper-ritualization)，这种行为受到了更多的推崇。但有一个重要的区别：广告中的生活是经过"编辑"的，出现在公众眼前的只有正面的时刻。为了更好地解释这个概念，舒德森还将"资本主义的现实主义"与"社会主义的现实主义"联系在了一起，后者指的是来自苏联官方的、由国家许可和管控的艺术。[87]

在1934年的首届苏维埃作家大会上，对于社会主义的现实主义是这样定义的：这种艺术应呈现出"在现实的革命发展过程中，对现实做出正确的、历史可考的表现，要以教育的方式来实现这一点，目标是让劳动的大众有社会主义的精神"。[88] 这也就意味着，社会主义的现实主义艺术一定要忠实于生活，并且遵循以下规则：

- 艺术应该以简化和典型化的方式来刻画现实，这样就能有效地向大众传达。
- 艺术应该刻画生活，但也不要如其所是地刻画，而是要按照生活应该有的样子、值得效法的样子来刻画。

- 艺术应该刻画现实,但不应该以个体的形式,而是要揭示出更广大的社会意义。
- 艺术应该将现实刻画成朝着未来不断进步的样子,因此要正面地表现社会斗争。还要带着乐观主义的色彩。
- 艺术应关注当代生活,创作出新社会现象的喜人形象,揭示并认可社会的新特性,以此帮助大众吸收它们。[89]

舒德森反思苏联社会主义现实主义艺术中的主要概念,得出了结论:资本主义美国社会中的广告设计与社会主义苏联社会中的几乎如出一辙。两者都营造出一个美化现实或可能的现实,并将一切事物置于其中。区别在于,社会主义的现实主义的视觉美学之所以如此设计,是推崇人们为了服务国家而劳动;而资本主义的现实主义美学,则鼓励人们以私人生活和物质主义的名义纵情享乐。[90]

广告中使用的文化元素

182

广告是一种传播活动,它吸收并融合了各类具有规约符号性质的实践和说辞。简单来说,它的本质和形象都是基于对文化元素的广泛使用。广告从设计、文学、媒体、历史、流行文化中借鉴理念、语言、视觉表现。如果借鉴得当,这些元素就能围绕消费的主题,得到绝佳的重新组合。[91]

广告之所以具有操纵性的力量,就在于它很好地混合了现实与幻想。这种混合使人很难分清什么是理性的行为,什么是过度沉迷。有很多批评家认为广告的存在主要是为了创造人们的需求;不过也有一些认为,人们已经知道自己的需求和渴望,广告只是让他们意识到某个物品可以满足这些需求和渴望。后者暗示的是,广告也在"帮助"人们发现自己的需求。不过,这些批评家们也不反对以下观点:广告可能通过刺激人的冲动来创造出新的市场需求。[92]

杰布·福尔斯(Jib Fowles)补充说,广告业所做的就是揭开"情感的深层脉络",同时,制作出可以引起受众新反应的新鲜的规约符号。在他看来,广告中使用的规约符号应该是大多数人都能理解的。[93] 但我要说的是,这些规约符号需要让广告所指向的人群(即目标受众)理解,而不必让广大公众都明白。不过,如果广告试图将各类人群都覆盖在内,那就一定要由全社会都熟悉的元素构成,而这些元素要"表达共同性"。但也应避免使用陈词滥调,那样的规约符号只能沦为平庸,甚至遭到拒斥。[94]

广告格式

广告的首要作用是创建人(潜在的消费者)与产品(消费品)之间的关系。要实现这点,有四种基本的广告格式:产品—信息格式、产品—形象格式、人格化格式和生活方式格式。

产品—信息格式

产品—信息格式是广告的原型格式。在这类格式中,产品是处在广告的关注中心的。广告中所有的元素都关注解释产品及其用途。在这类广告中,品牌名称处在显眼的位置,位于包装或产品的图片之侧。广告中的文本用于描述产品,产品的用处、特点、性能、结构等。通常不会有附加的信息,不会或很少有用户须知,也不会写产品如何使用、为什么使用,只会写说明和优惠信息。这类广告格式在20世纪初非常受欢迎,但之后就逐渐衰落。[95]

产品—形象格式

产品—形象的广告会为产品增色,其方法是构建具有规约符号性质的关系,其意义则抽象性较多,实用性较少。与产品—信息广告不同,这类广告聚焦的并非产品的用途(虽然品牌名称和包装还是在其中扮演着重要角色)。这类广告是这样运作的:将产品置于规约符号性质的语境之中,赋予产品意义,使产品在组成元素和用途之外有更多的含义。产品—形象广告一般会将两种符号系统——产品与场景——融合在同

一条信息中。这些符号之间未必有因果联系或逻辑联系。它们的融合是
通过关联、并置、叙事来实现的。规约符号性质的关联使产品与广告想
要传达的抽象价值、理念有了关系。[96]

人格化格式

人格化广告的框架是根据产品和人类人格之间的直接关系来定义
的。在这类广告中，聚焦的对象是人，但方式与产品——形象的不同。在
人格化广告中，人被公然直接地置于产品世界之中。来自社会的尊崇、
因拥有产品而产生的自豪、因未能使用产品而导致的焦虑、对消费的满
足等，都成了产品阐释的重要维度。在这类广告中，消费者与产品的关
系成了重要的关注点。在这种格式中，产品不再是独立自主的物件，而
是成了人类存在与互动的重要组成部分。[97]

生活方式格式

生活方式广告将产品——形象广告与人格化广告结合在一起，意在
营造出人、产品、场景之间更为平衡的关系。在大多数此类广告中，场景
常常作为对正面典型的一种阐释。某一类人群或事物的形象或理念经
过调整和抽象化，就有了典型。因此，人能很轻易地就认出典型。这类
广告的运作方式是这样的：描绘一种理想的生活方式，将其与产品联系
起来。在当下的广告中，对消费方式的指向通常很微妙——叙事处理得
很简单，却以一种精致的方式呈现；广告还将视觉之物与文本混合，或
者用对话来表达各种的消费方式。这类广告并不关注产品的满意度和
用途，而是将产品或相关的消费行为与某一特定的社会群体关联起来，
而这个群体正是消费者期望加入的。[98]

结论

消费主义是当今主导的意识形态。广告是这一意识形态的重要宣
传手段，其角色十分关键，因为它尽力说服人们去消费。为了让广告达

到意识形态的效果,广告商常常给产品和服务附加上流行的神话。要在文化语境中分析广告,我们首先得将这些广告从它们所生存的商业环境中剥离。我们得辨识广告的视觉符号和语言符号,分析它们是如何协同运作的。这也就是说,我们首先得看出,广告的灵感究竟是从哪些社会神话而来的。接下来我们要确定这些神话究竟是被加强了,还是被削弱了。最后,我们还要检验广告中的符号之间有何关系。[99]

6.3   优秀视觉研究的特征
Hallmarks of Good Visual Research

如果你想要对图像、形式、物件做一份批判性阐释，那么你应当遵循很多原则。约翰·巴雷特（John Barrett）就给出了实际操作中所需的一套原则。[100] 虽说这些原则是从艺术批评家的角度给出的，但也同样可应用于设计语境中：

- 对图像、形式、物件做出阐释，也就是对它们做出回应。
- 图像、形式、物件都需要得到描述，也都需要阐释。
- 负责任的阐释应该呈现图像、形式、物件的最佳状态，而非最差状态。
- 阐释是有力的论辩。
- 对于同一个图像、形式、物件，可能会存在各种互相矛盾、彼此对立的阐释。
- 没有哪个阐释是已然穷尽，无须再深入的。
- 阐释隐含着一种世界观。
- 好的阐释谈论得更多的是作品，而不是批评。
- 对于同一个作品，可能会有各种不同的、互相矛盾、彼此对立的阐释。
- 没有哪个阐释是绝对正确的。
- 好的阐释一定得理性、有说服力、能启发人思考，还得言之有物。
- 阐释的好坏与否，可以从连贯性、一致性和包容性三方面判断。
- 阐释常常是由感觉引导的。
- 对作品的阐释未必与创作者想要表达的意思相符。
- 作品，而非创作者，必须始终是阐释的聚焦点。
- 所有的图像、形式和物品都有一部分是关于它们诞生的世界的。
- 所有的图像、形式和物品都有一部分是关于其他的图像、形式和物品的。
- 阐释既是个体性的，也是私人性的，却也同时具备公用性和共享性。
- 好的阐释会鼓励读者自己思考，做出自己的阐释。[101]

185

遵循这些原则可以让你做出既有批判性（从当代的观点来看），又有历史性的阐释。这些原则所根植的理论是多元的，但彼此互为补充。这份列表包含了各方面，但也并非不可修改；如有必要，可以对其做扩充或删减。这份列表虽然看起来很有权威性，但这些原则仍是尝试性的，是可以修改的。[102]

6.4　小结
Conclusion

186　　视觉研究关注的是对视觉图像和物质性物件的研究和阐释。我们也可以将这种研究方式定义为对视觉和物质文化的研究。这类研究在本质上是解释学的，能让你有能力去找寻草图、图画、插图、绘画、摄影、影像、物件、产品、建筑中的模式和意义。有能力批判性地检验图像和物件所传达的意义和信息，对于设计师而言尤为重要，因为这能使他们更好地理解自己工作的效果。

6.5　总结
Summary

本章中，我介绍了视觉研究，这是一种解释学的探究过程。我也展示了一系列的原则，让你在阐释视觉研究时可以遵循。除此以外，我还介绍了视觉与物质文化研究，这个领域检验的是能提供信息、意义、功能、愉悦感的图像、形式、物件。这些都不是独立的领域，而是置身于广泛的社会、历史、文化语境中的跨学科课题。此外，我也介绍了三种主要的研究方法，让你在开展视觉研究时可以使用：构成阐释、内容分析与符号学。

构成阐释为你提供描述图像、形式、物件的多种方法。你在研究的最初阶段可以使用这种方法来描述图像、形式、物件所具有的视觉影响。但构成阐释不能用于分析，因为这种方法既不鼓励批判性的反思（除了对生产过程的技术及构成方面的讨论），也不涉及广泛的文化意义和背景。因此，视觉研究人员需要将构成阐释与其他方法（比如下述方法）结合，这样才能克服仅用构成阐释所带来的弊端。[103]

内容分析是一种很有说服力的方法，它能够生成可靠、可复制的事实。这种方法很有弹性，也极具创意，研究人员只需要具备基本的数学技能就可以操作。其结果能以表格和图表的形式呈现，易于阅读，因此广为使用。内容分析作为工具来说也有缺陷，就是有时不太敏感，过于滞后。[104]研究人员只有在研究过程中做好了分类，这种方法才能随之而变得精细。因此，分类应该有理论依据，而且入情入理。如果开发和应用不当，那么其所生成的数据就是毫无意义的了。[105]不过，内容分析让研究人员可以系统地处理大量图像。[106]但你要记住，尽管内容分析能为你提供事实性的证据，过程本身却并非全是定量的。在过程的每个阶段，

187　从构思研究主题，到开发编码分类、对结果进行阐释，你都要做很多主观的决定。还有些与图像的文化内涵、意义相关的方面，是内容分析无法单独处理的。也因此，你还需用上符号学分析来支撑视觉研究。

符号学是阐释视觉与物质文化最具影响力的方法之一，[107]尤其在广告方面。[108]作为广告创意流程中最重要的一个部分，符号学能为我们提供很好的语汇，来探讨广告是如何使产品变得有意义，如何与潜在买家取得关联，从而为产品增值的。因此可以说，广告是符号学分析的绝佳课题。[109]不仅如此，符号学也很容易与其他研究方法相结合，比如内容分析。举例来说，你可以用内容分析确定特定媒介中出现了多少次特定图像，然后你用符号学具体地分析其中的一小部分。此外，你还可以使用参与式观察，与内容创作者或内容提供者（如杂志编辑、时尚摄影师、创意总监、发行人等）的访谈，把他们的观点也包含进去。或者，在完成分析后，你可以组织一个小型的讨论小组，在小组中呈示你的发现，看看是否确证或推翻了自己的理论。用这种方式，你能为自己的研究增加广度与深度。[110]

作为视觉与物质文化的评判者，你要考察的应是图像与物件在真实世界中所起的作用，不是你臆想、推测出来的作用。这才是你要收集

的数据。你的抽样过程既可以非常严格，也可以相当主观，最好是围绕着某种意识形态平台来做选择。至于如何准备视觉研究报告则无固定的格式，和大多数研究报告一样，格式应视受众或作品的风格而定。

第七章 应用研究

关键词

应用
研究

基于
实践的
研究

实践
引导的
研究

行动
研究

协同
设计

190   虽然最初构成设计领域的条件已经发生了翻天覆地的变化，当今
设计师所处的社会环境早已从工业社会变为后工业社会，但设计师仍
被认为是"制作东西"的人，而不是"思考"的人。当代设计师需与复杂的
政治、环境、社会问题打交道，这些问题所关注的绝不仅是做产品和行
动，而是要思考行动及其带来的后果。因此，设计师们首先得理解其参
与的实践的复杂性，之后再去着手解决与其他实践相关的问题。除此而
外，设计师不应再将自己的实践视为是确定无疑的、整全单一的，或不
可更改的。实践确实会随时间而改变，有时是受到了与实践相关的新思
想的引导，有时则是因为实践中引入了新技术。[1]

所有的设计师，无论其专业方向为何，都是在设计的过程中进行创
意探索。设计可以分为简单的设计与应用研究形式的设计，两者的差别
在于各自的目标和产出不同。通过创意实践进行研究的设计师除了设
计任务书之外，也尝试解决较宏观的问题。他们的工作是实验性的，会
提出质疑，不断发问。批判性的自我反思在这类工作中非常重要。[2]不过，
随着设计正逐渐成为一门独立学科，旧的工作方式也需要改变；设计需
要"去神秘化"（demystified）。这也就意味着，设计师一定得有能力说明自

己创意过程背后的逻辑原理。³ 还有, 这类研究也能帮助你更好地"构思问题"和"寻找方案"。⁴

7.1　什么是应用研究
What Is Applied Research?

　　应用研究使实践操作者可以反思和评估自己的工作。这类研究路径可见于各类学科, 也包括设计。就设计学科来说, 其应用研究路径借鉴自艺术学科。这也很正常, 因为当代设计专业最初是从将艺术性技能与商业实践相结合的应用艺术传统而来的。

　　20 世纪有许多杰出设计师都是靠直觉来创作的, 这种操作模式常见于美术。虽说这是设计领域中相当典型的工作方式, 许多设计师还是觉得很难向公众解释自己的创作过程。既然设计是一种外部导向 (outer-directed) 的工作, 且设计师从本质上来说是服务提供者 (与艺术不同, 艺术常常是内部导向 [inner-directed] 的), 有效地向客户表达设计过程就变得越来越重要。结果, 到了 20 世纪下半叶, 有关如何做设计决策的理性方法开始涌现。在 20 世纪六七十年代, 大量的设计思维与论述的出现大大影响了设计的方法与实践。之后, 设计领域又受到了其他学科 (如建筑学和工程学) 的影响。例如, 有工程学背景的工业设计师开始在设计问题解决的过程中引入"科学方法"。虽然如此, 实际操作中的设计还是与大量的不确定性、模糊性、直觉纠缠在一起, 设计师还是专注于臆测、整体性思考, 以及自我表达。⁵

　　但这对于应用研究路径来说也有好处。有一项研究比较了设计师 (在本案例中是建筑师) 与科学家解决同一问题的不同方式。结果显示, 设计师更倾向于使用"寻找方案"的策略, 而科学家则更多地"关注问题"。这意味着, 设计师通过综合来寻找问题的解决方案: 他们提出一系列可能的方案, 直至找到了最好的或令他们满意的方案为止。科学家则基于分析来寻找方案: 他们寻找问题背后的规则, 从而找出最优的方案。⁶

如果我们认同设计是一种解决问题的活动，那么就可以说，应用研究作为一种思考过程，则近似于设计。因此，有些专家认为，设计是应用研究的同义词，或者至少应当是同义词。[7] 不过，从本质上来讲，任何一种研究都应该是系统化、经过深思熟虑的，但在设计实践这里，情况可能就不一样了。[8] 斯旺（Cal Swann）指出，设计实践在传统意义上可以不经研究直接上手，设计师也可以不做任何研究就进行设计。[9] 在很多情况下（视项目的特性而定），对于物（比如物质性的技术、生产、市场营销等）的研究已经完成了，创作指导原则和艺术指导原则也已经有了，设计师要做的，是把这些信息整合成一个方案。[10]

有些设计师将自己看作是以这种方式工作的技术人员，对他们来说，这就够了。他们将设计视为"交易"——一种需要手工技能和特殊训练的技术性工作。也有些设计师则视设计为"生涯"——一种涉及长期训练和正式资质的专业。对他们来说，设计需要的是终生的学习和不断的自我培养。这些设计师努力建立起自己的思维方式，在工作中尽可能地有所创新。对他们而言，应用设计是他们工作中不可或缺的一部分，因为这能让他们不断地挑战自己和专业的条条框框。

虽然如此，很多设计师还是会说，他们已经在做"研究"了，这是他们日常实践中必要的一部分。斯旺正确地指出，设计不大可能是灵光乍现的产物，而是需要多轮的评鉴、修改、适应、细化，最终才有了成品。[11] 但这样的流程并不等同于研究。因此，分清应用研究和纯粹实践非常重要。应用研究的目标，是产生文化上全新的理解，不仅对设计师和客户来说是新的，对整个设计领域来说也是新的——它强调的是过程。纯粹的实践者则尽力改善和细化自己的工作，以求更快、更好、更有效地完成。它强调的则是技术性技能。从流程之繁复来看，应用设计与实践确有颇多类似之处，但两者的区别是巨大的。[12]

应用设计研究中有两大研究方向：基于实践的研究，其中创造性的人造物是考察的基础；实践引导的研究，研究主要是为了对设计实践本身有新的理解。[13]

7.1.1   基于实践的研究

在琳达·坎迪（Linda Candy）看来，基于实践的研究是一种"原创性的考察，其采取的手段中有一部分是实践及其产出，其目的是获得新的知识"。[14] 坎迪认为，原创性和对知识的贡献可以通过人造物来体现，但意义和语境只能通过文字来表现，只有做到了这点，考察才能真正被人理解。而在学术环境中，这就更重要了，在提交基于实践的博士论文时尤为如此。如果是这种情况，创作产出是必须伴之以文本的。此外，坎迪还认为，批判性的评估分析不仅能使人看清作品是否具有原创性，是否对于知识整体有所贡献，也能让评审者明确这件作品是否达到了学术要求。[15]

7.1.2   实践引导的研究

同样，坎迪还描述了实践引导的研究。她提出，这是一种"关注实践本质的过程，其导向的知识对于该实践活动具有操作性的意义"。[16] 在这类研究中，主要的关注点不是人造物。这类研究的目的是改善与该实践相关的知识，或改善实践内部的知识。与基于实践的研究相反，这类研究只需要文字描述，而不需要创作产出，但可以将人造物包含在内，以便更好地向人们展示该实践是否必要或是否恰当。

7.2   行动研究
Action Research

行动研究是最受欢迎的一类应用研究。这类研究检验的是实践操作者在工作期间及之后反思自己行动的方式。[17] 因此，行动研究可以说是一种导向改进与改革的探究性过程。[18] 行动研究可以很轻易地融入设计实践中，[19] 是设计专业中启动变革的有力工具。[20]

例如，作为设计师，你可以使用行动研究，帮助自己在真实世界场景中改善自己的实践性判断力。从行动研究中生成的数据有效性未必是"科学性"的，不过，从这类研究中生成的知识却能帮助你在专业环境

193

中有更好的表现。[21]还有,如果你有能力连贯地解释自己在做什么,原因为何,你就能更好地理解自己的工作在其所在领域中有什么样的意义。而这反过来能增加你工作的可信度。[22]

7.2.1　　进行行动研究

行动研究是一种改善实践的研究。[23]这种考察形式使实践操作者有能力探究并评估自己的工作。与其他类别的研究不同,行动研究并不一定要以明确的假设或研究议题作为开始。你需要的只是一个大致的想法,即改进你已有实践中的某些东西,你可以以此为开端逐步细化。[24]琼·麦克尼夫(Jean McNiff)和杰克·怀特黑德(Jack Whitehead)认为,[25]着手行动研究时,你应该要问问自己以下几个问题:

- 我在做什么?
- 我需要做些改进吗?
- 如果需要,那改进什么?
- 我怎样改进呢?
- 为什么我应该要改进呢?

此处最应该记住的事就是:行动研究应当基于实践操作者所置身的情境中的问题、困境和不明情况。还有,在进行行动研究时需要考虑以下三件事:

- 你应当将课题置于社会实践中,而且这种实践是需要得到改变的。
- 这是一种参与式的活动,需要研究人员之间相互合作,也需要他们与利益相关者相互合作。
- 项目的推进需要经历多轮系统化的规划、行动、观察、反思,并且过程要一一记录在案(图7.1)。

报告应该包含对整个行动及研究过程的解说与阐释。而这反过来能帮助你发现新的问题，由此启动新一轮的规划、行动、观察与反思。[26]

195　　最终，这类研究的目的是帮助你改进自己的实践，进而建立起领域中的新标准。但要做到这点，你首先得表明两件事：一、你怎样尽力改善自己的工作——其中包括思考自己的工作、学会更好地处理自己的工作；二、怎样影响其他人去做同样的事情。[27]

7.2.2　　数据收集

设计行动研究中的数据收集与设计过程本身紧密相关。既然设计是一种外向型的活动，也就是说，设计师的行动结果常常需要顾及他人的感受，那么，行动研究在进行

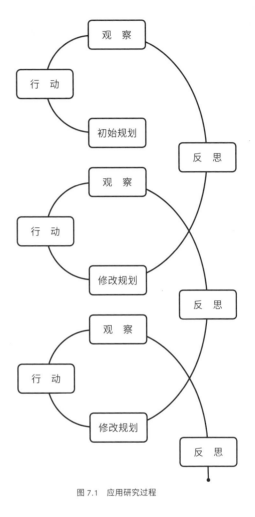

图 7.1　应用研究过程

数据收集时也就往往是参与性的。因此，设计中的参与式行动研究应该将各方利益相关者（也就是所提出的方案有可能会影响到的人）都囊括在内。[28]

看待这类数据收集的方法有两种。如果你进行的是实践引导的研究，你思考的是实践如何运作，那么你就应鼓励同事也都积极地参与研究过程。即便你做的是个体性的实践，你还是可以鼓励与你互动的利

益相关者们参与其中。如果你进行的是基于实践的研究，你思考的是如
何改进设计方案，那么你就要将公众和核心受众囊括进来。这就是所谓
的"协同设计"（co-design）。

　　设计正作为一门独立学科不断发展，设计师们所面对的任务也日趋
复杂。在很多情况下，复杂问题，在设计社群中也被称为"抗解问题"，如果
缺少一定的研究，缺少与他人的合作，是无法得到解决的。协同设计最早
运用于建筑设计中：建筑师与终端用户协力合作，最终产出一种与早前
严格的城市规划实践截然不同的、新的设计环境。协同设计使得终端用
户也能积极地参与到设计过程中。建筑师们以这样的方式工作，就能为
建成环境注入人性的维度，让居民来影响设计，而不是让设计指导居民。
设计工作的本质是基于客户的，设计师已经尽力将客户的需求融入自己
的设计，而协同设计则使得客户与设计师的关系更升一级，变得更深入、
更密切。这种工作方式是前工业化时代的余响。彼时，手工艺人与终端
用户的关系非常紧密，他们生产的是量身定制的解决方案，而非批量生
产的产品。除此以外，协同设计也为设计过程增添了其他的维度。设计
师们不再仅仅设计产品（无论是视觉的还是实体的），而是有机会设计系
统，能够解决和应对大量的关注点，从原材料的采购与运输，到生产、分
配、市场、营销，以及相关的环境和社会问题等，不一而足。[29]

196　　　　斯旺认同这样的理念：设计应当是一种包容性的过程。他提出，设计
师应该为自己所做的事负责。[30]这种工作方式也确保了研究的相关性和
民主性，确保了研究是服务于人们的需求的。[31]因此，大多数行动研究的
定义都会包含三个重要元素。行动研究应该具有参与式的特性；应该有
民主的理念；应该既造福社会科学，也有益社会变革。[32]

- **参与式研究**：在许多人共事的群体实践中，共同参与是必须的。所有
  的参与者都得意识到改变的必要，也都得乐意在研究和改变过程中
  扮演积极的角色。朱利安娜·迈耶（Julienne Meyer）指出，在行动研究
  中，"研究人员"与"研究对象"的区别不像在其他类别的研究中那么

明显。开展这种研究的方式需要持续不断地与参与者协商，每个人都需要决定采取什么方法继续工作最好。在这类研究中，群体参与尤为重要，因为这类研究导向的是变化，而变化可能会威胁或冒犯到每一个参与进来的人。为了避免冲突，或至少将冲突降到最小，群体内需要建立起足够的相互信任，也需要树立起高度的团队精神。[33]

- **民主的研究**: 在行动研究中，所有的参与者都应得到平等的看待。研究人员推进变化的发生，为参与者提供咨询，让他们可以顺利地进行活动和评估。在整个研究过程中，研究人员都应向参与者告知自己的发现，以确保其有效性，这样就能更好地为下一阶段的研究做决定。[34]

- **社会贡献**: 无论研究的领域是什么，理论和实践之间总存在着一些脱节。行动研究可以说是缝合这一脱节的一种方法，因为其发现对实践操作者来说是有意义的，而且也很有用。不过，需要留意的是，从行动研究中所得出的分类有别于从其他传统形式的研究中得出的分类。例如，研究人员在描述研究工作时，应详实地说明其所处的语境；也需要将参与者的观点和回答作为新数据包含在最终的报告中。任何成见，比如研究人员的个人观点、价值观、信仰等，都应清楚说明。要做到这点，有一个好策略，就是在研究过程中做自我反思的田野笔记。这种研究过程能启发社会或组织的变革，但它的成就不应以变革的大小来评价。如迈耶指出的，其成就应该看在工作进行的过程中获得了什么经验。[35]

从本质上来说，这类研究兼收并蓄，又灵活多变。如有必要，它能融合某些其他研究方法。因此，进行行动研究有很多不同的路径。有时候，行动研究可以是一种个体化的、以个人为中心的活动；有时候，行动研究也可以是一种参与式的活动，一种将各色人等都汇集到一起共同合作的研究。

7.2.3   数据分析

　　在行动研究中,数据收集和数据分析是与设计过程交织在一起的。因此研究过程与设计过程类似。据斯旺所言,设计领域中已有了广泛共识,认为共有六个基本步骤指导设计过程:

第一步: 辨识问题

第二步: 分析问题

第三步: 综合可能的方案

第四步: 执行设计方案

第五步: 生产设计

第六步: 评估并修改[36]

　　以这种方式呈现的设计过程是一种经验性的过程。斯旺还指出,这样的过程未必是线性的(图7.2)。在他看来,这一过程需要反复进行,需要长期审视问题,不断分析,还要整合修改后的方案。[37]

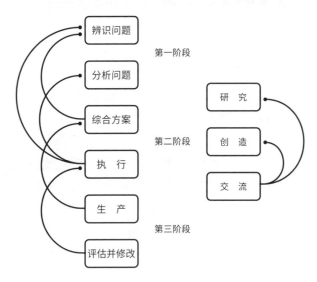

图 7.2   行动研究与设计实践关系图表(斯旺)

7.2.4   准备一份报告

一般来说，行动研究可以传统学位论文的格式呈现，也可像案例研究那样来做。在设计写作表达方面我们应该没有什么问题。这些格式是既能被设计师读懂，也能让设计领域以外的人明白的。[38]

对于大多数的设计实践操作者来说，这类对设计／研究过程的系统性文字处理都是个不小的挑战，因为他们并未接受过这方面的训练，也不愿改变自己的工作方式。在斯旺看来，这一不足在设计实践中已存在多年。[39]一方面，设计专业界总在抱怨说，公众不理解也不欣赏设计的社会、文化、经济价值，但另一方面，他们很少说明这些价值，因而也就无法使之发挥作用。在大众眼里，设计流于表面又哗众取宠，远远不是知识界该有的样子。斯旺指出，如果设计想要成为一个成熟的专业，设计师在解释其创作过程时，就得有自我批判的精神，也要知道如何系统化地做事。而这，只有通过系统的方法论才能实现。唯其如此，设计才能得到公正的评估和审视。[40]

198 在设计这样的新兴学科中，学位论文格式能帮助设计师赢得更高的可信度，以及更多的外界认可。当然，论文并不排斥设计项目，也不排斥人造物；在基于实践的研究中，人造物甚至是本质性的组成部分。问题不在于工作本身，而在于工作所需的理论组成部分。设计师往往不愿意用写报告的方式来支撑自己的工作。很多人都更喜欢借助视觉或有形的媒介来工作，在他们看来，写作报告太过依赖文字，没什么必要。[41]

视觉或物质的形式能够表现一种有效的知识形式，但这种形式有时很难为设计师以外的受众所理解。斯旺指出，人对一个形式的视觉理

199 解能力(visual literacy)，和口头、书面、听觉理解能力一样，都需要人对该形式的历史和概念有足够的实践和了解才能具备。[42]新的设计形式，无论是视觉的还是有形的，都从来不是真正原创性的，因为它们总是从已有的形式和文化语境的基础上发展而来的。因此有观点认为，基于这种逻辑，受过训练的观察者在评价一个实践性作品时，能够找出其中所参考的历史和概念。一双受过训练的眼睛能够迅速地"读懂"设计，而没有这

些背景的人则不能，从这一点来说，确实如此。[43]设计师们能否以纯粹视觉或有形的方式来解释自己的研究，这点在学者与实践操作者之间引发了激烈讨论，仍未有定论。斯旺指出，有一种辩护认为，人造物本身就足以证明了其目的与存在。[44]但这种观点为历史先例所推翻。比如说，我们能看见埃及金字塔，也知道它们的目的，但我们还是不能完全理解它们到底是怎样建成的，即便我们研究了数百年，对此还是不甚明了。我们也能看到复活节岛的雕像，我们能理解它们的建造方式，但我们还是不够了解它们，我们也不知道它们究竟是如何被运到那里去的。即便我们的技术文明比古埃及人和拉帕努伊人[1]要先进得多，我们还是不明白他们究竟是怎么做到的。之所以如此，正是因为他们没有留下任何书面解释。这两个例子都让我牢记在心，我相信，这足以说明以书面形式记录下实践性作品有多么重要。

7.3   优秀应用研究的特征
Hallmarks of Good Applied Research

尽管应用研究是一种实践驱动的研究，其关注点也往往是人造物，但研究本身注重的仍然是过程而非产出。应用研究必须要考虑以下四个主要方面：

- 目的
- 语境
- 原理
- 人造物（非必选）

和其他类别的研究一样，应用研究也是由研究议题或研究问题驱动的。研究议题的确定应当是为了寻求和改善该领域的知识，以此，研究的目的也就确立了下来。之后，你还要说明研究的语境：

[1]　即复活节岛的原住民。——译注

- 为什么解决这些特殊问题很重要?
- 该方向有什么其他已完成的研究?
- 本项目会对该方向做出怎样的贡献?

200　　接下来, 研究人员要明确研究议题的表述和解答方式。研究人员也要知道怎样寻找答案, 更要解释为什么用所提的方法来寻找答案最适合, 其中的原理为何。研究完成后, 其成果须以案例研究或学位论文的形式呈现。在基于实践的研究中, 人造物是研究的主要对象, 作品需要伴之以文本分析, 以此展示研究人员的批判性反思。在实践引导的研究中, 也可以包含人造物, 但研究主要关注的是实践本身, 而不是实践的产出。[45]

7.4　小结
Conclusion

　　作为设计师, 你需要研究怎样改善及转化自己的实践, 或者学会如何在实践中改进组织文化, 提高日常运营效率。因此我们需要应用研究。应用研究让你可以更好地掌控自己的工作, 帮助你认清重点, 强化实践。要做到这些, 最好的方式就是行动研究。行动研究使实践操作者可以研究自己。对设计领域中的某些专家来说, 这与其他类别的研究有所不同, 因为在其他研究中, 是专业研究人员来研究实践操作者。但有些人持不同观点。[46]比如迈耶就认为, 实践操作者可以选择将外部的研究人员也包含进来, 这样就能让他们更好地"确定问题, 寻找并充实实践性的方案, 系统地监测并反思变化的过程和产出"。[47]

　　不过, 与本书先前讨论的其他研究路径不同, 行动研究未必是先独立地通过验证, 然后再付诸实践; 行动研究通过实践而得到验证。[48]因此可以说, 行动研究是"在实践中"进行的, 这与其他"关于实践"的研究是不一样的。[49]不过, 和其他类型的研究一样, 应用研究也应当以可推广的方式进行。

斯旺指出,以理论的形式分享实践经验能推动设计发展成为一门独立的学科。[50] 越来越多的设计专业本科毕业生进入了研究生阶段的学习,在提高自己创作专业技能的同时,也培养了自己的研究能力。这样的改变正在发生。基于实践的研究和实践引导的研究都能为我们提供一个平台,让追求进步的设计师们可以进行系统化的考察,让他们更容易地将自己的实践转化成知识界和公众都能理解的理论。任何一个专业,只要它想证明自己所提供的服务是有质量的,都应该这么做。除此以外,专业领域和学术界之间更紧密的合作也能使实践研究获得更好的理解,从而推动设计领域中的新变革。

7.5   总结
Summary

201   在本章中,我介绍了设计中应用研究的使用。确实,应用研究与其他三种研究路径(定性、定量和视觉)有许多共同点,但在目的上却与另外三者有着天壤之别。其他的研究路径都是外部导向的(也就是说,你可以利用这些方法深入理解与你想要的解决的问题相关的外在因素),而应用研究却是内部导向的。应用研究的主要目的是帮助你改善自己的创作工作和(或)设计实践。

有两类应用研究可能与你相关: 基于实践的研究和实践引导的研究。前者关注的是人造物,后者关注的则是设计实践本身。无论哪一种,研究都是就过程而非产出而言的。在设计中,进行应用研究的最好方法就是开展行动研究。

行动研究是一种折中且合作性的研究过程,其借助的数据收集方法有很多,比如访谈和观察等。[51] 其数据收集和数据分析在本质上就是循环性的,并且紧跟在设计过程之后。在写作行动研究报告,并对其进行传播时,可以使用传统的书面报告方式,其原则与本书前述的研究路径相同。

第八章 研究与设计

关键词

研究
报告

执行
总结

设计
任务书

设计
报告

204   研究的最后阶段，你就需要写研究报告了。这份报告文件会直接地向读者介绍你的研究问题，告诉他们你为了回答这个问题做了些什么，并且向他们呈示你的发现。研究报告不是文学作品，而是事实的、逻辑的、可理解的文本。如果你是以研究生学位论文的形式写作研究报告，这份报告就应是你对自己学业的反思，也可以用来衡量你在学业上取得的成就。[1]

写作专业研究报告的技能不仅在大学里有用，在你今后的职业生涯中也大有价值。大多数的研究报告都具有正式、非个人化的风格特征，这也是企业界报告写作常有的特点。例如，如果你今后在职场中需要服务企业或政府客户的话，他们一定希望你用这种方式来呈示自己的研究，说明自己的设计方案。

8.1　研究报告
Research Report

你的研究报告应该记录下你对所在知识领域的贡献。研究报告可采取的形式有很多：学位论文、期刊文章、会议报告、商业报告，等等。

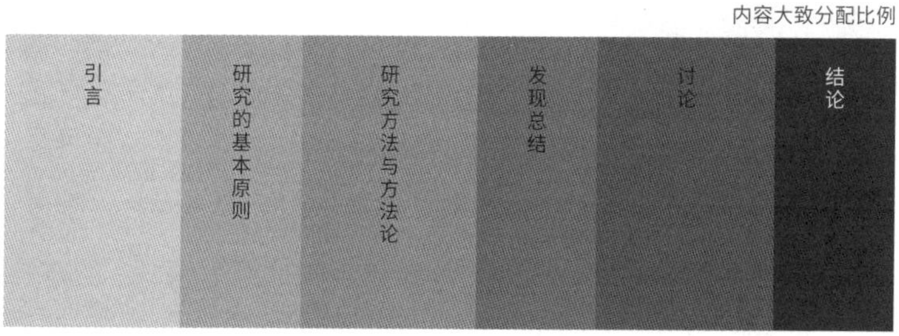

内容大致分配比例

图 8.1 研究报告的结构

这也就意味着，准备和写作研究报告的方式也是多种多样的。因此，我将简单地强调你在计划研究报告时需要考虑的几条关键原则，无论你研究的内容是什么，这些原则都是适用的（图8.1）：

1. 引言
2. 研究的基本原则
3. 研究方法与方法论
4. 发现总结
5. 讨论
6. 结论

　　首先，你要向读者介绍你的研究问题。接下来，你要解释一下，为什么这个问题需要得到深入考察。之后，你要说明自己是怎样尽力去回答这个问题的（换言之，就是需要解释一下你研究的过程，讨论一下你是怎样采集研究数据的）。然后你要呈示你收集到的研究数据。最后，你要对数据做出阐释，并在结论中表明你的发现是如何回答研究问题的。

8.1.1   撰写研究报告

205　　计划好怎样准备研究报告后，你就可以开始写作了。报告的结构应该按照计划来，但要做得更具体。它也可以构成报告的副标题（图8.2）：

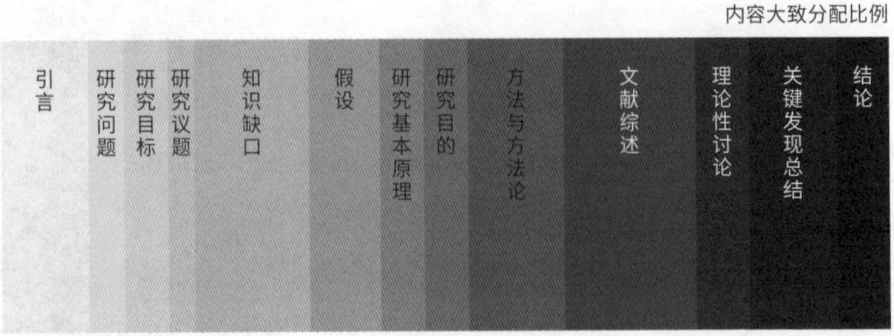

内容大致分配比例

图 8.2 研究报告的结构

1. 引言

2. 研究问题

3. 研究目标

4. 研究议题

5. 知识缺口

6. 假设

7. 研究的基本原理

8. 研究目的

9. 方法与方法论

10. 文献综述

11. 理论性讨论

12. 关键发现总结

13. 结论

大多数人都有一个难题,就是不知道怎样开始写作,尤其是不知道怎样开始写作这样的正式报告。在《设计研究季刊》(*Design Research Quarterly*)的创刊号中,埃里克·J.阿诺德(Eric J. Arnould)给出了一套技巧,可以帮助我们将研究报告提升至出版标准。[2]

他认为,开始写作时有一种好方法,就是准备一份二至三页的报告梗概，这份梗概着重关注你对设计的理论和实践贡献。梗概应该先开宗明义地介绍你所研究的领域，说明研究的目的，并且回顾所在研究方向中已有的重要研究（所谓重要，要么是被视为正统的，也就是准确可靠，具有权威性的，要么是走在研究前沿的，或者兼具了两种性质）。接下来，在此基础上，你就要构思你的研究问题，你要写几句话解释与所研究现象相关的事物中，有哪些是已知的，有哪些是需要确定的（也就是知识缺口），为什么这很重要。你可以用一到两个段落来说明这些。[3]

接下来，你要声明你的研究目标。阿诺德建议，该部分可分成三个步骤来完成。[4]第一步，你先表明你的长期愿景。你有什么宏伟的目标？请在宽泛的问题域中构思这点。然后，请表明你短期的研究目标（也就是你的主要研究议题），解释这个目标何以与你在文献综述中发现的知识缺口相关。之后，请提出假设，说明需要做什么才能让问题得到解决。

再接下来，你就需要用一个段落简要地说明基本原理，要声明研究将会有的产出，如果当下没有什么成果，那么也要解释自己的研究将如何助推今后的实践或理论。还有，你还要说明为何自己的方案是可行的。[5]请注意，如果研究报告中有若干重复的信息，那也是没有问题的。正如前文所说，这并非文学作品，所使用的写作规则是不一样的。

再接下来，你要说明你的概念性目的。它与描述性目的是不一样的。前者用来说明你的目的是为了完成什么，而不是怎样完成或如何完成。陈述两到五个目的比较合适。这些目的应该有逻辑、简洁明了，最好还能激动人心。合在一起的话，它们应当能检验你所做的假设，或者满足你提出的那些需要。之后，你还要说明你的经验性研究，总结你的发现，然后做一份影响陈述（impact statement）。你应该先简要地解释你的方法论是什么，你使用了什么研究方法。之后，你要设定研究的理论语境。阿诺德指出，理论化部分包含很多活动，需要从相关文献的语境中进行抽象、分类、联系、解释、综合、理念化，等等。[6]这些语境能使你的立论更完满、更可靠、更吸引人。之后，你还要说明你的关键结果和发现，而且不要加上任何不相关、不必要的信息。请尽可能简明扼要。如果合适，请提供能从视觉上有助于显示结果的插图和图表。最后，请写一份总结性陈述，总结研究的影响。你在结论中也应该解释你的研究如何推进了所在领域中的理论或实践。[7]

阿诺德还建议，在完成了梗概之后，你应该将其分享给同行，并听听他们的反馈。请根据这些反馈做出调整。最后，在写作报告的时候，就把报告当作是梗概的加长版。报告要包含更多的细节，要加上背景信息，也要更详尽地说明方法论及方法等。[8] 除此以外，你还需要加上一份关键词列表，这些关键词能最好地描述你研究的主题；你还要写一份能够简述报告内容的摘要。我将简短地介绍这些部分，也会说明为什么需要这些。还有，我还会为你提供一个结构，让你在准备研究报告及其随附文件时，可以用作指导原则或模板。

这类研究报告适用于学术界的受众，但如果你的研究报告是为企业客户准备的话，你就要对某些部分进行重组，或许还要加上一些与客户相关的信息。如果研究的主要目的是为了做出一些设计产出，那么你就得加上一些附件，用来支撑你的设计方案。这类研究的主要目的是让你更好地在设计上做决定。我将在本章的后文中更详细地讨论这个问题。

8.1.2　关键词

读者看到关键词，就应该能理解你要表达的主题是什么。关键词对于搜索引擎来说也很有用。请用以下的方法思考关键词：如果你想要就你的主题在网上找一些信息，你会用谷歌搜索哪些术语呢？同样的原则在此处一样适用。在大多数情况下，有三到六个关键词就够了，它们之间应该用分号隔开[1]（如：老龄化；澳大利亚乡村；用户界面设计）。

8.1.3　摘要

摘要是对研究报告的浓缩总结。摘要本身是独立成文的，能够提供研究相关的简明信息。这也就是说，它即便不和研究放在一起，也能独

---

[1]　原文为逗号，所指情况为英文研究报告。译文所指为中文研究报告。——译注

立成文。例如，大多数的学者都会根据一份摘要来决定要不要阅读一篇研究论文。

208　　　摘要常常用于向期刊和会议提交研究论文时，或用于准备研究计划时。有时候它们可以作为计划书，说明你想要研究的课题。但更多的时候，你是在研究完成以后才着手写摘要的。因此，如果你在研究开始阶段就写了摘要，之后你还可以根据研究进度对其进行改进和更新，直至研究完成后再确定最终版本。

8.1.4　摘要结构

209　　　对新手来说，写作摘要并不容易。所以我开发了一个模板给你参考。摘要应当简洁扼要，所以请尽量用五句话写完。你可以参考以下的指导意见：

- **第一句（主题）**: 本项目的内容是什么？

  一开始你要确立主题。好的摘要往往是这么开头的:"本研究论述了……"接下来要做的就是填空。例如:"（……）社交媒体对Y世代[2]决策习惯的影响"，或:"（……）澳大利亚出口用葡萄酒的商标设计和包装的当前趋势"。

- **第二句（传统的智慧）**: 基于你的文献综述，你对该主题的现状有何观点？

  请简单地提供相关的背景信息，用一句话（如有必要，则两句话亦可）说明。举个例子:"最新研究表明，在旅行的选择、娱乐、着装等方面，社交媒体都影响着Y世代的决策习惯，至于社交媒体如何影响他们的政治偏好，相关的信息则很有限。"这句话起到了承上启下的功能，摘要由此过渡到了下一部分——研究缺口。还有一

---

[2]　Generation Y，又称千禧一代 (Millennials)，一般指美国出生于 20 世纪 80 年代初至 90 年代中或 21 世纪初的人群。——译注

例："葡萄酒业是澳大利亚最大的产业之一。为了维持澳大利亚葡萄酒在澳大利亚国内市场的竞争性优势,设计和品牌推广在该产业中的角色非常重要;不过在出口问题上,情况则有所不同。"

- **第三句(知识缺口)**:你的文献综述中还有什么疑问尚未得到解答的吗?

有什么特定的问题需要得到回答吗?常有的情况是,在研究报告的结论部分,研究人员会强调说,有些点是需要进一步研究的。这就说明,这其中可能有一些知识缺口是你可以去填补的。重要的是,你得找到一个尚未得到彻底检验的研究方向,其中还需要有更多的信息。借着新研究,你能为这个方向做贡献。这是所有研究项目的重中之重。例如,你可以写这样的话:"一项比较案例研究分析表明,澳大利亚葡萄酒行业若能调整其出口品牌战略,就能在欧洲市场更有竞争力。"

- **第四句(发现)**:你在研究中发现了什么?

你的发现得有原创性,也得有意思。请解释你的发现对你所审视的这个话题做出了什么贡献。例如,你可以说这样的话:"本研究发现,有 68% 的调查对象在投票时受社交媒体的影响。"或这样:"现状之所以如此,关键原因在于,对于高品质红酒的标牌和包装方式,欧洲公众与澳大利亚公众的期待截然不同。"

210

- **第五句(社会或实践意义)**:本研究对实践有何意义?或,本研究对社会有何影响?

你在此处要回答的问题是:"那又怎样?"例如,你可以说这样的话:"这意味着,社交媒体在政治选举过程中扮演着重要的角色,而本研究针对社交媒体的政治性传播战略开发给出了一系列建议,作为对纸媒及线上竞选的补充。"或这样:"本研究强调了几项关键设计元素,是开发欧洲市场的葡萄酒品牌战略时,在标牌和包装设计方面需要着重考虑的。"

除非要求摘要中提供参考文献,一般来说,300字是摘要字数的上限,[3] 而且不要在摘要中提及参考文献。请记住,摘要本身是单独成文的,不需要和报告后的参考文献列表放在一起。根据以上建议,我还收集了两个示例以飨读者。不过,请注意这两个示例都是虚构的,仅作说明之用。

[3] 此处300字指的是英文摘要。一般而言,学术论文中文摘要的字数上限为200—300字(GB7713-87),
     学位论文的摘要字数上限为1 000—3 000字,视各校要求有所增减。——译注

示 例   摘要一

标题与副标题
Y世代与政治: 社交媒体在政治选举过程中的影响

关键词
Y世代; 政治; 社交媒体; 决策; 选举

摘要

本研究论述了社交媒体对Y世代决策习惯的影响。最新研究表明,在旅行的选择、娱乐、着装等方面,社交媒体都影响着Y世代的决策习惯,至于社交媒体如何影响他们的政治偏好,相关的信息则很有限。本研究发现,有68%的调查对象在投票时受社交媒体的影响。这意味着,社交媒体在政治选举过程中扮演着重要的角色,而本研究针对社交媒体的政治性传播战略开发给出了一系列建议,作为对纸媒及线上竞选的补充。

示 例 摘要二

211

标题与副标题

欧洲的澳大利亚葡萄酒: 澳大利亚出口用葡萄酒的设计与品牌推广

关键词

澳大利亚葡萄酒; 欧洲; 设计; 包装; 品牌推广

摘要

本研究论述了澳大利亚出口用葡萄酒的商标设计和包装的当前趋势。葡萄酒业是澳大利亚最大的产业之一。为了维持澳大利亚葡萄酒在澳大利亚国内市场的竞争性优势, 设计和品牌推广在该产业中的角色非常重要; 不过在出口问题上, 情况则有所不同。一项比较案例研究分析表明, 澳大利亚葡萄酒行业若能调整其出口品牌战略, 就能在欧洲市场更有竞争力。现状之所以如此, 关键原因在于, 对于高品质红酒的标牌和包装方式, 欧洲公众与澳大利亚公众的期待截然不同。本研究强调了几项关键设计元素, 是开发欧洲市场的葡萄酒品牌战略时, 在标牌和包装设计方面需要着重考虑的。

8.1.5   研究报告的内容

以下是一份基于实践的研究报告内容列表。该研究报告的框架与你接下来要准备的设计任务书、设计报告、执行总结的框架，我都会在下文中一一呈现。和本书中的其他示例一样，如果你觉得合适，可以使用以下内容作为指导原则或模版（图8.3）：

1. 标题与副标题
2. 摘要
3. 关键词
4. 引言

212

5. 研究问题
6. 研究目的
7. 利益相关者
    a) 客户
    b) 主要受众
    c) 次要受众
8. 文献综述
9. 一手研究
10. 论证
11. 结论
12. 建议
13. 深入研究的可能
14. 引用文献及参考书目

与研究计划一样，研究报告应从标题和副标题开始。你可以使用与研究计划相同的标题和副标题。但是你的思路在经历了整个研究过程之后常常会发生变化，所以你有可能需要改变或细化研究的标题和副标题。这很正常。这意味着你已拓宽了对研究问题的理解，需要对研究

内容大致分配比例

图 8.3　基于实践的研究报告内容

报告做出相应的调整。不过，请确保你使用的标题能够明确、清晰地表明研究的主题；并使用描述性的副标题。

接下来是引言。引言的目的是为读者铺好台阶。在写作引言时，请考虑以下几个问题：

- 本研究是关于什么的？
- 为什么要研究这个？
- 你会怎样开展这项研究？
- 读者应该期望读到什么？
- 这项研究与谁相关？怎样相关？

这几个方面是你要在引言中论及的。不过，引言应尽可能保持简洁。你可以在后文更详尽地讨论这些。接下来，你还要对研究问题做出论述，你要清楚地说明：

- 你尽力去解决的到底是什么问题？

这一点你应该在摘要的第一句话中就已经声明了，此处请再次声明。如果本项研究是客户委托的，那你就应当先咨询客户，再做出这项声明。如果本项研究是独立的研究项目,那么你就直接做出声明。你可以将问题作为研究议题或假设来构思。接下来,你要进一步解释为什么这个问题是值得探索的:

- 通过解决这个问题,你期望达成什么?
- 这其中有何新奇有趣之处?
- 你对设计产出有何初步预测?
- 你的工作会影响到哪些人?

如果你的研究及其产出会涉及一些人的利益,或者直接或间接地影响到一些人,那么这些人都应该被当作利益相关者。常规来说,你要考虑三类主要的利益相关者:客户、主要受众和次要受众。首先,你要详细地介绍你的客户,如果还没有客户,那就详细地介绍潜在的客户。换言之,你要解释,这项研究及其相关设计项目会涉及哪些人的利益,有哪些人会觉得这与自己的利益相关,原因为何。这可以是一家公司,一个政府机构,一家非政府或非营利组织,也可以是一个个人。接下来,你要思考的是主要的目标受众:

- 谁会直接地从你的研究发现中受益,谁会是设计产出的终端用户?

常有的情况是,项目或政策的产出能影响第三方,而第三方与客户或关键目标受众有直接或间接的联系。你应该简要地说明设计产出可能会间接地影响到哪些其他的利益相关者,正面影响和反面影响都要说清楚。讨论完这些实践性的方面之后,你要告诉读者,目前已有哪些研究是关于这个课题或这个方向的:

- 有没有一些现有或历史案例是与你的研究议题相关的?
- 据你所知,有没有一些类似的研究已经解决了这个问题的?

接着你应该侧重于该研究领域中最有影响力的作品。请为每个案例都提供详尽的细节，并做出反思：

• 这些案例之所以好（或不好）的原因是什么？
• 它们为何与你的研究议题相关？

214　　你的文献综述应基于期刊、书籍和官方网站。你提供的信息应该展现出，你对自己提出的议题已经有了深入的理解。请不要将维基百科之类的网站作为可靠信息来源。还有，请确保你已对找到的信息做了交叉引用，以确保其真实性。

完成了文献综述部分后，你要讨论的是初步研究，也就是你通过使用各类经验性的数据收集方法所采集、制造出来的原始数据。所谓"经验性"，指的是数据收集"以观察或经验为基础，为关注点，或可由观察或经验来证实，而不借助理论或纯粹逻辑"。[9]

正如本书前文所建议的，在研究的这部分你可以使用混合方法的三角互证。你得简要地描述你选择的方法，原因为何。接下来简短地描述所提出的疑问，参与者的回答，每种方法的优劣，以及主要的发现。请解释这些发现何以与项目的进展相关。你可以将一手资料的全部文本作为附录放在研究报告的最后。如果你寻求了伦理许可，你也可以在附录中加上伦理批准信、同意书等文件。

请使用你收集到的信息来表明或巩固自己的立场。如果你不同意其他研究人员，你可以质疑他们的立场。请不要做错误的推理。请提供详尽的细节、比较、说明、因果分析，以此建立起强有力的论证。举例时请做到具体，也要用各种不同的方式向读者重申你的立场。推理要前后一致。在建构论证时，有以下几个主要问题需要考虑：

• 我着重关注的是什么？
• 我在说的是什么？

- 我为什么要关注这个?
- 我的理由是什么?
- 我想要怎样开展讨论?
- 我想要讨论什么? 我之所以想要讨论这些主题, 是为了什么?

你应该将论文的所有发现都汇总在结论中。然后请将发现呈示给读者。你应该问问自己:

- 我觉得自己的发现中最有趣或最重要的是什么?
- 我树立起的理念和立场中, 有何新颖之处?
- 谁能从中获益?

接下来, 请提出建议, 并清楚说明发现的意义。基于你在研究过程
215 中的收获, 讨论一下还需要做些什么, 而且要说明原因。这些信息应该用于之后的设计任务书, 这个我会在下文中讨论。在结论的最后部分, 你可以讨论进一步研究的可能性:

- 你的研究中有没有哪个部分是可以继续深入探讨的?
- 如有, 是哪部分? 原因为何?
- 今后什么样的研究会对你的项目或研究领域有益?

报告的最后, 你要列出一张引用文献(references)列表或完整的参考书目(bibliography)。引用文献列表涵盖你在报告中使用和提及的所有来源, 而参考书目则要包括你在准备研究阶段参考过的所有来源, 这些来源未必在报告中都得到了引用。在大多数情况下, 引用文献列表是必需的, 而参考书目则是可选项。

可供参考的文献格式指导书有很多。最常用的文献格式系统有《芝加哥格式手册》(*The Chicago Manual of Style*)、《哈佛引用系统》(*The Harvard*

System of Referencing）和《美国心理学协会出版手册》（*The Publication Manual of the American Psychological Association*）。如果你将报告作为研究的一部分，那就请向导师或大学图书馆确认应当使用哪种格式。如果你是准备向期刊或会议投稿，那就请在提交论文之前先查阅他们的要求。

8.2　　执行总结
Executive Summary

执行总结通常是商业报告中需要的。这类文件主要是给商业执行者们阅读的，他们没有时间阅读整份报告，但还是希望能够看到足够多的细节，好让他们对进行中或已完成的项目了然于心。

你可以把执行总结看作加长版的摘要，也可以看作简化版的研究（或设计产出）报告。执行总结可以和正式的报告一起出现，但也可以作为独立的文件。这是一份正式文件，因此你该使用同样非个人化的写作风格。呈现执行总结的方法有两种。有些人喜欢把发现（或产出）放在前面，然后再放上基本原理和其他信息；另一些人则喜欢按照摘要和研究正文中的顺序来。第一种路径更能抓人眼球（这有利于媒体曝光，也能方便那些不熟悉该研究项目的人），而第二种路径则能确保各相关文件的逻辑顺序和一贯性。到底使用哪一种执行总结，取决于你认为哪一种最适合客户。

8.2.1　　执行总结的内容

216　　前文已述，准备执行总结的方法有二。接下来我要介绍一种更传统的内容结构（图8.4）：

217　　1.　标题与副标题
　　2.　简短引言
　　3.　研究问题
　　4.　研究目的

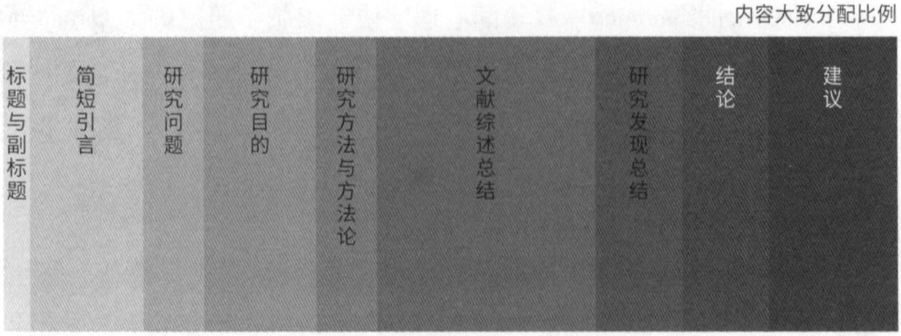

内容大致分配比例

图 8.4　执行总结的内容

5.　研究方法与方法论
6.　文献综述总结
7.　研究发现总结
8.　结论
9.　建议

　　你能看出,这些要点中有许多都已经反映在你的报告中了。区别在于,在执行总结中你得写得更简单,也更精炼一些。执行总结标题可以和研究报告的一样。文本的一开始,你应该先简短地介绍你的研究项目:

・　本研究是关于什么的?

　　引言的功能是建立研究的语境。引言的长度约占整个文本的10%。比如说,如果你的执行总结是 1 000 字,那引言就应该在 100 字左右。之后,你要大致说明你的研究问题:

・　你想要解决什么?

　　你已经在摘要的第一句话中表明了这点。此处请重申一遍。接下来请解释这个话题为什么有意思,为什么值得深挖。请告诉读者,通过解

决这个问题，你希望能达成什么。除此而外，你还要简短地介绍一下你
在开展研究时使用了什么方法及方法论，原因是什么。以下我虚构了一
个示例，方便你理解该怎样写作这一部分：

> 本研究基于定性和定量研究，对收集到的数据进行了解释学
> 与符号学的分析。也就是说，本研究所依据的信息阐释有两
> 种：一是基于文献综述、案例研究的历史与理论角度，二是
> 基于方法三角互证（焦点小组访谈、调查、文化探测）的访谈
> 数据。本研究包括了问题辨识、数据采集、数据分析、阐释，
> 以及一份最终导向决策的分析报告。

完成这些以后，你要讨论一下该领域迄今为止的重要发现。在研究
一开始，你就做了文献综述（二手研究）；读者可以了解你从文献综述中
获知了什么，但请把焦点集中在关键点上。请强调其中存在的知识缺
口，并解释你的研究如何填补了这些缺口。接下来你应该简短地总结你
的研究发现（一手研究）。再说一遍，请把焦点集中在研究的关键点上，
尽可能地使用视觉媒介来呈现信息。

在结论中，你应该重申自己所提出的重要理念。请记住，这只是在
总结你在研究报告中提出的论证。因此，请去掉那些不太重要的点，只
把注意力放在关键问题上。请确保结论简明扼要，不要让读者产生"那
又怎样？"的想法。

最后，请讨论研究的主要意义，说说你会建议采取怎样的行动。建
议要写得清晰明了，并用数字标明要点（如建议一、建议二，诸如此类）。
这些建议能为设计任务书设定好框架。

8.3　　设计任务书
Design Brief

完成研究之后，你就可以开始着手为你要解决的问题做设计决策

了。对你来说，下一阶段就是准备设计任务书。设计任务书这份书面文件将会大致说明你对这个设计项目的期许。

很多设计师都按捺不住地直接跳到项目上，而不是先对手上的这个亟待解决的问题做些研究。这在设计行业非常常见，不少设计师都让客户为他们提供设计任务书。但我却要鼓励你做相反的事。如果设计师与客户并肩工作，在研究完成之后共同开发一份最终的设计任务书，那么这份设计任务书将会高效得多。换言之，客户的初步设计任务书不应该成为最终设计任务书，而应该只是讨论的出发点，表明客户希望解决什么问题。

这种路径与"传统"模式有所不同。在传统模式下，是由客户找出问题，以"任务书"的形式构思方案，将任务书交给设计师，而设计师决定怎样以最佳的方式将客户的理念落实。这种路径的问题在于，客户并不总是具备研究技能或设计背景，可能找不到问题的核心，也想不出最恰当的设计方案。为了更好地说明这点，我要举一下医疗工作者和律师的例子。一个病人（或一个需要医疗建议或法律援助的人）很清楚自己身上有问题，但他们没有资格建议医生（或律师）要使用什么药物（或法律行动），也没有人会希望他们这么做。同样的原理也适用于设计行业。因此，设计任务书最好是建立在研究报告的基础之上。专业的设计师应该有能力辨识出问题所在，也能够给出方案，提出专业建议，实现设计产出。

8.3.1　设计任务书的内容

准备设计任务书并没有一种标准方式。为了方便你上手，我列出了一份内容结构表，你可以在准备设计任务书时参考（图8.5）：

1. 项目标题
2. 问题陈述
    a) 客户档案

内容大致分配比例

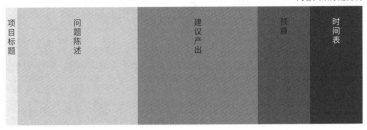

图 8.5　设计任务书的内容

b) 客户需求

c) 目标受众

d) 主要竞争对手

3.　建议产出

a) 设计思考

b) 设计限制

4.　预算

5.　时间表

标题可以和你在研究报告中使用的一样，也可以重新起一个新标题，用来描述项目而不是研究。接下来，请简要地介绍一下你正在着手做的项目。然后给出一些客户的背景资料。这其中可以包含与客户的经营史、业务范围、品牌价值、主要目标、未来愿景等相关的信息。之后，请解释你要解决的问题到底是什么：

· 你客户的需求是什么？

如有必要，请列出次级问题。此处你也应简要地分析一下主要目标受众（终端用户 / 消费者）。你还应介绍一下客户的主要竞争对手，把这些组织和他们的产品（如有）都一一列举出来。

　　问题陈述可以简单地参照你在研究报告中提出的问题。不过，如有必要，此处你也可以重置问题的关注点，这要视你的研究发现而定。这些信息是为了表明你很清楚自己工作所处的语境，让客户确信你理解他们的商业理念和他们的期许。完成这些之后，你应该讨论的是：你提议做怎样的设计产出？

- 你觉得什么样的设计方案能最好地发挥作用？原因为何？

　　要回答这个提问，就是解释一下这个方案能怎样解决上述的问题。你可以讨论行业中的类似案例，但这不是必须的。除此以外，你要留心，在做这个项目的时候，需要你考虑的事物有很多。因此，你应该简短地说明你在设计时需要考虑的方面。你要看客户的主要需求是什么，需要考虑的因素包括如下：

- 功能
- 目的
- 美学
- 关键设计元素
- 环境
- 可持续性
- 性能
- 材料
- 生产
- 制造
- 人因与人机工程学
- 语义学与符号学
- 市场与传播
- 包装

- 分配
- 设计 / 商标注册

　　请留意，这份列表不是固定的。有可能上述所有方面都不适用于你的项目，也有可能列表中遗漏了某些因素。而且，设计上需要考虑的因素很多，每个项目都不一样。因此，最好是与客户一同协商需要考虑的因素有哪些。

　　列完需要考虑的因素之后，你还要列出在生产、颜色、材料方面有哪些限制需要考虑。每个项目需要考虑的限制也是不一样的，有很多的因素需要你先做考虑。所以在这个问题上你也应该咨询客户。

　　还有一件事是需要你和客户讨论的，就是预算。所有设计项目都得先设置好预算，要不就根据预期的开销计算好预算。如果你将设计任务书作为研究的一部分，预算有可能就会做得不太切合实际，所以在学生研究项目中不太会将预算作为必要的部分。不过，时间表总还是需要的。你应该先为自己的工作列出一条时间线，还要说明预计什么时候能完成项目，主要的关键节点（项目的不同阶段）有哪些。

8.4　设计报告
Design Report

　　设计工作完成后，你就要准备一份报告，用来描述你的工作内容和服务对象。你的设计方案或实物都应该辅之以设计报告。报告的目的是解释你的工作，说明你的设计决策。理想的情况是，你的设计报告不仅在格式上要精心设计，写得也要很好。报告的设计应该反映你所提出的设计方案，设计报告的写作格式也应该类似于研究报告的写作格式。

8.4.1　设计报告的内容

　　准备设计报告时并没有标准方法。不过，我这里有一份内容结构表可以让你在准备设计报告时用上（图 8.6）：

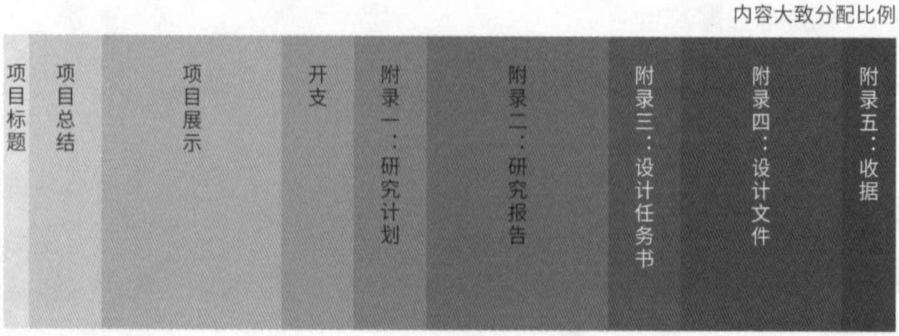

内容大致分配比例

图 8.6　设计报告的内容

1. 项目标题

2. 项目总结

    a) 客户档案

    b) 客户需求

    c) 目标受众

    d) 主要竞争对手

223

3. 项目展示

    a) 设计说明

    b) 设计基本原理

    c) 设计评估：SWOT分析

4. 开支

5. 附录一：研究计划

6. 附录二：研究报告

7. 附录三：设计任务书

8. 附录四：设计文件

9. 附录五：收据

　　呈示项目的方式很重要。你所做的呈示和设计报告，它们的生产价值应该与你设计产出的生产价值相符。设计报告的标题应该与设计任务书的标题一致。在设计报告的开端先简要概述项目总结。你还可以参考设计任务书，从客户档案、需求、主要受众、主要竞争对手等方面总结出关键细节。你可以列出这些信息的关键点。接下来，设置好了项目的语境之后，你就该呈示你的设计方案了。你可以展示关于设计方案的绘画、图纸、摄影等视觉材料，原型和模型的相关材料也一起展示。除此以外，你还应列出设计的具体信息说明表，比如与尺寸、面积、生产技术、材料、介质等相关的技术性信息。之后，你还要写一份设计基本原理来支撑你的设计方案。再对设计方案做出评估。做评估的方式有好几种，比如用户测试和焦点小组。评估报告则可以通过SWOT分析来呈现——这种分析简要地描述与项目相关的优势、劣势、机会和威胁。[4]再之后，要加上开销和其他费用的列表。你可以列出活动明细，举出完成项目必需的材料和资源，以及在项目过程中发生的其他开销。当然，这需要与经客户许可的原始预算挂钩。

除了设计报告以外，你还可以将自己撰写的材料都汇总起来，如研究计划、研究报告、设计任务书等，把它们作为附录放在最后。除此以外，你也可以加上所有支撑性的设计文件，如草图、绘画、摄影、与客户的会议笔记等文件的复印件。这对于保存记录来说非常重要，对你和客户都是如此。最后，你还可以附上收据。

8.5　　小结
Conclusion

224　　研究报告，反映的是你在研究过程中所付出的努力。对你来说，这份报告的目的是帮助读者理解：

- 你尽力解决的是什么问题？
- 什么数据可以解决问题？

[4] 这四个方面的英文分别是 strengths、weaknesses、opportunities、threats，其首字母合起来即为SWOT。——译注

- 数据是以何种方式采集而来的?
- 你是怎样分析数据的?
- 你得出了什么结论?

225   对发现所做的阐释和呈示都应该以现在时时态写作。报告的写作风格必须是正式的、非个人化的。除非报告是作为民族志或历史研究的一部分,那么可以用个人的、文学性(讲故事)的风格写作。[10] 除了研究报告,你还可以准备一份执行总结。这是一份简化版的梗概,可以和报告放在一起,也可以作为总结你工作的独立文件。在设计语境中开展研究的目的可以是改善设计实践,也可以是为了高质量的设计产出做更明智的设计决策。因此,研究报告能帮助你更好地拟定设计任务书,最终做出更适当的设计方案。还有,在写作设计报告时你应利用好研究报告。

8.6   总结
Summary

　　　　在本章中,我强调了在准备研究报告和设计报告时需要考虑的几个关键点,包括摘要、关键词、执行总结、设计任务书等方面的支撑性文件。我已经将踏上研究道路所需的关键知识点都囊括在本书中了,我也解释了为什么这些事与设计实践相关。不过设计项目过程中的实践性方面,我并没有讨论,因为这已然超出了本书的范围。

第九章 结论

227　　　　设计的历史并不久远，而在这短暂历史的大部分时间里，设计都被看作是一个实践领域。不过，事情总是不断变化的。设计已经进化了，正不断地发展成为一种思想和研究的领域。设计已经从一种单纯的手工艺实践转变成为一种独立的学术领域。设计对研究的日益倚重，反映出人迫切想要超出基本的关切，不愿仅仅只是"手工制作项目"。熟练掌握生产技术、材料性质、技术性技艺对于设计师来说仍然十分重要，但如果我们想要让这个领域继续前进，仅有这些是不够的。所以，设计师也需要学会提出"正确的"疑问，培养自己对人类、文化，甚至信仰体系的理解力。正因为此，在设计教育中引入研究正变得越来越重要。

　　　　今天的环境非常复杂，设计身处其中，正力图为既有问题提供新的解决方案，或至少将不甚理想的方案改得更理想。为了让客户和全社会都接纳设计师，将他们视为高效的问题解决者，需要重新审视设计领域，交叉学科的研究方法应该成为设计过程中的一部分。在设计领域中引入交叉学科研究是一个长期的复杂过程，设计师需要持之以恒地培养相关的技能。不过，一旦有了这些技能，设计师不仅仅能对既有问题做出反应，也能防微杜渐，将许多新问题扼杀在萌芽状态。所以，设计师在着手引入方案之前，他们首先要学会预测和理解问题。因此，研究过程总是从这个疑问开始：我们要解决的是什么问题？这个疑问的答案不大可能是直截了当的。找寻这个答案，如同在知识的漫漫田野中跋涉。这个考察的过程不仅指引着设计师穿梭于寻求灵感的创意产业，也穿梭于许多其他学科，而这些学科先前与设计是毫无瓜葛的。

　　　　当代设计既是一个找寻问题的过程，也是一个解决问题的过程。一旦问题确定下来，并且被置于特定的语境中，对知识缺口及可能方案的
228　搜寻就开始了。采集到足够的信息后，阐释便开始了，设计方案紧随其后。这种开展设计的方式也许看起来与"传统"设计方式相抵牾，因为后者被看作是一种由个人的技术性技艺和创作热情所驱动的艺术性学科。不过，时光荏苒，对许多设计师来说，他们的任务正在从"产品创作"升级为"过程创作"。

设计行业内部总还是需要那些具备"老派"技能（今天已更新为需要熟练操作设计软件）的传统设计师，而今天的商业界和社会需要的新一代设计师则不仅得设计产品和视觉之物，更得设计生活系统。他们需要的设计师不仅是创意服务的提供者，更是战略策划人、经理人、企业家、人因工程学专家、社会科学家。这不仅为设计专业带来了新机遇，也带来了新挑战。设计技能需要从艺术性、技术性转向概念性、分析性。因此，设计师如想变得更有竞争力，就要拓展自己的知识面，使自己的领域不再局限于工艺美术。

在我们面对遭遇经济危机、全球化、多元文化主义、恐怖主义、人口过剩、环境问题等问题的当今社会时，这种思考设计的方式是很有必要的，我们需要用新的方案、创新概念和替代性方法去解决这些问题。如果设计师想要做出更好的设计成果（也就是说，生产出的方案不仅是美学方面的孜孜以求，而且能对商业界和社会做出有意义的贡献），那专业内的升级就是不可避免的。

不过话又说回来，这一步跳跃也没有乍看起来那么大。在很多情况下，设计师已经扮演了社会科学家和商业战略师的角色，尽管他们自己可能还没意识到。在实际操作中，设计师已经在找出问题、选定目标，并且制作出各种社会或商业解决方案了。不过，很多人却未能认清，大多数的问题都涉及社会、政治、经济等各个方面，而且还与复杂的商业、技术、创新交织在一起。理解并应用各类研究方法，能够帮助设计师更好地理解自己的任务，做出更明智的决策，最终产出全新的原创性成果。

对设计师来说，未来的挑战并不是在问题发生后才去解决，而是要防患于未然。因此，打造又新又好的过程，并且将其与高效的设计发展方法相关联就很有必要。以研究为基础的系统性路径能帮助人洞悉个中要义，并且付诸行动，完成这一任务。而这反过来不仅能让设计实践变得更好、更有同理心，而且也促进了设计学科与其他学科的关系，丰富了设计学科的知识。我希望，《给设计师的研究指南》能指导你完成设计研究的过程，并为你提供有用的资源和学习参考。

注释

序

1　Ken Friedman, "Design Science and Design Education," in The Challenge of Complexity, ed. P.
　　McCrery (Helsinki: University of Art and Design, 1997), 54–55; Steven Mithen, The Prehistory
　　of the Mind: A Search for the Origins of Art, Religion and Science (London: Phoenix, 1998), 105–28;
　　George Ochoa and Melinda Corey, The Timeline Book of Science (New York: Ballantine, 1995), 1–8;
　　Peter Watson, Ideas: A History of Thought and Invention from Fire to Freud (New York: Harper Collins,
　　2005), 23–25.
2　Herbert A. Simon, The Sciences of the Artificial (Cambridge, MA: MIT Press, 1982), 129.
3　Merriam-Webster, Merriam-Webster's Collegiate Dictionary, 10th ed. (Springfield, MA: Merriam-
　　Webster, Inc, 1993), 343.
4　Mary C. Bateson, A Metaphor of Our Own: A Personal Account on the Effects of Conscious Purpose on Human
　　Adaptation (New York: Knopf, 1972), 104–20.
5　Ken Friedman, Yongqi Lou, Don Norman, Pieter Jan Stappers, Ena Voûte, and Patrick Whitney,
　　"DesignX: A Future Path for Design," Shanghai: DesignX Collaborative, accessed May 15, 2015,
　　https://www.linkedin.com/pulse/20141204175515-12181762-designx-a-future-path-for-
　　design?trk=prof-post.
6　Ken Friedman, "Models of Design: Envisioning a Future for Design Education," Visible Language 46,
　　no. 1-2 (2012): 148–51.
7　Mario Bunge, The Dictionary of Philosophy (Amherst, NY: Prometheus, 1999), 251.
8　Kees Dorst, "Design Research: A Revolution-Waiting-to-Happen," Design Studies 29, no.1 (2008).
9　Tore Kristensen, "Research on Design in Business" (keynote paper delivered at Useful and Critical:
　　The Position of Research in Design International Conference, University of Art and Design
　　UIAH, Helsinki, Finland, September 9–11, 1999).

前言

1　Staffan Bengtsson, IKEA the Book: Designers, Products and Other Stuff (Stockholm: Arvinius Förlag AB
　　for IKEA FAMILY, 2013), 86–88.
2　同上 , 89。

第二章 设计与研究

1　Peter Downton, Design Research (Melbourne: RMIT University Press, 2003), 1.
2　Oxford Dictionaries, "Research," Oxford University Press, accessed December 21, 2013, http://www.
　　oxforddictionaries.com/definition/english/research.
3　Gjoko Muratovski, "What Is Design, and Where It Is Going?," Between Design Journal 5 (2012): 45.
4　Design Council, Multi-Disciplinary Design Education in the UK: Report and Recommendations from the
　　Multi-Disciplinary Design Network (London: Design Council, 2010).
5　同上。
6　Richard Buchanan, "The Study of Design: Doctoral Education and Research in a New Field of
　　Inquiry," in Proceedings from the Doctoral Education in Design Conference (School of Design, Carnegie
　　Mellon University, October 8–11, 1999), 1–29.

7　Buchanan, "The Study of Design"; Richard Buchanan, "Design Research and the New Learning," *Design Issues* 17, no. 4 (2001): 3–23.

8　Ken Friedman, "Theory Construction in Design Research: Criteria, Approaches, and Methods," *Design Studies* 24, no. 6 (2003): 507–22.

9　同上，507。

10　Muratovski, "What Is Design, and Where It Is Going?," 45.

11　Charles L. Owen, "Design Education and Research for the 21st Century," in *Proceedings of the First International Design Forum: Design, Your Competitive Edge* (Singapore Trade Development Board, October 20, 1989), 4, accessed January 13, 2014, http://www.id.iit.edu/media/cms_page_media/.../Owen_singapore88.pdf.

12　Victor Margolin, "Design History or Design Studies: Subject Matter and Methods," *Design Studies* 13, no. 2 (1992): 113.

13　Angela Schönberger, Preface to *Raymond Loewy: Pioneer of American Industrial Design* (Munich: Prestel, 1990), 7.

14　Margolin, "Design History or Design Studies," 113.

15　Gjoko Muratovski, *Beyond Design* (Skopje: NAM Print, 2006), 82–83.

16　Cal Swann, "Action Research and the Practice of Design," *Design Issues* 18, no. 2 (2002): 49.

17　Gjoko Muratovski, "Design and Design Research: The Conflict between the Principles of Design Education and Practices in Industry," *Design Principles and Practices: An International Journal* 4, no. 2 (2010): 377–86; Gjoko Muratovski, "In Pursuit of New Knowledge: A Need for a Shift from Multidisciplinary to Transdisciplinary Model of Doctoral Design Education and Research" (presented at the *Doctoral Education in Design*, Hong Kong Polytechnic University, Hong Kong, China, May 22–25, 2011), accessed July 15, 2012, http://www.sd.polyu.edu.hk/DocEduDesign2011/proceeding.php.

18　Nigan Bayazit, "Investigating Design: A Review of Forty Years of Design Research," *Design Issues* 20, no. 1 (2004): 17–23.

19　Swann, "Action Research and the Practice of Design," 49.

20　Bayazit, "Investigating Design," 18–19.

21　Julka Almquist and Julia Lupton, "Affording Meaning: Design-Oriented Research from the Humanities and Social Sciences," *Design Issues* 26, no. 1 (2010): 3.

22　Bayazit, "Investigating Design," 27.

23　Marietta Del Favero, "Academic Disciplines—Disciplines and the Structure of Higher Education, Discipline Classification Systems, Discipline Differences," *Education Encyclopedia*, 第 2 段, accessed January 12, 2014, http://education.stateuniversity.com/pages/1723/Academic-Disciplines.html。

24　同上，第 1 段。

25　Paul D. Leedy and Jeanne E. Ormrod, *Practical Research: Planning and Design* (Boston, MA: Pearson, 2010), 1.

26　Buchanan, "Design Research and the New Learning," 17.

27　见 Owen, "Design Education and Research for the 21st Century," 8。

28　见 Peter Downton, *Design Research* (Melbourne: RMIT University Press, 2003), 1–12; 其他观点可见 Friedman, "Theory Construction in Design Research," 519。

29　对此的评论可见 Kees Dorst, "Design Research: A Revolution-Waiting-to-Happen," *Design Studies* 29, no.1 (2008): 6。

30　Bayazit, "Investigating Design," 16.

31　见 Buchanan, "Design Research and the New Learning," 17; 亦见 Dorst, "Design Research," 6。

32　Brenda Laurel, "Introduction: Muscular Design," in *Design Research: Methods and Perspectives*, ed. Brenda Laurel (Cambridge, MA: MIT Press, 2003), 16–19.

33   Buchanan, "Design Research and the New Learning," 19.

34   Dorst, "Design Research," 4–5.

35   引自 Staffan Bengtsson, *IKEA the Book: Designers, Products and Other Stuff* (Stockholm: Arvinius Förlag AB for IKEA FAMILY, 2013), 299。

36   Dorst, "Design Research," 4–5.

37   Muratovski, "In Pursuit of New Knowledge."

38   Owen, "Design Education and Research for the 21st Century," 7–8.

39   David Durling and Brian Griffiths, "From Formgiving to Braingiving," in *Proceedings of the Re-Inventing Design Education in the University Conference*, ed. Cal Swann, Ellen Young, and Curtin University of Technology (Perth, Australia: School of Design, Curtin University of Technology, 2001), 29–36.

40   Bruce M. Hanington, "Research Education by Design: Assessing the Impact of Pedagogy on Practice," in *Proceedings from the Joining Forces: International Conference on Design Research* (Helsinki, Finland: University of Art and Design, September 22–24, 2005), accessed April 14, 2011, http://www.uiah.fi/joining forces/papers/Hanington.pdf.

41   Muratovski, "What Is Design, and Where It Is Going?," 46.

42   Ken Friedman, "Models of Design: Envisioning a Future for Design Education," *Visible Language* 46, no. 1-2 (2012): 144–46; Donald Norman, "Why Design Education Must Change," *Core77*, 2010, accessed January 15, 2014, http://www.core77.com/blog/columns/why_design_education_must_change_17993.as.

43   Muratovski, *Beyond Design*, 259; Muratovski, "What Is Design, and Where It Is Going?," 46–47.

44   Dan Formosa, "Design Thinking" (keynote addressed at agIdeas 2013 Advantage, part of the 2013 agIdeas International Design Week, Design Foundation, Melbourne, Australia), 2012, accessed May 4, 2013, http://www.agideas.net/coming-event/business-breakfast.

45   同上。

46   Muratovski, "What Is Design, and Where It Is Going?"

47   同上，46。

48   见 Horst W. J. Rittel and Melvin M. Webber, "Planning Problems Are Wicked Problems," in *Developments in Design Methodology*, ed. Nigel Cross (New York: Wiley, 1973), 135–44。

49   Muratovski, "What Is Design, and Where It Is Going?," 46–47.

50   Jens Aagaard-Hansen, "The Challenges of Cross-Disciplinary Research," *Social Epistemology* 21, no. 4 (2007): 425–38.

51   Roderick J. Lawrence and Carole Després, "Introduction: Futures of Transdisciplinarity," *Futures* 36, no. 4 (2004): 397–405.

52   Gjoko Muratovski, "Challenges and Opportunities of Cross-Disciplinary Design Education and Research," in *proceedings of ACUADS Conference 2011: Creativity: Brain, Mind, Body*, ed. Gordon Bull (Canberra, Australia: University of Canberr, 2011), accessed February 26, 2013, http://acuads.com.au/conference/2011-conference.

53   见 Terry Cutler, *Designing Solutions to Wicked Problems: A Manifesto for Transdisciplinary Research and Design* (Melbourne, VA: RMIT University, 2009).

54   Muratovski, "In Pursuit of New Knowledge."

55   Ken Friedman, "Conclusion: Toward an Integrative Design Profession," in *Creating Breakthrough Ideas: The Collaboration of Anthropologists and Designers in the Product Development Industry*, ed. Susan Squires and Bryan Byrne (London: Bergin & Garvey, 2002), 199–214.

56   同上。

57   Victor Margolin, "Doctoral Education in Design: Problems and Prospects," *Design Issues* 26, no. 3 (2010): 71.

58   Friedman, "Conclusion."

59 同上。

60 Friedman, "Theory Construction in Design Research," 508.

61 同上。

62 Buchanan, "The Study of Design."

63 Friedman, "Conclusion."

64 同上。

65 同上。

66 Terence Love, "New Roles for Design Education in University Settings," in *Proceedings of the Re-Inventing Design Education in the University Conference*, ed. Cal Swann, Ellen Young, and Curtin University of Technology (Perth, Australia: School of Design, Curtin University of Technology, 2001), 249–55.

67 同上。

68 Jens Aagaard-Hansen and John H. Ouma, "Managing Interdisciplinary Health Research: Theoretical and Practical Aspects," *International Journal of Health Planning and Management* 17, no. 3, (2002): 195–212; Patricia L. Rosenfield, "The Potential of Transdisciplinary Research for Sustaining and Extending Linkages between the Health and Social Sciences," *Social Science and Medicine* 35, no. 11 (1992): 1343–57.

69 Muratovski, "In Pursuit of New Knowledge;" Muratovski, "Challenges and Opportunities."

70 同上。

71 见 Aagaard-Hansen, "The Challenges of Cross-Disciplinary Research。"

72 Muratovski, "What Is Design, and Where It Is Going?;" Muratovski, "The Importance of Research and Strategy in Design and Branding: Conversation with Dana Arnett," in *Design for Business, Volume 1*, ed. Gjoko Muratovski (Melbourne: agIdeas Press/ Bristol: Intellect, 2012), 16–23.

73 Aagaard-Hansen, "The Challenges of Cross-Disciplinary Research;" Muratovski, "Challenges and Opportunities."

74 Aagaard-Hansen, "The Challenges of Cross-Disciplinary Research"。

75 同上；Muratovski, "In Pursuit of New Knowledge"; Muratovski, "Challenges and Opportunities"。

76 Swann, "Action Research and the Practice of Design," 49; 亦见 Richard Buchanan, "Education and Professional Practice in Design," *Design Issues* 14, no. 2 (1998): 63–66。

77 Friedman, "Models of Design," 144.

78 同上，149。

79 见 Christopher Ireland, "The Changing Role of Research," in *Design Research: Methods and Perspectives*, ed. Brenda Laurel (Cambridge, MA: MIT Press, 2003), 22; Eric Zimmerman, "Creating a Culture of Design Research," in *Design Research: Methods and Perspectives*, ed. Brenda Laurel (Cambridge, MA: MIT Press, 2003), 185–92。

80 Rachel Cooper and Mike Press, "Academic Design Research," Design Council, accessed September 1, 2009, https://www.designcouncil.org.uk/en/About-Design/Design-Techniques/Academic-Design-Research-by-Rachel-Cooper-and-Mike-Press/.

81 Margolin, "Doctoral Education in Design."

82 Bruce M. Hanington, "Relevant and Rigorous: Human-Centered Research and Design Education," *Design Issues* 26, no. 3 (2010): 18–26.

83 Muratovski, "In Pursuit of New Knowledge."

84 Aagaard-Hansen, "The Challenges of Cross-Disciplinary Research."

85 Muratovski, "Challenges and Opportunities."

第三章 研究的基本要素

1   Paul D. Leedy and Jeanne E. Ormrod, *Practical Research: Planning and Design* (Boston, MA: Pearson, 2010), xvi.
2   同上。
3   同上，45。
4   同上。
5   同上，47。
6   同上，47–48。
7   同上，48。
8   同上，49。
9   同上。
10   John S. Stevens, *Design as a Strategic Resource: Design's Contributions to Competitive Advantage Aligned with Strategy Models* (PhD dissertation, University of Cambridge, Cambridge, 2009), 1–2.
11   Leedy and Ormrod, *Practical Research*, 52–54.
12   Stevens, "Design as a Strategic Resource," 1–2.
13   Leedy and Ormrod, *Practical Research*, 4.
14   同上，56。
15   同上，4。
16   同上，56。
17   同上，66。
18   Judith Bell, *Doing Your Research Project: A Guide to First-Time Researchers in Education, Health and Social Sciences* (Maidenhead: Open University Press, 2005), 99.
19   同上。
20   同上，100。
21   同上。
22   Gretchen McAllister and Alison Furlong, "Understanding Literature Reviews," in *Research Essentials: An Introduction to Designs and Practices*, ed. Stephen D. Lapan and Marylynn T. Quartaroli (San Francisco, CA: Jossey-Bass, 2009), 22–24.
23   同上，24–25。
24   Leedy and Ormrod, *Practical Research*, 77.
25   同上。
26   同上，58。
27   Nick Moore, *How to Do Research: The Complete Guide to Designing and Managing Research Projects* (London: Library Association, 2000), 39.
28   Oxford Dictionaries, "Method," *Oxford University Press*, accessed February 15, 2013, http://oxforddictionaries.com/definition/english/method?q=method; and "Methodology" from http://oxforddictionaries.com/definition/english/methodology?q=methodology.
29   Raymond Madden, *Being Ethnographic: A Guide to the Theory and Practice of Ethnography* (London: SAGE, 2010), 24–25.
30   同上，26。
31   M. A. Heckman, K. Sherry, and E. Gonzalez de Mejia, "Energy Drinks: An Assessment of Their Market Size, Consumer Demographics, Ingredient Profile, Functionality, and Regulations in the United States," *Comprehensive Reviews in Food Science and Food Safety* 9, no. 3 (2010): 303–17.
32   Christopher Crouch and Jane Pearce, *Doing Research in Design* (London: Berg, 2012), 53.
33   Moore, *How to Do Research*, 101.
34   Lisa M. Given, *The SAGE Encyclopedia of Qualitative Research Methods* (Thousand Oaks, CA: SAGE,

2008).

35 Leedy and Ormrod, *Practical Research*, 135.

36 Michael S. Lewis-Beck, Alan Bryman, and Tim F. Liao, *The SAGE Encyclopedia of Social Science Research Methods* (Thousand Oaks, CA: SAGE, 2004), 896.

37 John W. Creswell, *Research Design: Qualitative, Quantitative and Mixed Methods Approaches* (Thousand Oaks, CA: SAGE, 2003), 125–26.

38 Jean McNiff and Jack Whitehead, *All You Need to Know about Action Research* (London: SAGE, 2012), 7.

39 Cal Swann, "Action Research and the Practice of Design," *Design Issues* 18, no. 2 (2002): 50.

40 Linda Candy, "Differences between Practice-Based and Practice-Led Research," *Creativity and Cognition Studios*, accessed February 14, 2013, https://www.creativityandcognition.com/research/practice-based-research.

41 Robert K. Yin, *Case Study Research: Design and Methods* (Thousand Oaks, CA: SAGE, 1994), 92.

42 Alan Bryman, "Integrating Quantitative and Qualitative Research: How Is It Done?," *Qualitative Research* 6, no. 1 (2006): 97–98.

43 Paul A. Schutz, Sharon L. Nichols, and Kelly A. Rodgers, "Using Multiple Methods Approaches," in *Research Essentials: An Introduction to Designs and Practices*, ed. Stephen D. Lapan and MaryLynn T. Quartaroli (San Francisco, CA: Jossey-Bass, 2009), 244.

44 同上，247–48。

45 Kristin Larson, "Research Ethics and the Use of Human Participants," in *Research Essentials: An Introduction to Designs and Practices*, ed. Stephen D. Lapan and Marylynn T. Quartaroli (San Francisco, CA: Jossey-Bass, 2009), 3.

46 同上，6。

47 同上；亦见 Herman Aguinis and Christine A. Henle, "Ethics in Research," in *Blackwell Handbook of Adolescence*, ed. Gerald Adams and Michael Berzonsky (Oxford: Blackwell, 2004), 38。

48 Larson, "Research Ethics and the Use of Human Participants," 13–14; 亦见 Aguinis and Henle, "Ethics in Research"。

49 Larson, "Research Ethics and the Use of Human Participants," 2.

50 同上，14。

51 Moore, *How to Do Research*, 29.

52 同上，30–31。

53 Leedy and Ormrod, *Practical Research*, 117–18.

54 Moore, *How to Do Research*, 33–34.

55 Leedy and Ormrod, *Practical Research*, 1.

56 Moore, *How to Do Research*, vi–xi.

第四章 定性研究

1 Gjoko Muratovski, *Beyond Design* (Skopje: NAM Print, 2006), 24–25.

2 Gjoko Muratovski, "What Is Design, and Where It Is Going?," *Between Design Journal* 5 (2012): 45–46.

3 Paul D. Leedy and Jeanne E. Ormrod, *Practical Research: Planning and Design* (Boston, MA: Pearson, 2010), 136–37.

4 同上，136。

5 同上，135。

6 Pamela Baxter and Susan Jack, "Qualitative Case Study Methodology: Study Design and Implementation for Novice Researchers," *The Qualitative Report* 13, no. 4 (2008): 544.

7 Leedy and Ormrod, *Practical Research*, 137.

8   同上，137–38。

9   Baxter and Jack, "Qualitative Case Study Methodology," 546–47.

10 Leedy and Ormrod, *Practical Research*, 137.

11 Robert K. Yin, *Case Study Research: Design and Methods* (Thousand Oaks, CA: SAGE, 1994), 78–80.

12 Jane Stokes, *How to Do Media & Cultural Studies* (London: SAGE, 2011), 108–09.

13 Yin, *Case Study Research*, 83.

14 Stokes, *How to Do Media & Cultural Studies*, 110.

15 同上，113–14。

16 Yin, *Case Study Research*, 81.

17 同上。

18 同上，78–80。

19 Leedy and Ormrod, *Practical Research*, 138.

20 Baxter and Jack, "Qualitative Case Study Methodology," 555–56.

21 Leedy and Ormrod, *Practical Research*, 138.

22 Raymond Madden, *Being Ethnographic: A Guide to the Theory and Practice of Ethnography* (London: SAGE, 2010).

23 Scott Reeves, Ayelet Kuper, and Brian D. Hodges, "Qualitative Research Methodologies: Ethnography," *British Medical Journal* 337, (August, 2008): 512.

24 同上。

25 Christopher Crouch and Jane Pearce, *Doing Research in Design* (London: Berg, 2012), 85.

26 Reeves et al., "Qualitative Research Methodologies," 512.

27 Madden, *Being Ethnographic*, 175–76.

28 Crouch and Pearce, *Doing Research in Design*, 84.

29 同上。

30 Madden, *Being Ethnographic*, 16–17.

31 同上，59–62。

32 Leedy and Ormrod, *Practical Research*, 139.

33 Madden, *Being Ethnographic*, 80.

34 Tim Plowman, "Ethnography and Critical Design Practice," in *Design Research: Methods and Perspectives*, ed. Brenda Laurel (Cambridge, MA: MIT Press, 2003), 35.

35 Madden, *Being Ethnographic*, 16–17.

36 F. J. Riemer, "Ethnography Research," in *Research Essentials: An Introduction to Designs and Practices*, ed. Stephen D. Laplan and Marylynn T. Quartaroli (San Francisco, CA: Jossey-Bass, 2009), 205–06.

37 Reeves et al., "Qualitative Research Methodologies: Ethnography," 513; Gillian Rose, *Visual Methodologies: An Introduction to Researching with Visual Materials* (London: SAGE, 2012), 297–327.

38 Leedy and Ormrod, *Practical Research*, 139.

39 同上。

40 Madden, *Being Ethnographic*, 67–68.

41 同上，69。

42 Stokes, *How to Do Media & Cultural Studies*, 114.

43 同上，117–18。

44 Nick Moore, *How to Do Research: The Complete Guide to Designing and Managing Research Projects* (London: Library Association, 2000), 121.

45 同上，121–22。

46 同上，111。

47 Leedy and Ormrod, *Practical Research*, 149–52; Stokes, *How to Do Media & Cultural Studies*, 117–20.

48   Madden, *Being Ethnographic*, 101-04.
49   Crouch and Pearce, *Doing Research in Design*, 101.
50   Madden, *Being Ethnographic*, 96-97.
51   同上, 77。
52   同上, 77-80。
53   Stokes, *How to Do Media & Cultural Studies*, 120-21.
54   同上, 122-23。
55   同上, 123-24。
56   William W. Gaver, Andrew Boucher, Sarah Pennington, and Brendan Walker, "Cultural Probes and the Value of Uncertainty," *interactions* 11, no. 5 (2004): 53.
57   Peter Wyeth and Carla Diercke, "Designing Cultural Probes for Children," in *OZCHI '06 Proceedings of the 18th Australia Conference on Computer–Human Interaction: Design: Activities, Artefacts and Environments* (Sydney: ACM, 2006), 385, http://dl.acm.org/citation.cfm?id=1228252.
58   Donald Norman, *The Design of Everyday Things: Revised and Extended Edition* (New York: Basic Books, 2013).
59   Dorothy Leonard and Jeffrey F. Rayport, "Spark Innovation through Empathic Design," *Harvard Business Review* 75, no. 6 (1997): 102-13, accessed March 3, 2013, http://hbr.org/1997/11/spark-innovation-through-empathic-design/ar/1.
60   Muratovski, *Beyond Design*, 87.
61   Chadia Abras, Diane Maloney-Krichmar, and Jenny Preece, "User-Centered Design," in *Berkshire Encyclopedia of Human-Computer Interaction*, ed. William S. Bainbridge (Thousand Oaks, CA: SAGE, 2004), 767.
62   Gaver et al., "Cultural Probes and the Value of Uncertainty," 53.
63   Claudia Mitchell, *Doing Visual Research* (London: SAGE, 2012).
64   同上, 4-5; 亦见 Rose, *Visual Methodologies*, 298。
65   Rose, *Visual Methodologies*, 304.
66   同上, 305-06。
67   同上, 307。
68   Wyeth and Diercke, "Designing Cultural Probes for Children."
69   同上, 386。
70   同上。
71   同上, 386-87。
72   同上, 387。
73   同上, 388。
74   Bill Gaver, Tony Dunne, and Elena Pacenti, "Design: Cultural Probes," *interactions* 6, no. 1 (1999): 21-29.
75   同上, 22。
76   同上, 26。
77   同上, 22-24。
78   同上, 22。
79   同上, 25。
80   同上, 28。
81   Herman Aguinis and Christine A. Henle, "Ethics in Research," in *Blackwell Handbook of Adolescence*, ed. Gerald Adams and Michael Berzonsky (Oxford: Blackwell, 2004), 39-40.
82   Kristin Larson, "Research Ethics and the Use of Human Participants," in *Research Essentials: An Introduction to Designs and Practices*, ed. Stephen D. Lapan and Marylynn T. Quartaroli (San Francisco, CA: Jossey-Bass, 2009), 1-17.

83 Aguinis and Henle, "Ethics in Research," 39–40; Larson, "Research Ethics and the Use of Human Participants," 7.

84 Larson, "Research Ethics and the Use of Human Participants," 7–8.

85 同上，8。

86 同上，9。

87 同上，8–9。

88 Aguinis and Henle, "Ethics in Research," 35.

89 Larson, "Research Ethics and the Use of Human Participants," 10.

90 同上，11；Aguinis and Henle, "Ethics in Research," 42–43。

91 Larson, "Research Ethics and the Use of Human Participants," 12.

92 同上。

93 同上，12–13。

94 Madden, *Being Ethnographic*, 175–76.

95 Leedy and Ormrod, *Practical Research*, 140.

96 同上，140–41.

97 Rose, *Visual Methodologies*, 317–27.

98 Leedy and Ormrod, *Practical Research*, 108.

99 同上，141。

100 Susann M. Laverty, "Hermeneutic Phenomenology and Phenomenology: A Comparison of Historical and Methodological Considerations," *International Journal of Qualitative Methods* 2, no. 3 (2003): 4, accessed February 20, 2013, http://journals.sagepub.com/doi/pdf/10.1177/160940690300200303.

101 Muratovski, *Beyond Design*, 89–101.

102 Steven S. Holt, "Beauty and the Blob: Product Culture Now," in *Design Culture Now: National Design Triennial*, ed. Donald Albrecht, Ellen Lupton, and Steven S. Holt (New York: Princeton Architectural Press, 2000), 21–24.

103 Stan Lester, "An Introduction to Phenomenological Research," *Stan Lester Developments*, 1999, accessed February 22, 2013, http://www.sld.demon.co.uk/resmethv.pdf.

104 Leedy and Ormrod, *Practical Research*, 141.

105 Lester, "An Introduction to Phenomenological Research," 1999.

106 Laverty, "Hermeneutic Phenomenology and Phenomenology," 18.

107 David W. Smith, "Phenomenology," *Stanford Encyclopedia of Philosophy*, 2008, accessed February 13, 2013, http://plato.stanford.edu/entries/phenomenology/.

108 Laverty, "Hermeneutic Phenomenology and Phenomenology," 19.

109 Leedy and Ormrod, *Practical Research*, 141.

110 Laverty, "Hermeneutic Phenomenology and Phenomenology," 18.

111 Moore, *How to do Research*, 124.

112 同上。

113 Stokes, *How to Do Media & Cultural Studies*, 124–25.

114 Yin, *Case Study Research*, 84–85; Moore, *How to Do Research*, 122.

115 Moore, *How to Do Research*, 123.

116 Gjoko Muratovski, "The Importance of Research and Strategy in Design and Branding: Conversation with Dana Arnett," in *Design for Business, Volume 1*, ed. Gjoko Muratovski (Melbourne: agIdeas Press/ Bristol: Intellect, 2012), 16–23.

117 Leedy and Ormrod, *Practical Research*, 141.

118 同上 , 142。

119 Laverty, "Hermeneutic Phenomenology and Phenomenology," 23.

120 Leedy and Ormrod, *Practical Research*, 164.

121 DJ. Huppatz and Grace Lees-Maffei, "Why Design History? A Multi-National Perspective on the State and Purpose of the Field," *Arts & Humanities in Higher Education* 12, no. 2-3 (2013): 311.

122 Clive Dilnot, "The State of Design History, Part I: Mapping the Field," *Design Issues* 1, no. 1 (1984): 12.

123 Victor Margolin, "Design History or Design Studies: Subject Matter and Methods," *Design Studies* 13, no. 2 (1992): 115.

124 Clive Dilnot, "The State of Design History, Part II: Problems and Possibilities," *Design Issues* 1, no. 2 (1984): 20.

125 Muratovski, *Beyond Design*, 91.

126 见 Bridgette Engeler Newbury, "Design Thinking and Futures Thinking, Strategic Business Partners or Competitors? Exploring Commonalities, Differences and Opportunities," in *Design for Business, Volume 1.*, ed. Gjoko Muratovski (Melbourne: agIdeas Press, 2012), 26-41。

127 Muratovski, *Beyond Design*, 76.

128 WGSN, "About WGSN," *Worth Global Style Network*, accessed February 26, 2013, http://www.wgsn.com.

129 Muratovski, *Beyond Design*, 77.

130 Christian Sandström, "The Rise of Digital Imaging and the Fall of the Old Camera Industry," *The Luminous Landscape*, 2009, accessed February 26, 2013, http://www.luminous-landscape.com/essays/rise-fall.shtml.

131 Engeler Newbury, "Design Thinking and Futures Thinking," 30.

132 Leedy and Ormrod, *Practical Research*, 164.

133 L. M. Hines, "Evaluating Historical Research," in *Research Essentials: An Introduction to Designs and Practices*, ed. Stephen D. Lapan and MaryLynn T. Quartaroli (San Francisco, CA: Jossey-Bass, 2009), 148-49.

134 同上,146-47。

135 Leedy and Ormrod, *Practical Research*, 172-75.

136 见 Hines, "Evaluating Historical Research," 147。

137 Jeremy Coulter, *The World's Great Cars* (London: Marshall Cavendish, 1989).

138 Hines, "Evaluating Historical Research," 152-54.

139 Stokes, *How to Do Media & Cultural Studies*, 114.

140 Yin, *Case Study Research*, 81-82.

141 同上,83-84。

142 Leedy and Ormrod, *Practical Research*, 165.

143 Hines, "Evaluating Historical Research," 156.

144 Leedy and Ormrod, *Practical Research*, 169-71.

145 同上,168-69。

146 Hines, "Evaluating Historical Research," 147.

147 Leedy and Ormrod, *Practical Research*, 175.

148 同上,177。

149 同上,142。

150 M. L. Jones, George K. Kriflik, and M. Zanko, "Grounded Theory: A Theoretical and Practical Application in the Australian Film Industry," in *Proceedings of the International Qualitative Research Convention 2005 (QRC05)*, ed. A. Hafidz Bin Hj (Kuala Lumpur: Qualitative Research Association of Malaysia, 2005), accessed February 20, 2013, http://ro.uow.edu.au/commpapers/46.

151 见 Muratovski, *Beyond Design*, 26-29。

152 Leedy and Ormrod, *Practical Research*, 108.

153 见 Gjoko Muratovski, *Design Research: Corporate Communication Strategies—From Religious Propaganda to Strategic Brand Management* (PhD dissertation, University of South Australia, 2010)。

154 Leedy and Ormrod, *Practical Research*, 142–43.

155 同上, 143。

156 同上。

157 同上, 143–44。

158 同上, 157。

第五章 定量研究

1   Peter Zec, "Design Value," *DMI Review* 22, no. 2 (2011): 39.

2   Anna Whicher, Gisele Raulik-Murphy, and Gavin Cawood, "Evaluating Design: Understanding the Return on Investment," *DMI Review* 22, no. 2 (2011): 47.

3   C. Williams, "Research Methods," *Journal of Business & Economic Research* 5, no. 3 (2007): 66.

4   Gabriella Belli, "Nonexperimental Quantitative Research," in *Research Essentials: An Introduction to Designs and Practices*, ed. Stephen D. Lapan and MaryLynn T. Quartaroli (San Francisco, CA: Jossey-Bass, 2009), 60.

5   John W. Creswell, *Research Design: Qualitative, Quantitative and Mixed Methods Approaches* (Thousand Oaks, CA: SAGE, 2003), 125–26.

6   Michael S. Lewis-Beck, Alan Bryman, and Tim F. Liao, *The SAGE Encyclopedia of Social Science Research Methods* (Thousand Oaks, CA: SAGE, 2004), 869.

7   Randall R. Cottrell and James F. McKenzie, *Health Promotion & Education Research: Using the Five-Chapter Thesis/Dissertation Model* (London: Jones and Bartlett, 2011), 172–73.

8   Lewis-Beck et al., *The SAGE Encyclopedia of Social Science Research Methods*, 896.

9   Nick Moore, *How to Do Research: The Complete Guide to Designing and Managing Research Projects* (London: Library Association, 2000), 104–05.

10   Creswell, *Research Design*, 156–58.

11   Paul D. Leedy and Jeanne E. Ormrod, *Practical Research: Planning and Design* (Boston, MA: Pearson, 2010), 182–87.

12   同上, 187; Jane Stokes, *How to Do Media & Cultural Studies* (London: SAGE, 2011), 141–42。

13   Pamela L. Alreck and Robert B. Settle, *The Survey Research Handbook* (Homewood, IL: Irwin, 1985), 97.

14   Leedy and Ormrod, *Practical Research*, 187–88; Stokes, *How to Do Media & Cultural Studies*, 142.

15   Leedy and Ormrod, *Practical Research*, 191–92.

16   Alreck and Settle, *The Survey Research Handbook*, 97–128; Leedy and Ormrod, *Practical Research*, 194–97.

17   Leedy and Ormrod, *Practical Research*, 188–89.

18   Stokes, *How to Do Media & Cultural Studies*, 141–42.

19   IBM, "User-Centred Design," *IBM Design*, 2007, accessed April 21, 2013, http://www-01.ibm.com/software/ucd/ucd.html; UXPA, "What Is User-Centered Design?," User Experience Professionals Association, 2010, accessed February 13, 2013, http://www.upassoc.org/usability_resources/about_usability/what_is_ucd.html.

20   IBM, "User-Centred Design."

21   同上。

22   同上。

23   Keith F. Punch, *Introduction to Social Research: Quantitative and Qualitative Approaches* (London: SAGE, 2005), 68–69.

24 Moore, *How to Do Research*, xii.

25 见 Leedy and Ormrod, *Practical Research*, 108。

26 IBM, "User-Centred Design."

27 同上。

28 同上。

29 Leedy and Ormrod, *Practical Research*, 182-83.

30 IBM, "User-Centred Design."

31 同上。

32 Leedy and Ormrod, *Practical Research*, 183.

33 Steven Gimbel, ed., introduction to *Exploring the Scientific Method: Cases and Questions* (Chicago, IL: University of Chicago Press, 2011), xi.

34 Williams, "Research Methods," 66; Belli, "Nonexperimental Quantitative Research," 60.

35 Steve Sato and Deborah Mrazek, "Measuring the Impact of Design on Business" (presented at the Design Management Institute, Seattle, April 11-12, 2013).

36 Leedy and Ormrod, *Practical Research*, 182.

37 Punch, *Introduction to Social Research*, 68-69.

第六章 视觉研究

1 John Berger, *Ways of Seeing* (London: Penguin, 1972).

2 Bjørn Ramberg and Kristin Gjesdal, "Hermeneutics," *Stanford Encyclopedia of Philosophy*, 1972, accessed December 13, 2013, http://plato.stanford.edu/entries/hermeneutics/, 129.

3 Oxford Dictionaries, "Culture," *Oxford University Press*, accessed December 15, 2013, http://www.oxforddictionaries.com/definition/english/culture.

4 Oxford Dictionaries, "Form," *Oxford University Press*, accessed July 8, 2014, http://www.oxforddictionaries.com/definition/english/form.

5 Oxford Dictionaries, "Object," *Oxford University Press*, accessed July 8, 2014, http://www.oxforddictionaries.com/definition/english/object?q=object.

6 Oxford Dictionaries, "Image," *Oxford University Press*, accessed December 14, 2013, http://www.oxforddictionaries.com/definition/english/image.

7 Gillian Rose, *Visual Methodologies: An Introduction to Researching with Visual Materials* (London: SAGE, 2012), 52.

8 同上，52-57。

9 Nicholas Mirzoeff, "What Is Visual Culture?," in *The Visual Culture Reader*, ed. Nicholas Mirzoeff (London: Routledge, 1999), 5.

10 Ian Woodward, *Understanding Material Culture* (London: SAGE, 2007), 3.

11 Mirzoeff, "What Is Visual Culture?," 5

12 同上，5-6；Nicholas Mirzoeff, *An Introduction to Visual Culture* (London: Routledge, 2009)。

13 Woodward, *Understanding Material Culture*, 3.

14 同上，4。

15 同上。

16 同上。

17 见 Rose, *Visual Methodologies*, 11-12; Woodward, *Understanding Material Culture*, 3-16。

18 见 Jean Kilbourne, *Jean Kilbourne*, accessed December 15, 2013, http://www.jeankilbourne.com。

19 Tanner Higgin, "Blackless Fantasy: The Disappearance of Race in Massively Multiplayer Online Role-Playing Games," *Games and Culture* 4, no. 1 (2009): 3-26.

20 同上。

21　Rose, *Visual Methodologies*, 12.

22　见同上, 261–96。

23　同上, 13。

24　Berger, *Ways of Seeing*, 8–9.

25　同上, 9。

26　见 Rose, *Visual Methodologies*, 15。

27　Oxford Dictionaries, "Culture."

28　Rose, *Visual Methodologies*, 16.

29　同上, 51。

30　同上, 55。

31　同上, 55–56。

32　同上, 58–79。

33　Terry Barrett, *Criticizing Art: Understanding the Contemporary* (Mountain View, CA: Mayfield, 1994); 同上, 51–80。

34　Jane Stokes, *How to Do Media & Cultural Studies* (London: SAGE, 2011), 56.

35　Rose, *Visual Methodologies*, 81.

36　见 Rose, *Visual Methodologies*, 82; Stokes, *How to Do Media & Cultural Studies*, 56–57。

37　Rose, *Visual Methodologies*, 87.

38　Stokes, *How to Do Media & Cultural Studies*, 61–64.

39　同上, 61。

40　同上。

41　Rose, *Visual Methodologies*, 91.

42　同上, 96。

43　Stokes, *How to Do Media & Cultural Studies*, 62–63.

44　同上, 63–64。

45　同上。

46　Rose, *Visual Methodologies*, 102.

47　Stokes, *How to Do Media & Cultural Studies*, 66.

48　Rose, *Visual Methodologies*, 105.

49　见 Stokes, *How to Do Media & Cultural Studies*, 72。

50　同上, 72–73。

51　同上, 74–75。

52　Oxford Dictionaries, "Sign," *Oxford University Press*, accessed December 26, 2013, http://www.oxforddictionaries.com/definition/english/sign.

53　Rose, *Visual Methodologies*, 113.

54　同上, 119。

55　见 Per Mollerup, *Wayshowing: A Guide to Environmental Signage Principles and Practices* (Zürich: Lars Müller, 2005)。

56　Kurt M. A. Goldammer, "Religious Symbolism and Iconography," *The New Encyclopaedia Britannica: Macropaedia* 17, no. 1 (1995): 591.

57　Rose, *Visual Methodologies*, 119.

58　Carl G. Jung et al., *Man and His Symbols* (London: Aldus, 1964), 4.

59　同上, 67。

60　同上, 5。

61　同上, 20。

62　同上, 4。

63　Goldammer, "Religious Symbolism and Iconography," 591–92.

64　Rose, *Visual Methodologies*, 109.

65　同上，16-17。

66　Maurice Cranston, "Ideology," *The New Encyclopaedia Britannica: Macropaedia* 20, no. 1 (1995): 768.

67　Barrett, *Criticizing Art*.

68　Rose, *Visual Methodologies*, 111.

69　同上，123。

70　Jonathan Bignell, *Media Semiotics: An Introduction* (Manchester: Manchester University Press, 1997), 30-55.

71　Jean Baudrillard, *The Consumer Society: Myths and Structures* (London: SAGE, 1998), 95-96.

72　同上，97。

73　Gjoko Muratovski, *Design Research: Corporate Communication Strategies—From Religious Propaganda to Strategic Brand Management* (PhD dissertation, University of South Australia, 2010), 84-85.

74　同上，134。

75　Mary Jo Hatch and Majken Shultz, *Taking Brand Initiative: How Companies Can Align Strategy, Culture, and Identity through Corporate Branding* (San Francisco, CA: Jossey-Bass, 2008), 26.

76　Jung et al., *Man and His Symbols*, 3.

77　Ferdinand de Saussure, *Course in General Linguistics* (London: Duckworth, 1983).

78　Jung et al., *Man and His Symbols*, 41.

79　同上。

80　Cees B. M. van Riel and Charles J. Fombrun, *Essentials of Corporate Communication* (London: Routledge, 2007), 103.

81　Wolff Olins, *The New Guide to Identity* (London: The Design Council, 1995), 11.

82　Muratovski, "Design Research."

83　Garth S. Jowett and Victoria O'Donnell, *Propaganda and Persuasion* (London: SAGE, 2006), 146.

84　Sut Jhally, "Advertising at the Edge of the Apocalypse," in *Critical Studies in Media Commercialism*, ed. Robin Andersen and Lance Strate (Oxford: Oxford University Press, 2000), 27-39.

85　Michael Schudson, *Advertising, the Uneasy Persuasion: Its Dubious Impact on the American Society* (London: Routledge, 1993), 6.

86　同上，209。

87　同上，209-33。

88　Alexander Fadayev, "Socialist Realism," *Encyclopedia of World Literature in the Twentieth Century* 3, no. 1 (1971): 299; 转引自同上，125。

89　Schudson, *Advertising, the Uneasy Persuasion*, 215.

90　同上，233。

91　William Leiss, Stephen Kline, and Sut Jhally, *Social Communication in Advertising* (New York: Routledge, 1997), 193.

92　Leiss et al., *Social Communication in Advertising*.

93　Jib Fowles, *Advertising and Popular Culture* (London: SAGE, 1996), 167.

94　Fowles, *Advertising and Popular Culture*.

95　Leiss et al., *Social Communication in Advertising*, 240.

96　同上，245。

97　同上，246-54。

98　同上，259-62。

99　Muratovski, "Design Research," 84-85.

100　Barrett, *Criticizing Art*; "About Art Interpretation for Art Education," *Studies in Art Education* 42, no.1 (2000): 5-19.

101　Barrett, "About Art Interpretation for Art Education," 5-6.

102　同上，6。

103　Rose, *Visual Methodologies*, 77–79.

104　Stokes, *How to Do Media & Cultural Studies*, 58.

105　同上，58–59。

106　Rose, *Visual Methodologies*, 101.

107　见同上，105–06。

108　Stokes, *How to Do Media & Cultural Studies*, 72.

109　同上，73。

110　同上，75–76。

第七章 应用研究

1　Christopher Crouch and Jane Pearce, *Doing Research in Design* (London: Berg, 2012), 35–37.

2　Anne Burdick, "Design (as) Research," in *Design Research: Methods and Perspectives*, ed. Brenda Laurel (Cambridge, MA: MIT Press, 2003), 82.

3　Cal Swann, "Action Research and the Practice of Design," *Design Issues* 18, no. 2 (2002): 51.

4　Crouch and Pearce, *Doing Research in Design*, 143.

5　Swann, "Action Research and the Practice of Design," 50–51.

6　同上，53。

7　见Swann, "Action Research and the Practice of Design"，亦见Crouch and Pearce, *Doing Research in Design*, 146。

8　Crouch and Pearce, *Doing Research in Design*, 146.

9　Swann, "Action Research and the Practice of Design," 56.

10　同上，53–54。

11　同上，56。

12　见Linda Candy, "Practice Based Research: A Guide," *Creativity and Cognition Studios*, 2006, accessed November 29, 2013, https://www.creativityandcognition.com/research/practice-based-research。

13　见Linda Candy, "Differences between Practice-Based and Practice-Led Research," *Creativity and Cognition Studios*, 2006, accessed February 14, 2013, https://www.creativityandcognition.com/research/practice-based-research。

14　同上，第2节。

15　Candy, "Differences between Practice-Based and Practice-Led Research."

16　同上，第4节。

17　Donald A. Schön, *The Reflective Practitioner: How Professionals Think in Action* (New York: Basic Books, 1983).

18　David Hopkins and Elpida Ahtaridou, "Applying Research Methods to Professional Practice," in *Research Essentials: An Introduction to Designs and Practices*, ed. Stephen D. Lapan and Marylynn.T. Quartaroli (San Francisco, CA: Jossey-Bass, 2006), 276.

19　Swann, "Action Research and the Practice of Design," 50.

20　Crouch and Pearce, *Doing Research in Design*, 143.

21　Robert B. Burns, *Introduction to Research Methods* (Frenchs Forest: Longman, 2000), 443.

22　Jean McNiff and Jack Whitehead, *All You Need to Know about Action Research* (London: SAGE, 2012), 14.

23　同上。

24　Hopkins and Ahtaridou, "Applying Research Methods to Professional Practice," 282.

25　McNiff and Whitehead, *All You Need to Know about Action Research*, 7.

26 Swann, "Action Research and the Practice of Design," 55.
27 McNiff and Whitehead, *All You Need to Know about Action Research*, 7.
28 Crouch and Pearce, *Doing Research in Design*, 151.
29 同上, 27–29。
30 Swann, "Action Research and the Practice of Design," 56–57.
31 Crouch and Pearce, *Doing Research in Design*, 151.
32 Julienne Meyer, "Using Qualitative Methods in Health Related Action Research," *British Medical Journal* 320 (2000): 178.
33 同上。
34 同上。
35 同上, 180。
36 Swann, "Action Research and the Practice of Design," 53.
37 同上。
38 同上, 51; Crouch and Pearce, *Doing Research in Design*, 147。
39 Swann, "Action Research and the Practice of Design," 58.
40 同上, 59。
41 同上, 52。
42 同上, 51。
43 同上, 51–52。
44 同上, 52。
45 见 Candy, "Practice Based Research"。
46 见 McNiff and Whitehead, *All You Need to Know about Action Research*, 8。
47 Meyer, "Using Qualitative Methods in Health Related Action Research," 178.
48 Burns, *Introduction to Research Methods*, 443.
49 Crouch and Pearce, *Doing Research in Design*, 145.
50 Swann, "Action Research and the Practice of Design," 61.
51 Meyer, "Using Qualitative Methods in Health Related Action Research," 180.

第八章 研究与设计

1 Paul D. Leedy and Jeanne E. Ormrod, *Practical Research: Planning and Design* (Boston, MA: Pearson, 2010), 291.
2 Eric J. Arnould, "Getting a Manuscript to Publication Standard," *Design Research Quarterly* 1, no. 1 (2006): 21-23.
3 同上, 21。
4 同上。
5 同上。
6 同上, 21–22。
7 同上, 22。
8 同上。
9 Oxford Dictionaries, "Empirical," *Oxford University Press*, accessed December 31, 2013, http://www.oxforddictionaries.com/definition/english/empirical.
10 Leedy and Ormrod, *Practical Research*, 304.

参考文献

Aagaard-Hansen, Jens, and John H. Ouma. "Managing Interdisciplinary Health Research: Theoretical and Practical Aspects." *International Journal of Health Planning and Management* 17, no. 3, (2002): 195–212.

Aagaard-Hansen, Jens. "The Challenges of Cross-Disciplinary Research." *Social Epistemology* 21, no. 4 (2007): 425–38.

Abras, Chadia, Diane Maloney-Krichmar, and Jenny Preece. "User-Centered Design." In *Berkshire Encyclopedia of Human-Computer Interaction*, edited by William S. Bainbridge, 763–68. Thousand Oaks, CA: SAGE, 2004.

Aguinis, Herman, and Christine A. Henle. "Ethics in Research." In *Blackwell Handbook of Adolescence*, edited by Gerald Adams and Michael Berzonsky, 34–56. Oxford: Blackwell, 2004.

Almquist, Julka, and Julia Lupton. "Affording Meaning: Design-Oriented Research from the Humanities and Social Sciences." *Design Issues* 26, no. 1 (2010): 3–14.

Alreck, Pamela L., and Robert B. Settle. *The Survey Research Handbook.* Homewood, IL: Irwin, 1985.

American Psychological Association. *Publication Manual of the American Psychological Association*, 6th ed. Washington, DC: APA, 2009.

Arnould, Eric J. "Getting a Manuscript to Publication Standard." *Design Research Quarterly* 1, no. 1 (2006): 21–23.

Barrett, Terry. *Criticizing Art: Understanding the Contemporary.* Mountain View, CA: Mayfield, 1994.

Barrett, Terry. "About Art Interpretation for Art Education." *Studies in Art Education* 42, no.1 (2000): 5–19.

Bateson, Mary C. *A Metaphor of Our Own: A Personal Account on the Effects of Conscious Purpose on Human Adaptation.* New York: Knopf, 1972.

Baudrillard, Jean. *The Consumer Society: Myths and Structures.* London: SAGE, 1998.

Baxter, Pamela, and Susan Jack. "Qualitative Case Study Methodology: Study Design and Implementation for Novice Researchers." *The Qualitative Report* 13, no. 4 (2008): 544–59.

Bayazit, Nigan. "Investigating Design: A Review of Forty Years of Design Research." *Design Issues* 20, no. 1 (2004): 16–29.

Bell, Judith. *Doing Your Research Project: A Guide to First-Time Researchers in Education, Health and Social Sciences.* Maidenhead: Open University Press, 2005.

Belli, Gabriella. "Nonexperimental Quantitative Research." In *Research Essentials: An Introduction to Designs and Practices*, edited by Stephen D. Lapan and MaryLynn T. Quartaroli, 59–77. San Francisco, CA: Jossey-Bass, 2009.

Bengtsson, Staffan. *IKEA the Book: Designers, Products and Other Stuff.* Stockholm: Arvinius Förlag AB for IKEA FAMILY, 2013.

Berger, John. *Ways of Seeing.* London: Penguin, 1972.

Bignell, Jonathan. *Media Semiotics: An Introduction.* Manchester: Manchester University Press, 1997.

Bryman, Alan. "Integrating Quantitative and Qualitative Research: How Is It Done?" *Qualitative Research* 6, no. 1 (2006): 97–113.

Buchanan, Richard. "Education and Professional Practice in Design." *Design Issues* 14, no. 2 (1998): 63–66.

Buchanan, Richard. "The Study of Design: Doctoral Education and Research in a New Field of Inquiry." In *Proceedings from the Doctoral Education in Design Conference*, 1–29. School of Design, Carnegie Mellon University, October 8–11, 1999.

Buchanan, Richard. "Design Research and the New Learning." *Design Issues* 17, no. 4 (2001): 3–23.

Bunge, Mario. *The Dictionary of Philosophy*. Amherst, NY: Prometheus, 1999.

Burdick, Anne. "Design (as) Research." In *Design Research: Methods and Perspectives*, edited by Brenda Laurel, 82. Cambridge, MA: MIT Press, 2003.

Burns, Robert B. *Introduction to Research Methods*. Frenchs Forest: Longman, 2000.

Candy, Linda. "Differences between Practice-Based and Practice-Led Research." *Creativity and Cognition Studios*, accessed February 14, 2013, https://www.creativityandcognition.com/research/practice-based-research.

Candy, Linda. "Practice Based Research: A Guide." *Creativity and Cognition Studios*, accessed November 29, 2013, https://www.creativityandcognition.com/research/practice-based-research.

Chicago Press. *The Chicago Manual of Style: The Essential Guide for Writers, Editors and Publishers*, 16th ed. Chicago: Chicago University Press, 2010.

Cooper, Rachel, and Mike Press. "Academic Design Research." Design Council, accessed September 1, 2009, https://www.designcouncil.org.uk/en/About-Design/Design-Techniques/Academic-Design-Research-by-Rachel-Cooper-and-Mike-Press/.

Cottrell, Randall R., and James F. McKenzie. *Health Promotion & Education Research: Using the Five-Chapter Thesis/Dissertation Model*. London: Jones and Bartlett, 2011.

Coulter, Jeremy. *The World's Great Cars*. London: Marshall Cavendish, 1989.

Cranston, Maurice. "Ideology." *The New Encyclopaedia Britannica: Macropaedia* 20, no. 1 (1995): 768–72.

Creswell, John W. *Research Design: Qualitative, Quantitative and Mixed Methods Approaches*. Thousand Oaks, CA: SAGE, 2003.

Crouch, Christopher, and Jane Pearce. *Doing Research in Design*. London: Berg, 2012.

Cutler, Terry. *Designing Solutions to Wicked Problems: A Manifesto for Transdisciplinary Research and Design*. Melbourne, VA: RMIT University, 2009.

Saussure, Ferdinand. *Course in General Linguistics*. London: Duckworth, 1983.

Del Favero, Marietta. "Academic Disciplines—Disciplines and the Structure of Higher Education, Discipline Classification Systems, Discipline Differences." *Education Encyclopedia*, accessed January 12, 2014, http://education.stateuniversity.com/pages/1723/Academic-Disciplines.html.

Design Council. *Multi-Disciplinary Design Education in the UK: Report and Recommendations from the Multi-Disciplinary Design Network*. London: Design Council, 2010.

Dilnot, Clive. "The State of Design History, Part I: Mapping the Field." *Design Issues* 1, no. 1 (1984): 4–23.

Dilnot, Clive. "The State of Design History, Part II: Problems and Possibilities." *Design Issues* 1, no. 2 (1984): 3–20.

Dorst, Kees. "Design Research: A Revolution-Waiting-to-Happen." *Design Studies* 29, no.1 (2008): 4–11.

Downton, Peter. *Design Research*. Melbourne: RMIT University Press, 2003.

Durling, David, and Brian Griffiths. "From Formgiving to Braingiving." In *Proceedings of the Re-Inventing Design Education in the University Conference*, edited by Cal Swann, Ellen Young, and Curtin University of Technology, 29–36. Perth, Australia: School of Design, Curtin University of Technology, 2001.

Newbury, Bridgette Engeler. "Design Thinking and Futures Thinking, Strategic Business Partners or Competitors? Exploring Commonalities, Differences and Opportunities." In *Design for Business, Volume 1.*, edited by Gjoko Muratovski, 26–41. Melbourne: agIdeas Press, 2012.

Fadayev, Alexander. "Socialist Realism." *Encyclopedia of World Literature in the Twentieth Century* 3, no. 1 (1971): 298–301.

Formosa, Dan. "Design Thinking." Keynote addressed at agIdeas 2013 Advantage, part of the 2013 agIdeas International Design Week, Design Foundation, Melbourne, Australia. Accessed May 4, 2013, http://www.agideas.net/coming-event/business-breakfast.

Fowles, Jib. *Advertising and Popular Culture*. London: SAGE, 1996.

Friedman, Ken. "Design Science and Design Education." In *The Challenge of Complexity*, edited by P. McCrery, 54-72. Helsinki: University of Art and Design, 1997.

Friedman, Ken. "Conclusion: Toward an Integrative Design Profession." In *Creating Breakthrough Ideas: The Collaboration of Anthropologists and Designers in the Product Development Industry*, edited by Susan Squires and Bryan Byrne, 199-214. London: Bergin & Garvey, 2002.

Friedman, Ken. "Theory Construction in Design Research: Criteria, Approaches, and Methods." *Design Studies* 24, no. 6 (2003): 507-22.

Friedman, Ken. "Models of Design: Envisioning a Future for Design Education." *Visible Language* 46, no. 1-2 (2012): 128-54.

Friedman, Ken, Yongqi Lou, Don Norman, Pieter Jan Stappers, Ena Voûte, and Patrick Whitney. "DesignX: A Future Path for Design." *jnd.org*, last modified December 4, 2014, http://www.jnd.org/dn.mss/designx_a_future_pa.html.

Gaver, Bill, Tony Dunne, and Elena Pacenti, "Design: Cultural Probes." *interactions* 6, no. 1 (1999): 21-29.

Gaver, William W., Andrew Boucher, Sarah Pennington, and Brendan Walker, "Cultural Probes and the Value of Uncertainty." *interactions* 11, no. 5 (2004): 53-56.

Gimbel, Steven. ed. Introduction to *Exploring the Scientific Method: Cases and Questions*. Chicago, IL: University of Chicago Press, 2011.

Given, Lisa M. *The SAGE Encyclopedia of Qualitative Research Methods*. Thousand Oaks, CA: SAGE, 2008.

Goldammer, Kurt M. A. "Religious Symbolism and Iconography." *The New Encyclopaedia Britannica: Macropaedia* 17, no. 1 (1995): 591-600.

Hanington, Bruce M. "Relevant and Rigorous: Human-Centered Research and Design Education." *Design Issues* 26, no. 3 (2010): 18-26.

Hanington, Bruce M. "Research Education by Design: Assessing the Impact of Pedagogy on Practice." In *Proceedings from the Joining Forces: International Conference on Design Research*. Helsinki, Finland: University of Art and Design, September 22-24, 2005. Accessed April 14, 2011, http://www.uiah.fi/joining forces/papers/Hanington.pdf.

Harvard. *The Harvard System of Referencing*. Accessed May 30, 2015, http://www.library.dmu.ac.uk/Images/Selfstudy/Harvard.pdf.

Hatch, Mary Jo, and Majken Shultz. *Taking Brand Initiative: How Companies Can Align Strategy, Culture, and Identity through Corporate Branding*. San Francisco, CA: Jossey-Bass, 2008.

Heckman, M. A., K. Sherry, and E. Gonzalez de Mejia. "Energy Drinks: An Assessment of Their Market Size, Consumer Demographics, Ingredient Profile, Functionality, and Regulations in the United States." *Comprehensive Reviews in Food Science and Food Safety* 9, no. 3 (2010): 303-17.

Higgin, Tanner. "Blackless Fantasy: The Disappearance of Race in Massively Multiplayer Online Role-Playing Games." *Games and Culture* 4, no. 1 (2009): 3-26.

Hines, L. M. "Evaluating Historical Research." In *Research Essentials: An Introduction to Designs and Practices*, edited by Stephen D. Lapan and MaryLynn T. Quartaroli, 145-64. San Francisco, CA: Jossey-Bass, 2009.

Holt, Steven S. "Beauty and the Blob: Product Culture Now." In *Design Culture Now: National Design Triennial*, edited by Donald Albrecht, Ellen Lupton, and Steven S. Holt, 21-24. New York: Princeton Architectural Press, 2000.

Hopkins, David, and Elpida Ahtaridou. "Applying Research Methods to Professional Practice." In *Research Essentials: An Introduction to Designs and Practices, edited by Stephen D. Lapan and Marylynn. T. Quartaroli, 275–93. San Francisco, CA: Jossey-Bass, 2006.

Huppatz, DJ. and Grace Lees-Maffei. "Why Design History? A Multi-National Perspective on the State and Purpose of the Field." Arts & Humanities in Higher Education 12, no. 2-3 (2013): 310–30.

IBM. "User-Centred Design." IBM Design, accessed April 21, 2013, http://www-01.ibm.com/software/ucd/ucd.html.

Ireland, Christopher. "The Changing Role of Research." In Design Research: Methods and Perspectives, edited by Brenda Laurel, 22. Cambridge, MA: MIT Press, 2003.

Jhally, Sut. "Advertising at the Edge of the Apocalypse." In Critical Studies in Media Commercialism, edited by Robin Andersen and Lance Strate, 27–39. Oxford: Oxford University Press, 2000.

Jones, M. L., George K. Kriflik, and M. Zanko. "Grounded Theory: A Theoretical and Practical Application in the Australian Film Industry." In Proceedings of the International Qualitative Research Convention 2005 (QRC05), edited by A. Hafidz Bin Hj. Kuala Lumpur: Qualitative Research Association of Malaysia, 2005. Accessed February 20, 2013, http://ro.uow.edu.au/commpapers/46.

Jowett, Garth S., and Victoria O'Donnell. Propaganda and Persuasion. London: SAGE, 2006.

Jung, Carl G., Marie-Luise von Franz, Joseph Lewis Henderson, Jolande Jacobi, and Aniela Jaffé. Man and His Symbols. London: Aldus, 1964.

Kilbourne, Jean. Jean Kilbourne. Accessed December 15, 2013, http://www.jeankilbourne.com.

Kristensen, Tore. "Research on Design in Business." Keynote paper delivered at Useful and Critical: The Position of Research in Design International Conference. University of Art and Design UIAH, Helsinki, Finland, September 9–11, 1999.

Larson, Kristin. "Research Ethics and the Use of Human Participants." In Research Essentials: An Introduction to Designs and Practices, edited by Stephen D. Lapan and Marylynn T. Quartaroli, 1–17. San Francisco, CA: Jossey-Bass, 2009.

Laurel, Brenda. "Introduction: Muscular Design." In Design Research: Methods and Perspectives, edited by Brenda Laurel, 16–19. Cambridge, MA: MIT Press, 2003.

Laverty, Susann M. "Hermeneutic Phenomenology and Phenomenology: A Comparison of Historical and Methodological Considerations." International Journal of Qualitative Methods 2, no. 3 (2003): 1–29, accessed February 20, 2013, http://journals.sagepub.com/doi/pdf/10.1177/160940690300200303.

Lawrence, Roderick J., and Carole Després. "Introduction: Futures of Transdisciplinarity." Futures 36, no. 4 (2004): 397–405.

Leedy, Paul D., and Jeanne E. Ormrod. Practical Research: Planning and Design. Boston, MA: Pearson, 2010.

Leiss, William, Stephen Kline, and Sut Jhally. Social Communication in Advertising. New York: Routledge, 1997.

Leonard, Dorothy, and Jeffrey F. Rayport. "Spark Innovation through Empathic Design." Harvard Business Review 75, no. 6 (1997): 102–13. Accessed March 3, 2013, http://hbr.org/1997/11/spark-innovation-through-empathic-design/ar/1.

Lester, Stan. "An Introduction to Phenomenological Research." Stan Lester Developments. Accessed February 22, 2013, http://www.sld.demon.co.uk/resmethv.pdf.

Levin, Diane E., and Jean Kilbourne. So Sexy So Soon: The New Sexualized Childhood and What Parents Can Do to Protect Their Kids. New York: Ballantine, 2009.

Lewis-Beck, Michael S., Alan Bryman, and Tim F. Liao. The SAGE Encyclopedia of Social Science Research Methods. Thousand Oaks, CA: SAGE, 2004.

Love, Terence. "New Roles for Design Education in University Settings." In Proceedings of the Re-Inventing *Design Education in the University Conference*, edited by Cal Swann, Ellen Young, and Curtin University of Technology, 249-55. Perth, Australia: School of Design, Curtin University of Technology, 2001.

Madden, Raymond. *Being Ethnographic: A Guide to the Theory and Practice of Ethnography*. London: SAGE, 2010.

Margolin, Victor. "Design History or Design Studies: Subject Matter and Methods." *Design Studies* 13, no. 2 (1992): 104-16.

Margolin, Victor. "Doctoral Education in Design: Problems and Prospects." *Design Issues* 26, no. 3 (2010): 70-78.

McAllister, Gretchen, and Alison Furlong. "Understanding Literature Reviews." In *Research Essentials: An Introduction to Designs and Practices*, edited by Stephen D. Lapan and Marylynn T. Quartaroli, 19-33. San Francisco, CA: Jossey-Bass, 2009.

McNiff, Jean, and Jack Whitehead. *All You Need to Know about Action Research*. London: SAGE, 2012.

Merriam-Webster. *Merriam-Webster's Collegiate Dictionary*, 10th ed. Springfield, MA: Merriam-Webster, Inc, 1993.

Meyer, Julienne. "Using Qualitative Methods in Health Related Action Research." *British Medical Journal* 320 (2000): 178-81.

Mirzoeff, Nicholas. "What Is Visual Culture?" In *The Visual Culture Reader*, edited by Nicholas Mirzoeff, 3-13. London: Routledge, 1999.

Mirzoeff, Nicholas. *An Introduction to Visual Culture*. London: Routledge, 2009.

Mitchell, Claudia. *Doing Visual Research*. London: SAGE, 2012.

Mithen, Steven. *The Prehistory of the Mind: A Search for the Origins of Art, Religion and Science*. London: Phoenix, 1998.

Mollerup, Per. *Wayshowing: A Guide to Environmental Signage Principles and Practices*. Zürich: Lars Müller, 2005.

Moore, Nick. *How to Do Research: The Complete Guide to Designing and Managing Research Projects*. London: Library Association, 2000.

Muratovski, Gjoko. *Beyond Design*. Skopje: NAM Print, 2006.

Muratovski, Gjoko. *Design Research: Corporate Communication Strategies—From Religious Propaganda to Strategic Brand Management*. PhD dissertation, University of South Australia, 2010.

Muratovski, Gjoko. "Design and Design Research: The Conflict between the Principles of Design Education and Practices in Industry." *Design Principles and Practices: An International Journal* 4, no. 2 (2010): 377-86.

Muratovski, Gjoko. "In Pursuit of New Knowledge: A Need for a Shift from Multidisciplinary to Transdisciplinary Model of Doctoral Design Education and Research." Presented at the *Doctoral Education in Design*, Hong Kong Polytechnic University, Hong Kong, China, May 22-25, 2011. Accessed July 15, 2012, http://www.sd.polyu.edu.hk/DocEduDesign2011/proceeding.php.

Muratovski, Gjoko. "Challenges and Opportunities of Cross-Disciplinary Design Education and Research." In *proceedings of ACUADS Conference 2011: Creativity: Brain, Mind, Body*, edited by Gordon Bull. Canberra, Australia: University of Canberr, 2011. Accessed February 26, 2013, http://acuads.com.au/conference/2011-conference.

Muratovski, Gjoko. "What Is Design, and Where It Is Going?" *Between Design Journal* 5 (2012): 44-47.

Muratovski, Gjoko. "The Importance of Research and Strategy in Design and Branding: Conversation with Dana Arnett." In *Design for Business, Volume 1*, edited by Gjoko Muratovski, 16-23. Melbourne: agIdeas Press/ Bristol: Intellect, 2012.

Norman, Donald. *The Design of Everyday Things: Revised and Extended Edition*. New York: Basic Books, 2013.

Norman, Donald. "Why Design Education Must Change." *Core77*, accessed January 15, 2014, http://www.core77.com/blog/columns/why_design_education_must_change_17993.as.

Ochoa, George, and Melinda Corey. *The Timeline Book of Science*. New York: Ballantine, 1995.

Olins, Wolff. *The New Guide to Identity*. London: The Design Council, 1995.

Owen, Charles L. "Design Education and Research for the 21st Century." In *Proceedings of the First International Design Forum: Design, Your Competitive Edge*. Singapore Trade Development Board, October 20, 1989. Accessed January 13, 2014, http://www.id.iit.edu/media/cms_page_media/.../Owen_singapore88.pdf.

Oxford Dictionaries. "Research." *Oxford University Press*, accessed December 21, 2013, http://www.oxforddictionaries.com/definition/english/research.

Oxford Dictionaries. "Method." *Oxford University Press*, acceaassed February 15, 2013, http://oxforddictionaries.com/definition/english/method?q=method.

Oxford Dictionaries. "Methodology." *Oxford University Press*, acceaassed February 15, 2013, http://oxforddictionaries.com/definition/english/methodology?q=methodology.

Oxford Dictionaries. "Culture." *Oxford University Press*, accessed December 15, 2013, http://www.oxforddictionaries.com/definition/english/culture.

Oxford Dictionaries. "Image." *Oxford University Press*, accessed December 14, 2013, http://www.oxforddictionaries.com/definition/english/image.

Oxford Dictionaries. "Sign." *Oxford University Press*, accessed December 26, 2013, http://www.oxforddictionaries.com/definition/english/sign.

Oxford Dictionaries. "Empirical." *Oxford University Press*, accessed December 31, 2013, http://www.oxforddictionaries.com/definition/english/empirical.

Oxford Dictionaries. "Form." *Oxford University Press*, accessed July 8, 2014, http://www.oxforddictionaries.com/definition/english/form.

Oxford Dictionaries. "Object." *Oxford University Press*, accessed July 8, 2014, http://www.oxforddictionaries.com/definition/english/object?q=object.

Plowman, Tim. "Ethnography and Critical Design Practice." In *Design Research: Methods and Perspectives*, edited by Brenda Laurel, 30–38. Cambridge, MA: MIT Press, 2003.

Punch, Keith F. *Introduction to Social Research: Quantitative and Qualitative Approaches*. London: SAGE, 2005.

Ramberg, Bjørn, and Kristin Gjesdal. "Hermeneutics." *Stanford Encyclopedia of Philosophy*, accessed December 13, 2013, http://plato.stanford.edu/entries/hermeneutics/.

Reeves, Scott, Ayelet Kuper, and Brian D. Hodges. "Qualitative Research Methodologies: Ethnography." *British Medical Journal* 337 (August, 2008): 512–14.

Riemer, F. J. "Ethnography Research." In *Research Essentials: An Introduction to Designs and Practices*, edited by Stephen D. Laplan and Marylynn T. Quartaroli, 203–21. San Francisco, CA: Jossey-Bass, 2009.

Rittel, Horst W. J., and Melvin M. Webber. "Planning Problems are Wicked Problems." In *Developments in Design Methodology*, edited by Nigel Cross, 135–44. New York: Wiley, 1973.

Rose, Gillian. *Visual Methodologies: An Introduction to Researching with Visual Materials*. London: SAGE, 2012.

Rosenfield, Patricia L. "The Potential of Transdisciplinary Research for Sustaining and Extending Linkages between the Health and Social Sciences." *Social Science and Medicine* 35, no. 11 (1992): 1343–57.

Sandström, Christian. "The Rise of Digital Imaging and the Fall of the Old Camera Industry." *The Luminous Landscape*, accessed February 26, 2013, http://www.luminous-landscape.com/essays/rise-fall.shtml.

Sato, Steve, and Deborah Mrazek. "Measuring the Impact of Design on Business." Presented at the Design Management Institute, Seattle, April 11–12, 2013.

Schön, Donald A. *The Reflective Practitioner: How Professionals Think in Action*. New York: Basic Books, 1983.

Schönberger, Angela. Preface to *Raymond Loewy: Pioneer of American Industrial Design*. Munich: Prestel, 1990.

Schudson, Michael. *Advertising, the Uneasy Persuasion: Its Dubious Impact on the American Society*. London: Routledge, 1993.

Schutz, Paul A. Sharon L. Nichols, and Kelly A. Rodgers. "Using Multiple Methods Approaches." In *Research Essentials: An Introduction to Designs and Practices*, edited by Stephen D. Lapan and MaryLynn T. Quartaroli, 243–58. San Francisco, CA: Jossey-Bass, 2009.

Simon, Herbert A. *The Sciences of the Artificial*. Cambridge, MA: MIT Press, 1982.

Smith, David W. "Phenomenology." *Stanford Encyclopedia of Philosophy*, accessed February 13, 2013, http://plato.stanford.edu/entries/phenomenology/.

Stevens, John S. *Design as a Strategic Resource: Design's Contributions to Competitive Advantage Aligned with Strategy Models*. PhD dissertation, University of Cambridge, Cambridge, 2009.

Stokes, Jane. *How to Do Media & Cultural Studies*. London: SAGE, 2011.

Survey Monkey. "99 Designs Shares Insights with Their Users." *SurveyMonkey Audience*, accessed April 13, 2013, http://www.surveymonkey.com/mp/audience/insights/case-study/99designs/.

Swann, Cal. "Action Research and the Practice of Design." *Design Issues* 18, no. 2 (2002): 49–61.

UXPA. "What Is User-Centered Design?" *User Experience Professionals Association*, accessed February 13, 2013, http://www.upassoc.org/usability_resources/about_usability/what_is_ucd.html.

Van Riel, Cees B. M., and Charles J. Fombrun. *Essentials of Corporate Communication*. London: Routledge, 2007.

Watson, Peter. *Ideas: A History of Thought and Invention from Fire to Freud*. New York: Harper Collins, 2005.

WGSN. "About WGSN." *Worth Global Style Network*, accessed February 26, 2013, http://www.wgsn.com.

Whicher, Anna, Gisele Raulik-Murphy, and Gavin Cawood. "Evaluating Design: Understanding the Return on Investment." *DMI Review* 22, no. 2 (2011): 44–52.

Williams, C. "Research Methods." *Journal of Business & Economic Research* 5, no. 3 (2007): 65–71.

Williamson, Judith. *Decoding Advertisements: Ideology and Meaning of Advertising*. London: Marion Boyars, 1978.

Woodward, Lan. *Understanding Material Culture*. London: SAGE, 2007.

Wyeth, Peter, and Carla Diercke. "Designing Cultural Probes for Children." In *OZCHI '06 Proceedings of the 18th Australia Conference on Computer–Human Interaction: Design: Activities, Artefacts and Environments*, 385–88. Sydney: ACM, 2006. http://dl.acm.org/citation.cfm?id=1228252.

Yin, Robert K. *Case Study Research: Design and Methods*. Thousand Oaks, CA: SAGE, 1994.

Zec, Peter. "Design Value." *DMI Review* 22, no. 2 (2011): 36–42.

Zimmerman, Eric. "Creating a Culture of Design Research." In *Design Research: Methods and Perspectives*, edited by Brenda Laurel, 185–92. Cambridge, MA: MIT Press, 2003.

词语对照索引

* 本索引根据英文版译出，并按汉语拼音排序。其中人名按中译名姓氏拼音排序；所指页码为英文版页码，即本书边码。

译后记

　　"设计"与"研究"在许多人看来几乎是两个大异其趣的词。前者是一种行动、实践、操作、技术，一种"实学"；而后者则是一种沉思、探究、反省，乃至批判，一种"纯粹理论"。在大众心目中，设计师绝对是算不得研究人员的。毕竟，"设计"这两个字，以及"设计师"这个头衔，在日常生活中已经被滥用了——比如理发店里有Tony老师的"发型设计""形象设计"，百货商场里有"时尚设计""妆容设计"，等等。而"研究"二字总还是带着高深的意味，所以我们把本科毕业之后继续学习的学生称为"研究生"，觉得这些学生的学习应该超出表面，进入深度的"理论研究"了，而其实这在英语中不过意味着"毕业生"（graduate）或"后毕业生"（postgraduate）。在我们的语境当中，对"研究"总还是有些敬畏。而在西方语境中，"research"从字根上就意味着"反复地"（re-）"搜索"（search），是一种"系统性地通过方法搜索知识"（马里奥·本赫）。看来，无论在中国还是西方，作为"实践者"的设计师要与"理论性"的研究人员挂钩，都需要有人对设计的疆域和方法做出新的阐释。

　　穆拉托夫斯基这本《给设计师的研究指南》给出了答案。在本书前言中，作者即以外星人榨汁机和苹果手机为例，探讨好的设计究竟应该只是一种"自我表达"还是为了解决人的需求，为"真实的世界"里发生的问题寻找答案？二战之后这几十年来，世界经历了从第三次工业革命向第四次工业革命的转变，今天人类所面对的问题，是人类在历史上从未遇到过的。在当今这个碳足迹日益加重的消费主义世界，仅仅满足于表现技艺或是用于"自我表达"的设计只是在助纣为虐，为这个贪得无厌的商业制度索取更多。

　　作为一门"实学"，设计对"真实的世界"的反应也是快速的。这几十年来，从工艺美术运动中诞生的设计学科也相应发生了巨大的变化，从20世纪50年代的"创造风格"，到60年代的"团队协作"，70年代的"人的理解"，80年代的"协调管理"，90年代的"创造体验"，直到21世纪的"驱动创新"，呈现出从造物到战略、从物质设计到非物质设计、从专业到跨学科、从设计到设计思维、从创意到创新等几大趋势。[1]而设计师要在这样的剧变中拥有立身之本，就应该脱离"物的设计"，不仅掌握"技艺"，设计出一个美观的产品，更重要的是掌握系统化的设计研究方法，来解答更为宏观的问题——"怎样改善这个世界？"

这是一个看起来非常深刻的问题。在以往，我们会把这样的问题看作是社会科学，甚至是哲学要讨论的话题。确实，设计学科较这些学科而言年轻得多，尤其对于设计学科的学生来说，其可参阅的文献较之社会科学学科的学生要少许多。帮助这些学生成为设计研究人员，熟练地掌握各种设计研究方法成为了设计学科的当务之急。为此，作者在本书中对设计领域中一些最常使用的研究路径做了详尽的介绍。作者希望，通过本书，设计学科的学生或研究新手能够踏上研究之路，学会开发研究课题，选择合适的研究方法，与利益相关者沟通，并且将自己的研究转化为专业的设计任务书，来回答真实世界的问题，成为负责任的设计师。

话说回来，"设计"二字虽让我们想到的是行动，都是言字旁，从字面来说，"设计"也就是"设定一个计策"，即人为设定，预估达成，并进行目标指导的过程。[2]从这个意义上来说，汉字的"设计"拓展了design的传统疆域，正符合了design在我们这个时代的使命。"设计"二字起初是日本学人对"design"所做的汉化，看来在明治维新时代的日本学者眼中，"design"也不止是一种工艺美术而已，也应该有更高的使命。从这点上来说，本书作者希望设计研究去做的，其实正是"设计"这两个汉字的意义。在"设计"这一译名的起源地——日本，如今人们却使用片假名"デザイン"取而代之，仅仅表音，而不再深究其内涵。常常在中日两国奔走的设计师小矶裕司甚至为此感慨——"日本人不敢说设计"。[3]这当然不是说日本人做的design不好，而是说，在全球化的背景下，日本人似乎丧失了"设定计策"的能力。这可以说是小矶裕司对本民族的自谦，但这

[1] 娄永琪.设计的疆域拓展与范式转型[J].时代建筑,2017(01):13.
[2] Ken Friedman, Yongqi Lou and Jin Ma. She Ji: The Journal of Design, Economics and Innovation, editorial[J]. *She Ji: The Journal of Design, Economics, and Innovation*, 1, no.1 (2015): 1-4.
[3] 小矶裕司.日本人不敢说设计[M].蔡萍萱译.桂林:广西师范大学出版社,2018.

同样是对所有设计师,尤其是设计研究人员的拷问——"设计师能'设定计策'吗?"

在作者看来,经过设计研究训练的设计师是可以做到这点的。因为设计研究是在学术探究和实践应用中寻求平衡,在越来越跨学科的领域中商讨出大量对设计研究人员而言可行的方法。作者在书中采用了非常结构化的形式,书中的每一章在介绍设计研究路径之余,都在结尾设有"小结"与"总结"。全书语言通俗易懂,亦配有许多示例与图示。这些都让读者可以对前文所述一目了然。"设计"与"研究"的意趣,在作者这里达到了统一。

翻译终究是件难事。尤其是在西方文字和汉语之间——原文中有一些术语在汉语中很难找到完全对应的译法(如 symbol 在心理学和日常生活中被译作"象征",在符号学中则被译作"规约符号");而反过来,不同的英文词在汉语中可能会有同一个翻译,如 problem、question、issue、notion 等词都可以被笼统地译作"问题",具体如何翻译需要视上下文而定。译者已视情况在译注当中做出一些说明。

然译者水平有限,也并非设计专业出身,在翻译过程中难免遇到棘手的问题。因此我首先要感谢娄永琪教授和马谨研究员,是他们的大力促成和鼓励才使得这项工作得以实现,也要感谢周慧琳博士仔细认真的审阅和修订,胡佳颖老师耐心细致的排版,以及好友宋东瑾博士的不少帮助和指正,在此一一谢过。翻译中存在纰漏之处,亦望读者不吝赐教,欢迎电邮至 xieyihua@tongji.edu.cn。

谢怡华

2020 年 1 月 2 日

于同济大学设计创意学院

Published by arrangement with SAGE Publications Ltd.

Research for Designers: A Guide to Methods and Practice © Gjoko Muratovski 2016

This edition first published in China in 2020 by Tongji University Press Co., Ltd.

Simplified Chinese edition © 2020 Tongji University Press Co., Ltd.

图书在版编目（CIP）数据

给设计师的研究指南：方法与实践 / （澳）乔柯·
穆拉托夫斯基 (Gjoko Muratovski) 著；谢怡华译 . --
上海：同济大学出版社，2020.6
（一点设计）
书名原文：Research for Designers: A Guide to
Methods and Practice
ISBN 978-7-5608-8898-9

Ⅰ . ①给… Ⅱ . ①乔… ②谢… Ⅲ . ①设计学－指南
Ⅳ . ① TB21-62

中国版本图书馆 CIP 数据核字 (2020) 第 113479 号

给设计师的研究指南：方法与实践

[澳] 乔柯·穆拉托夫斯基（Gjoko Muratovski）著　谢怡华　译

出 品 人：华春荣　　　　　　　　　经销：全国各地新华书店

责任编辑：袁佳麟　卢元姗　　　　　版次：2020 年 6 月第 1 版

特约编辑：周慧琳　　　　　　　　　印次：2021 年 12 月第 2 次印刷

装帧设计：胡佳颖　　　　　　　　　印刷：上海雅昌艺术印刷有限公司

责任校对：徐春莲　　　　　　　　　开本：889mm×1194mm 1/32

出版发行：同济大学出版社　　　　　印张：10.5

地址：上海市杨浦区四平路 1239 号　字数：282 000

邮政编码：200092　　　　　　　　　书号：ISBN 978-7-5608-8898-9

网址：http://www.tongjipress.com.cn　定价：68.00 元

受同济大学研究生教育研究与改革项目 (项目编号 1903068) 资助。